KB072067

해양에서의 자원개발(E&P, Exploration and Production)은 심해저에서의 원유와 가스 채취를 위한 기술이 확보되어, 에너지원을 찾는 노력이 심해저 극한지역에까지 이르렀다. 또한 해양에서의 자원탐사는 물론 공간의 활용에 이르기까지 해양을 활용할 수 있는 기술과 장비의 개발은 지속적으로 진화하고 있다.

Offshore Oil & Gas Plant 제2판

해양플랜트 (오일&가스)

손승현, 김강수, 전언찬 편저

관련 코드 목록

API

NORSOK

DNV

씨아이알

머리말

석유와 가스가 현대사회의 에너지원으로 본격 사용된 것은 근세기로 매우 짧은 역사를 가진다. 제1,2차 세계대전을 에너지 확보를 위한 전쟁이었다고 언급하는 이도 있다. 이는 현대 산업사회에서 극히 중요한 요소임을 의미하는 것이다.

우리나라의 에너지원은 수입에 의존하고 있지만, 가공된 에너지를 수출하고 있으며, 선박(상선 부문)은 세계시장의 40% 수준을 공급하고, 기자재의 자급률도 80% 이상으로 30년 가까이 조선강국으로 불리우며 90% 이상을 수출에 의존하는 수출주도형 산업이다.

관련 원부자재와 기자재의 공급을 적시에 할 수 있는 산업 환경이 갖추어졌으며, 고객의 요구는 물론 물론 IMO, 선급 등에서 요구되는 약속(규격, 규약 등)과 기준을 이행할 수 있는 능력이 있음을 의미하며, 축적된 기능(술)인력의 기량과 저변이 확고함을 뜻한다. 세계시장에서 적기에 시설확충의 조건을 만들어나간 정부정책이 조선인들의 노력과 역경을 발판으로 함께 어우러진 우리의 산입역량이다.

해저자원 개발이 시작된 이후 가장 빠른 성과를 내는 자원이 석유개발 분야에, 축적된 선박건조 역량은 생산기술을 중심으로 시추선과 FPSO와 같은 특정 해양플랜트 수요의 50% 이상을 공급하여 조선강국으로서의 특장점을 충분히 활용하여 우리의 조선소는 선박과 해양플랜트의 세계 공급기지로서 확실하게 자리매김하고 있다. 그렇지만, 석유생산의 불모지인 우리에게는 해양 개발 관련한 극소한 경험과 전무에 가까운 선행기술수준은 해양플랜트에 소요되는 대부분의 장비와 장치류를 수입에 의존하여, 해양플랜트 관련 강국으로서의 자부심을 가지기에는 매우 역부족이다. 다행히 정부에서는 차세대 먹거리 산업으로 '해양플랜트 심해자원 생산용 해양플랜트 시스템 등 고부가가치 플랜트 핵심 기자재 국산화'를 선정하여 후학을 양성하는 프로그램이 만들어지고, '해양플랜트 기자재 시험인증센터(생산기술연구원)'가 개설되어 정부의 지속적인 관심과 지원은 해양플랜트 산업의 발전에 크게 기여할 것이다.

대량의 셰일가스 개발과 함께 미국이 에너지 수출국으로의 변모하는 상황에서 공급과 수요의 불균형이 장기화될 가능성이 높아지며, 해양플랜트 건조산업의 물량수급에 크게 영향을 미치게 되므로, 이에 대비해야 하지만, 3면이 바다이며 중국의 유전이 발해만에 집중된 것을 유추하면, 북한지역의 개발 여지도 충분하다. 이에 기존의 건조산업 이외에도 장비산업, 엔지니어링, 기자재 인증시험과 싱가포르 중심으로 전개되는 해양설비 개조 및 수리산업 등, 해양 오일/가스 산업군에 포함되는 일들이 매우 많다는 것을 인지할 필요가 있다.

기존의 설비산업도 해양에서의 자원개발로 진화는 당연하며, 심해저의 석유와 가스개발용 설비의 대형화와 함께 운용기술, 작업안전, 환경오염 방지 등을 고려하여 경험과 선행력이 뛰어난 회사를 중심으로 기술집약형 제품으로 지속 개발되고 있지만, 지금의 비표준 상태(회사 표준)의 설비를 규격화하여 개발비용을 줄여가는 것은 심해저 개발의 확산을 위한 과제이며 우리에겐 기회가 될 것으로 기대해본다.

책자의 발간 동인으로

- 조선해양 분야에서 선박과 해양플랜트의 설계, 생산에서 운영하기까지의 개별적인 공정에 커다란 차이가 있음에도 이를 간과하여 부딪치는 어려움과 이에 따른 문제점은 선박분야의 기술(능)인력이 해양플랜트 분야로 전환 시에 많은 시행착오 학습으로 대처하고 있음이 현실이며, 인력의 재배치에도 많은 준비와 함께 진행되어야 한다.
- 성숙된 조선소의 회사 표준에 의존하여 건조할 수 있는 선박과 달리 석유개발을 위한 해양플랜트의 개발, 건조과정은 발주자에 의한, 무수한 설계변경은 "돈으로 해결한다. 무조건 따라라." 하는 수순으로 결코 순탄하게 흐르지 않는 특징이 있다.
- 지금도 '해양플랜트(오일/가스)' 관련 서책류도 1980년 초에 발간된 *Offshore Engineering: An Introduction*(Angus Mather 저)를 오번역한 수준에 머무르고 있다.
- 해양플랜트는 설치지역 국가의 법령과 소수 고객의 요구기준(Regulation, Rule) 등에 따라 제작·운영되어야 하지만, 이와 관련한 API Code와 같은 표준서의 목록조차 안내된 서책을 찾기가 어렵다.
- 해양 오일/가스 산업군에서 우리의 먹거리 산업으로 대형 조선소 중심의 해양플랜트(건조산업) 이외에도 많이 있음을 알리고 싶다. 우리의 성실하고 풍부한 기술인력이 참여할 수 있는 기회가 제공되어지길 기대해본다.

이에 강의하였던 커리큘럼을 중심으로 구성하였으며, 참고하였던 도서는 ABB 사가 발행한 *Oil and Gas production handbook*(An introduction to Oil and Gas production, Havard Devold, ISBN 978-82-997886-2-5, April 2010)을 추가하여 편저하였다.

초판을 출간하며 물심양면으로 도와주신 (주)퀘스타시스템의 정인석 사장님과 직원들에게 감사를 전하며, 초판과 제2판의 교정교열과 편집을 맞아준 씨아이알 출판부와 편집부에게도 감사를 전한다.

이 책자가 국내 해양플랜트 분야의 발전에 한 알의 밀알로 사용되기를 바란다. 이후 해양플랜트에 적용되는 기준에 준하는 API code 해설서가 누군가에 의해 출간된다면 우리 해양플랜트 산업의 초석으로 사용될 것으로 기대해본다.

2016년 2월

편저자 일동

차례

chapter 01 해양석유개발 플랜트 산업

chapter 02 석유의 발견과 활용

chapter 03 오일 및 가스 생산용 설비

chapter 04 오일 및 가스 처리공정

차례

chapter 08 해양플랜트 적용 준비요소

부록 01 비전통에너지원

부록 02 해양플랜트 관련 코드

01

해양석유개발 플랜트 산업

chapter 01

해양석유개발 플랜트 산업

1.1 해양플랜트 산업의 범주

육상자원과 공간의 한계성에 따라, 해양에서의 자원개발(E&P, Exploration and Production)은 심해저에서의 원유와 가스 채취를 위한 기술이 확보되어, 에너지원을 찾는 노력은 심해저 극한 지역에까지 이르렀으며, 해양에서의 자원탐사는 물론 공간의 활용에 이르기까지 해양을 활용할 수 있는 기술과 장비의 개발은 지속적으로 진화하고 있다. 한국을 비롯한 러시아, 중국 등은 자국의 영해는 물론, 국제해저기구[*1]로부터 태평양/대서양의 심해저를 자국 영해로 지정받아 망간단괴자원, 열수광상자원 등의 자원개발을 활발히 전개하고 있다(표 1-1).

표 1-1 ISA로부터 허가된 한국의 해외 영해(한시적 영토, 2015년 현재)

명칭	지역	면적	목적
클레리언-클리퍼튼	태평양	7.5만 km^2	망간단괴개발공구
통가	통가 EEZ	2.4만 km^2	해저열수광상
피지	피지 EEZ	0.3만 km^2	해저열수광상
인도양 중앙해령	인도양	1.0만 km^2	해저열수광상
총 면적		11.2만 km^2	한시적 해외 영해

이러한 변화에 대응할 수 있는 심해자원 개발을 위한 설비(또는 장비)는 대형화와 함께 운용기술, 환경오염 방지, 작업 안전 등이 고려된 난이도 높은 미답지의 환경에서 운용할 수 있는 기술집약형 제품으로 개발, 운용되어야 할 것이다.

---

*1 국제해저기구(ISA, International Seabed Authority, 본부: Jamaica)는 1982년 12월 만들어지고 1994년 발효된 국제연합해양법협약(UNCLOS)에 의해 설립된 국제기구로, 주요 기능은 심해광물을 인류 공동의 재산으로 규정함으로써 인류 재산인 해저광물을 관리하고 해저광물 개발 및 탐사에서 일어날 수 있는 해양 환경 파괴를 방지하는 일이다. 특히 해저 망간단괴 시굴에 관한 규약을 만들어 해저 탐사에서의 책임 소재를 밝히고 있다.

표 1-2 해양개발 사례

개발 대상	해양 개발 사업
대체 에너지원 개발 및 광물 채취	심해저 망간단괴, 해저 열수광산 메탄하이드레이트
생물자원	해양 바이오 연료 및 생물공학
공간 활용	이산화탄소 집적 및 해저 저장 해양 구조물 및 플랜트 개발
해수 개발	해수의 담수화 및 심층수 개발 등

한국해양수산개발원, 2009. 12

해양플랜트는 고객의 사용 목적에 따라 고객사의 주문에 따르는 기능을 완벽하게 발휘해야 하고, 심해로 내려 갈수록 달라지는 환경을 견디는 운전 성능과 안전성이 반영되어야 하며, 인류의 보고인 해저의 환경보호와 안전 등이 고려되어야 한다.

우리 조선업계의 가장 큰 강점은 해외 고객의 요구사항에 대한 납기 및 품질요구 수준을 충족시켜 온 경험과 능력, 전개된 품질수준의 이행과 까다로운 규약(Rule, Regulation, Code)에 대응할 수 있는 해양설비 건조 분야의 유능한 공급자(Supplier)라는 것이다. 기술인력, 갖추어진 대형설비와 운용능력까지 갖춘 지금까지의 선박건조 경험이 바탕이다.

1.2 해양석유개발 플랜트의 산업의 개요

해저자원 개발이 시작된 이후 가장 빠른 성과를 내는 자원이 석유개발 분야이다. 유전지역의 개발경험과 축적된 기술을 바탕으로 석유시장의 지배력을 지속 유지하며 막대한 자금을 가진 석유메이저(표 1-3)는 70년대 말 해저에서 북해유전을 개발하며, 꾸준히 해양개발에 나서고 있다. 대규모 자본과 유통시장을 확보하고 있는 석유메이저와 막대한 석유자원을 보유하고 있는 국영 석유회사(NOC, National Oil Company)를 중심으로 이루어지고 있다. 자본과 함께 기술이 매우 편중된 시장으로, 소수의 독과점 기업에 의한 플랜트의 발주가 대부분이며, 주요 설비도 그들과 연계된 기업으로부터 공급을 받아야 하는 소수에 의한 소수를 위한 시장이다.

석유탐사와 생산에 투입되는 비용은 전 세계적으로 연간 3,500억 달러 수준(2014)이다. 지구상에서 가장 큰 규모의 산업으로, 육상에 투입비율 20%를 제외하면 해양(특히 심해) 부문의 투입비율이 약 80%에 이른다.

표 1-3 세계 석유메이저 기업

회사명	국가
ExxonMobil	미국
Royal Dutch Shell	네덜란드
BP	영국
Chevron	미국
ConocoPhillips	미국
Total	프랑스

국내 자원이 없는 상황에서 수입에 의존하며, 정부투자기관과 에너지기업을 중심으로 해외개발에 적극 참여하고 있지만 석유탐사에서 채굴, 생산으로 이루어지는 사이클에 참여하는 극소수의 인력과 경험으로는 석유개발 관련 플랜트가 국내의 산업군으로 안착하기에는 환경적으로 매우 어렵다.

1975년에 개발된 북해 광구를 중심으로 시작하여 석유개발이 점점 깊어져 지금은 해저 3,000 m에 달하는 심해로까지 전개되고 있다. 초기부터 참여해온 해저개발의 오랜 경험을 쌓아온 기업들을 중심으로, 관련 기자재와 서비스 부문도 급속히 발전하여 해저유전용 장비와 관련 서비스 사업 등이 각각 연간 300억 달러에서 500억 달러 수준으로 급속히 성장하고 있다.

우리에게는 좀 생소한 분야이며, 기술적으로 진입장벽이 매우 높은 시장으로, 경험과 실적이 쌓여야 접근이 가능한 시장이다. 세계적인 석유메이저와 몇 유전개발회사를 중심으로 움직여지는 해양 오일/가스 산업군(이하 '산업군')은 연간 2,800억 달러에 달하는 규모로, 산업군을 구분하는 것은 여러 이론들이 있겠지만, 유전개발 부문은 세계적인 대형 자본과 금융이 결합된 석유메이저 중심으로 움직이는 부분이라 제외하면, 그림 1-1과 같이 6가지의 산업으로 구분이 가능하며, 석유산업에 국한하지 않고, 3면이 바다인 우리의 입장에서 해저의 적극적 개발과 함께 관련, 해양 서비스 산업의 토대도 함께 마련되어야 할 것이다. 해저광물자원 개발(표 1-1 참조) 참여는 연구의 범위에서 연관 기자재 개발과 운용, 서비스 경험까지 산업의 범위로 확장할 필요도 있다.

이는 물론 향후에 하이드레이트 같은 에너지원의 개발과 중국의 유전지역이 발해만에 집중된 것을 유추하면, 북한의 서해지역도 석유개발의 여지가 충분하다. 이러한 산업은 해양플랜트의 건조산업과 더불어 필히 육성할 필요가 있다.

다행히 우리도 대형조선소를 중심으로 해양플랜트 관련 수주액은 평균 250억 달러에서 300억 달러(2011~2015) 수준으로 집계되며, 커져가는 해양 부문의 급속한 시장 확대에 정부와 기업을

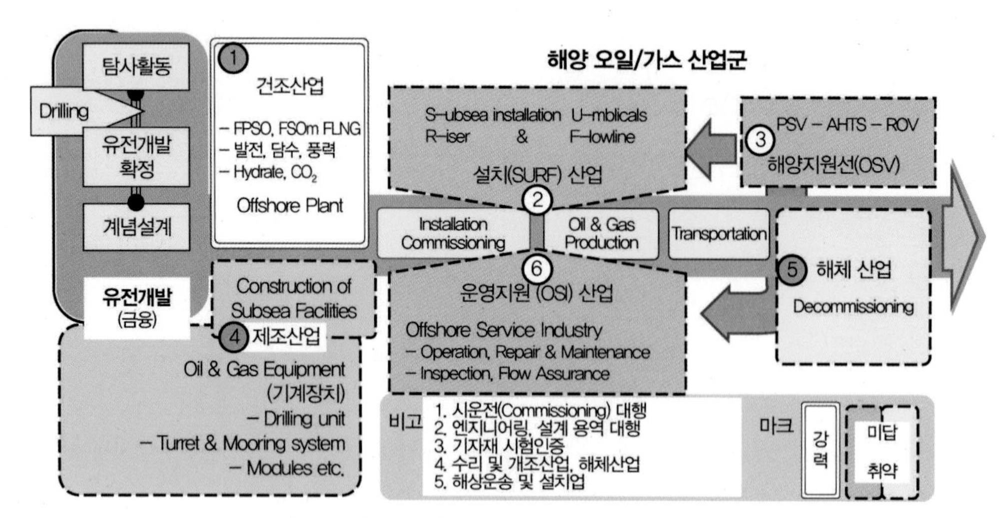

그림 1-1 해양 오일/가스 산업군과 참여 가능 분야 검토

중심으로 해양플랜트 산업 육성을 통한 향후의 먹거리 산업으로 만들기 위해 집중 투입하고 있음은 매우 고무적이다. 내용을 보면 해양플랜트의 기자재 부분을 중심으로 심해저용 석유생산 및 처리용 장비의 제조(심해장치 제조 산업)에서 시험인정 부문까지 확대하는 데 초점을 맞추고 있다.

이는 해양플랜트의 기자재 부분을 국산화하며 건조산업의 볼륨을 키우고, 심해저용 석유 생산/처리 장치류의 제조에 참여하며, 건조산업의 국산화율을 높이려는 방향이다.

하지만 그림 1-1과 같은 연관된 사업군에서 조선소 중심의 해양 건조산업을 확산(또는 안정화)하는 정책에서 이런 산업을 만들고 참여할 수 있는 기회를 만들어야 한다.

석유의 개발단계는 여러 가지 가치사슬(Value-Chain)로 나누어져 운용된다. 탐사에서 개발, 생산단계와 운송 부문, 정유공장으로 가기까지 판매자와 트레이더까지 참여되어야 하는 흐름으로, 서로 묶여 가치사슬이 형성된다.

유전개발이 확정되기까지 개발 여부를 판단하며 회사의 포트폴리오를 재조정하는 과정과 시추설비, 생산설비의 결정에서 수송 및 저장까지의 전략, 현재 가격과 미래가치 등을 검토하며, 직접투자(투입)에서 전문성을 가진 회사의 인수와 합병, 협업 전략까지 투자부담을 줄이면서 최선의 이익을 찾는 노력을 통해 최종적인 개발을 결정하게 된다.

해양플랜트는 해저유전의 특성과 운용 예정지역의 기후 등 제반요건이 고려되어 개발하는 자원으로, 오일메이저와 시추회사(표 1-5)를 중심으로 하는 수요자 중심의 시장(Buyer's Market)으로 움직여진다.

1.3 가치사슬에 의한 전문기업들

탐사에서 생산까지, 생산에서 소비자에 이르기까지 단계별로 전문조직을 필요로 하며, 지리적 요소를 비롯한 지질학적인 접근으로 현장탐사와 상세 측정을 거쳐 지하를 3차원 모델링과 형상화로 시작하는 탐사에서 시추계획, 생산 가능물량을 추정하여, 생산에서 후처리설비와 저장용량까지 결정하게 된다. 해저 소요장비와 유전지역에 구비되는 설비의 설치와 시운전까지, 이후 정유시설은 다양한 시장성에 맞추어 휘발유, 디젤연료, 제트연료, 선박연료, 석유화학원료 및 기타 화학물질 등, 최종 제품을 생산, 유통하는 과정을 거치게 된다. 이러한 석유설비(장비)산업은 자본참여와 위험성 회피로 시작한 제품의 지속적인 공동개발까지, 각 단계별로 전문적인 기술을 필요로 하여 상호의존적인 관계를 유지하며 개발, 공급에서 서비스까지 가치사슬에 묶여 있다고 할 수 있다.

- 석유 슈퍼메이저 기업과 국영 석유회사
- 탐사, 시추에서 생산까지 대행 기업(Oilfield Total Service Company)
- 지질탐사 전문기업(Oil Explorationb and Production Service Company)
- 장비 개발 및 공급 기업(Oil Field Equipment Suppliers)
- 유전지역의 서비스회사

1.3.1 석유 슈퍼메이저 기업과 국영 석유회사

지난 70년대 자원 민족주의가 확대되면서 점차적으로 세계시장에서의 지배력과 영향력이 사우디, 러시아, 중국, 베네수엘라, 브라질과 같은 산유국의 국영 석유회사('新석유메이저'라 칭하기도 함, 표 1-4)로 넘어가고 있다. 하지만 셰브론과 엑손모빌 같은 세계 석유메이저(표 1-3, 이하 '舊석유메이저')는 석유와 가스의 생산과 수송, 정유공장에서 소비자에 이르기까지 오랜 동안 축적된 경험과 자본, 기술을 보유하고 있다.

이럼에도 불구하고 유전개발의 검토에서 생산, 공급을 하기까지 소요되는 전문적 작업영역을 자체적으로 수직 통합하여 운용을 하지는 않는다.

이러한 유전의 탐사, 추출에서 생산까지의 인프라 구축에서 장비의 운영, 공급을 포함하여 오일 및 가스 관련한 국제적인 전문 서비스업체와 함께 운영하게 된다. 또한 Statoil(노르웨이), Petrobras(브라질)와 같은 국영 석유회사는 유전지역의 개발경험과 축적된 기술을 기반으로 심해 유정의 개발과 LNG 프로젝트 등에 진출하고 있어 오일 및 가스 플랜트의 커다란 발주자로 자리를 잡아가고 있다.

표 1-4 세계 7대 국영 석유회사

회사명	국가
ARAMCO	사우디
GAZPROM	러시아
CNPC	중국
NIOC	이란
PDVSA	베네수엘라
PETROBRAS	브라질
PETRONAS	말레이시아

1.3.2 탐사, 시추에서 생산까지 대행 기업(Oilfield Total Service Company)

전통적 산유국의 국영 석유기업(NOC)들은 주로 노후화된 유전에서의 원유회수율(EOR, Enhanced Oil Recovery)을 높이기 위해, 심해에서 대형 유전이 발견되는 오스트레일리아와 브라질 동부와 아프리카 서부의 산유국들은 해양탐사에서 생산에 이르는 개발요구가 급격히 늘어나고 있다.

표 1-5 Oil Field Total Service Company(2011년 Rank)

회사명	시장 규모(US$ 10억)	본사
Schlumberger	91.7	미국
Halliburton	31.8	미국
Baker Hughes	21.2	미국
Seadrill	15.7	버뮤다
Transocean	14	스위스
Weatherford	11	스위스
Ensco	10.8	영국
China Oilfield Service	9.2	중국
Diamond Offshore	7.7	미국
Noble Corp.	7.6	스위스

블룸버그, PFC Energy estimated as of 12/31/2011

많은 매장량에도 불구하고 에너지 개발에 협력을 위한 개발자본의 참여와 채굴 성공률을 높이기 위한 기술과 자본이 연계된 기업과의 공동 작업은 점차 늘어나고 있다. 표 1-5는 이러한 자본과 기술력을 포함하여 광구개발, 심해탐사에서 운영에 이르기까지 넓은 범위의 서비스가 가능한 기업들이다.

1.3.3 지질탐사 전문기업(Oil Exploration Service Company, 표 1-6 참조)

원격에 의한 광범위한 해역 탐사, 음파(탄성파) 탐사에 의한 해저지질 형상, 시추에 의한 시료 채취 등으로 얻어지는 지층의 물성과 지층을 형상화한 단면 등의 데이터를 이용하여, 환경에 대한 손상도 최소화하고 탐사를 위한 시추비용도 줄이면서 오일과 가스가 있는지를 확인하여 시추 및 채굴 여부를 결정하도록 하는 전문기업으로 해저의 토양조사(Soil Survey, Soil Mapping)를 통한 해저면의 물성과 형상도 제공하고 있다. 이 외에도 많은 전문기업들이 있을 것이다.

표 1-6 지질탐사 전문회사

회사명	본사	홈페이지
ION Geophysical Corporation	미국	iongeo.com
CGG Veritas	미국	cggveritas.com
Brigham Exploration Company	미국	bexp3d.com
OYO Geospace	미국	geospace.com

Oil field services(@wikinvest.com)

1.3.4 장비 개발 및 공급 기업(Oil Field Equipment Suppliers)

석유사업은 거대한 자본이 소요되며, 일일생산실적은 투자회수와 직결된 사항으로 운용장비의 신뢰성과 즉각적인 유지보수는 장비선택의 가장 중요한 요소의 하나이다.

표 1-7과 같은 기업들은 석유메이저와 함께 이루어낸 납품 실적과 공동 개발을 거치며 향상된 장비의 개발로 지속적인 신뢰관계를 유지하게 되었다. 해저생산용 장비는 유지보수의 어려움으로 장비의 신뢰성을 더욱 중요하게 여길 것이다. 이들 회사는 시추장비의 제작과 공급 및 유지보수와 유전의 운영도 하는 전문기업들이다.

표 1-7 유전지역의 장비 개발 및 공급 기업

회사명		본사	홈페이지
Yantai Jereh Petroleum E&T Co.		중국	jereh-pe.com
National-Oilwell Varco		미국	nov.com
FMC		미국	fmctechnologies.com
Cameron		미국	c-a-m.com
Weir SPM Oil & Gas		영국	weiroilandgas.com
Zhongman Petroleum & Natural Gas Co.		중국	
LappinTech LLC		미국	lappintech.com
Dresser-Rand Group Inc.		미국	dresser-rand.com
상기의 출처: www.wikinvest.com, 이하는 별도 추가			
Subsea	Aker Group	영국	akersolutions.com
Subsea	Saipem	이탈리아	saipem.com
Subsea	Framo Eng	노르웨이	framo.com
Subsea	Baker Hughes	미국	bakerhughes.com

1.3.5 유전지역 서비스 회사(Oil Field Service Company)

유전지역의 다양한 서비스(Oil Field Service)로 지질조사에서 심해의 석유탐사와 유정의 설치(웰 콤프리션)에 이르기까지 넓은 범위의 서비스 전문기업들과 운용효율을 높이는 목적의 유지보수기업(Equipment Maintenance & Upgrade Company), 폐기물 처리 기업, 육상의 파이프라인, 해상의 유조선/가스운반선으로 수송/운송을 전문 기업 등 다양한 전문기업들의 집합체이다.

* 참고자료: Top 5 oil gas industrial information news website list

- website: http://www.rigzone.com
- website: http://www.offshore-mag.com
- website: http://www.pennenergy.com
- website: http://www.worldoil.com
- website: http://www.upstreamonline.com

1.4 해양플랜트 건조 분야 – 계약 이행절차

해양플랜트 건조 분야의 계약에서 설치 및 시운전까지는 많은 의사결정과정을 거치게 된다. 구체화되면서 상세사양이 결정되는 과정이다. 개념설계로부터 시운전까지 각 단계별 주요 행위는 그림 1-2과 같다. 협의와 조정작업은 항상 반복되는 결정과정이다.

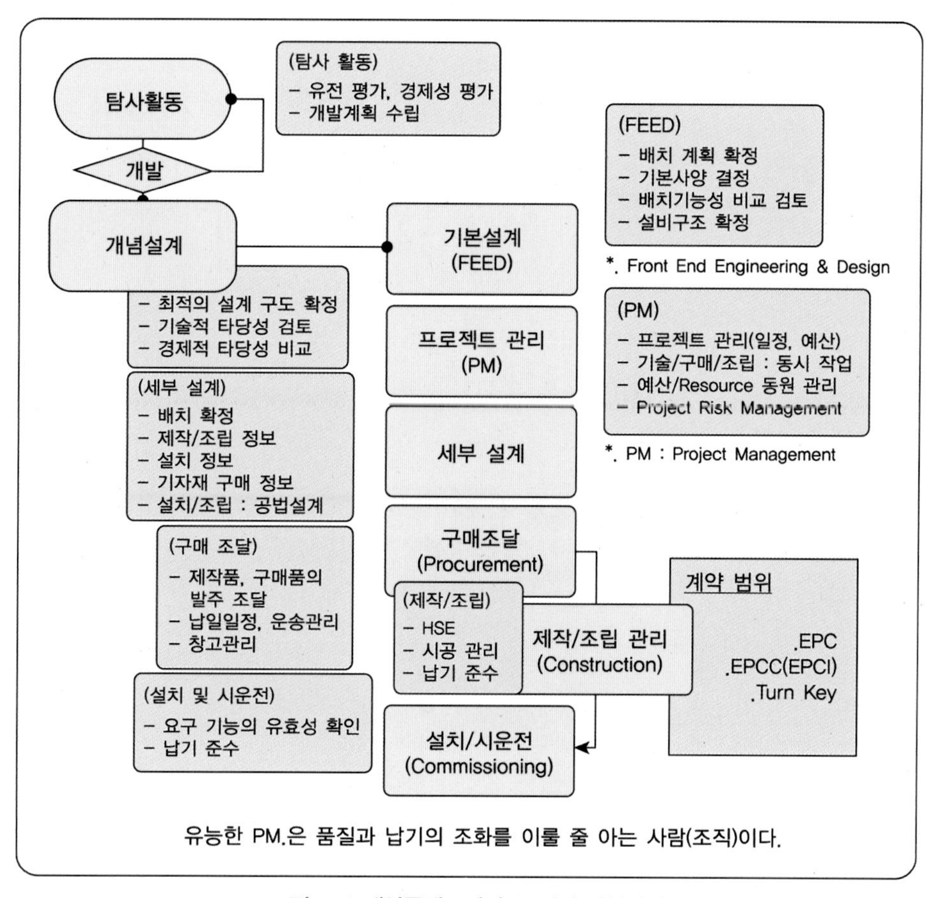

그림 1–2 해양플랜트의 수주 계약 이행단계

계약단계는 개념설계를 시작으로 (1) FEED(Engineering), (2) 구매/조달(Procurement), (3) 제작/조립(Construction), (4) 설치 및 시운전(Installation+Commissioning)으로 단순화시켜 계약범위로 표현하고 있다. EPC는 '설계+구매/조달+제작/조립'을 의미하며, 'EPCI'는 시운전 이전 단계인 현지 설치(Installation)까지 포함한다.

해양석유개발 플랜트의 사양은 확정시킬 수 없거나 계획변경에 따른 변경요소가 매우 많다. 이는 협의와 조정역할이 매우 많다는 것을 의미한다. 이를 수행하며 조절하는 역할이 중요해진다. 이를 사업관리(PM, Project Management) 조직이라 한다. 유능한 PM이란 품질과 납기를 맞추기 위한 조정자로서의 역할로 프로젝트의 성공 여부에 매우 중요한 요소이다.

1.5 해양석유개발 플랜트 산업의 공급사슬(Supply Chain)

해양플랜트의 발주는 6대 석유메이저, 자본력과 광구를 가진 국영 석유회사 및 국영 석유회사와 생산계약을 맺을 수 있는 시추기술을 중심으로 기술력과 공급 체인망을 갖춘 몇몇 회사로 한정된다(1.3항 참조). 현재 세계적으로 발주되는 생산설비 중 드릴쉽, FPSO 등의 물량이 대부분 한국이 공급기지처럼 활용되고 있음에도 불구하고, 조립공정과 약간의 기자재가 사용되고 있는 실정이다(기자재 국산화율 미미).

각종 시추장치와 기자재의 경우는 신뢰성과 실적에서 매우 미진한 현실을 탈피하기 위해 해외 기술기업과의 협업 또는 투자, 합병 등의 방법도 동원되어야 할 것이다.

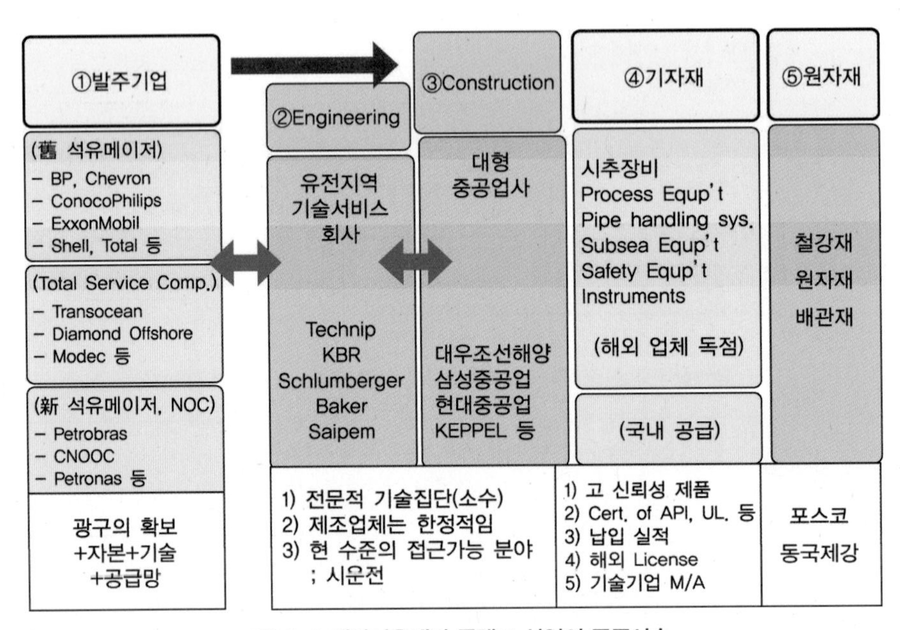

그림 1-3 해양석유개발 플랜트 산업의 공급사슬

몸체는 한국이 만들고, 기자재와 엔지니어링 분야는 수입하여 돈은 해외 기자재업체가 가져가는 실속이 없는 형국이다. 해양플랜트산업의 균형발전을 위하여 사례를 중심으로 다음 장에서 확인해보자.

그림 1-3에서 발주기업(①)은 유전지역을 확보하고 있는 석유메이저, 국영 석유기업(NOC)과 시추~생산까지 할 수 있는 회사군으로 한정된다. 국내에 발주된 EPC, EPCI 조건의 프로젝트의 경우에도 대부분의 엔지니어링은 유전지역 기술서비스(②) 사에 의존한다. 원자재를 제외한 대부분의 기자재도 해외의 독점적 기업(④)으로부터 조달받고 있음을 알 수 있다.

1.6 해양플랜트 기자재의 특성

1) 특성

국산화 이전에 사전에 검토하고 아래의 사항에 준하여 철저한 준비를 거쳐야 할 것이다.

- 해양에 설치되는 기자재는 라이프타임이 매우 길어 요구 사양이 까다롭다(재질, 검사, 방폭 등급 등).
- API, ASME, Norsok, UL 등의 코드를 적용받아야 한다(우선 품질 관련). API Spec Q1, Q2 등
- 주문주의 요구사양에 의존하여 장비를 개발하여야 한다.
- 제품 검증 이전에 설계도면과 다양한 Documents가 요구된다.
- 품목의 다양화가 요구된다.
- Oil Major의 AVL(Approved Vendor List)에 등재해야 한다.

2) 기자재 국산화의 필요성

기자재의 국산화는 국부 창출에서 당연히 가야 할 길이지만, 현장에서 필요성에 더욱 언급하는 내용은 아래와 같이 응답성과 잦은 설계 변경의 원인을 제공하는 것이 가장 큰 이유이다.

- 사전에 현장 조립성을 검토하기에 어려움이 많다.
- 설계 변경 요구에 대한 부족한 응답성과 시공작업 중 불일치 사항이 다(多) 발생한다.
- 해양기자재는 검사항목이 많지만 매번 검사 시에 참석의 어려움이 상존한다.
- 기술적 문제해결을 위한 협의에 어려움이 많다.

– 중요 장비의 납기관리에 어려움이 매우 많다.

3) Oil Major 업체등록 기본 요건(그림 1-4 참조)

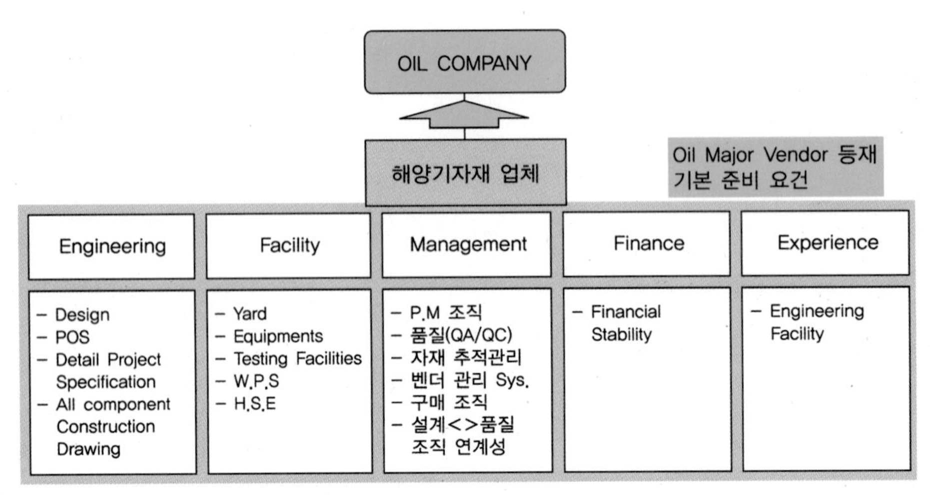

그림 1-4 오일메이저에 Vendor 등록을 하기 위한 기본 요건

1.7 해양석유개발 플랜트 산업의 수행

조선해양산업은 종합 조립산업으로 건조공정이 다양하며 적정 규모의 기능 인력과 도크, 선대, 크레인 등의 대형 설비가 필수적인 자본 집약적 산업이다. 주문에 의한 수주 생산방식에 익숙하고, 절단, 용접, 도장 등 가공조립공정의 자동화와 설계는 전산에 의한 표준화와 설계정보의 집적화도 정착되었다. 컴퓨터와 전자기술 등 연관 산업의 발전으로 건조분야는 생산자동화 및 최적화, 국제규격화, 건조공법의 개선, 국제기준을 충족시켜온 품질수준에서 적기 납품까지, 지난 30여 년간 축적된 인프라는 해양석유개발 플랜트의 생산에 세계적으로도 최적의 조건을 갖추고 있다.

대형 조선소를 중심으로 지금도 많은 프로젝트를 수행하고 있으며, 중후장대한 선박의 건조과정과 유사한 흐름으로 이해하고 쉽게 생각할 수 있으나, 선박의 건조기술과 해양플랜트의 특성과의 차이를 이해하고 대응할 필요성은 매우 커지고 있다.

이러한 차이는 기존의 선박건조과정에서 다져진 경험을 충분히 활용함은 당연하지만, 양 산업 사이에 커다란 차이점은 적용되는 코드와 적용규칙 등으로 표기방식, 재료선택에서 검사절차와 과정 등에 대한 재교육, 재배치, 현장의 용접인력에 대한 재교육과 수급 등도 함께 고려되어야 한다.

1.7.1 적용 코드

선박과 해양플랜트 산업은 국제적 기준에 준한 수주생산방식으로 중후장대한 기존 설비의 활용과 제작 및 조립공정을 동일하게 적용할 수 있다. 또한 부유체의 경우는 기존의 선박과 사양이 동일하며, 선박에 쓰이는 대형 장비류(엔진, 발전기 등), 소요 부품에서 자재까지도 동일한 사양으로 활용된다.

생산을 위한 엔지니어링 능력까지 갖추고 있다는 것은 생산기지로서 최상의 조건임은 분명하다. 또한 LNG FPSO, GTL FPSO, Methanol FPSO, 육상용 모듈러플랜트, Barge Mounted Power Plant 등 선박과 해양이 결합되는 하이브리드 프로젝트의 요구도 많아지고 있다.

하지만 해양플랜트는 심해 자원 개발을 위해 대형화되면서 고난도의 심해 개발, IT 기술, 환경오염방지 및 안전을 고려한 기술집약적인 융합기술제품 등의 특성에 따른 고객의 요구는 사용목적과 운영환경과 적용법규 등에서 선박과는 매우 차별화되어 있음에 이러한 차이점을 중심으로 파악되어야 한다.

특히 표준 선형을 기본으로 하는 선박에 비해 엔지니어링 측면과 진행과정에서 극명한 차이가 있음을 결코 간과해서는 안 된다(부록 2장 '해양플랜트 관련 코드' 참조).

1) 일반 적용 규칙과 법규

선박사양(Specification)을 간단히 표현하면 표준선형을 기본으로 선급(Class)의 요구 수준과 국제적으로 통용되는 적용코드(예: SOLAS, MARPOL)에 준하여 결정되어 설계, 제작, 검사 과정을 거치며 제작된다. 특히 Parent Ship을 참조하여 특별한 요구조건을 부분적으로 변경, 추가하는 과정을 거친다.

하지만 그림 1-5와 같이 해양석유개발 플랜트는 FPSO-Hull(부유체)은 원유운반선에 상부구조(Topside)가 추가된 초기의 모델처럼, 선박과 동일한 코드의 적용이 가능하지만 상부구조는 원유 또는 가스의 생산과 처리공정이 추가되어야 한다. 이에 설치되는 지역의 환경규제를 만족하고, 인화성 물질의 취급과 폭발 가능성에 대한 방폭 등급까지 적용되어야 한다. 또한 운용사의 운전 지침에 의한 요구도 반영되어야 한다.

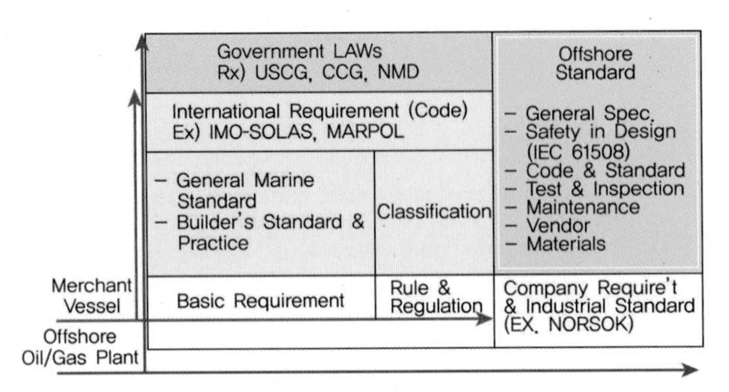

그림 1-5 적용 법규(Code) 선박 vs 해양플랜트(부유체)

2) 운용환경에 따른 추가 법규

70년대에 개발된 북해유전의 경우, 극한 환경(풍랑, 파고, 기온)에 출몰하는 빙하까지 고려되어야 하므로 일반적으로 규정된 범위를 넘어 영국과 노르웨이는 그림 1-6과 같이 운용환경에 대응하는 요구들이 코드나 법규에 반영되어 있다. 또한 운용회사의 운영 내규에 따른 고객 요구사항도 필히 반영되어야 하며, 특히 안전운전을 위한 요구 사항들이 추가 적용되고 있다.

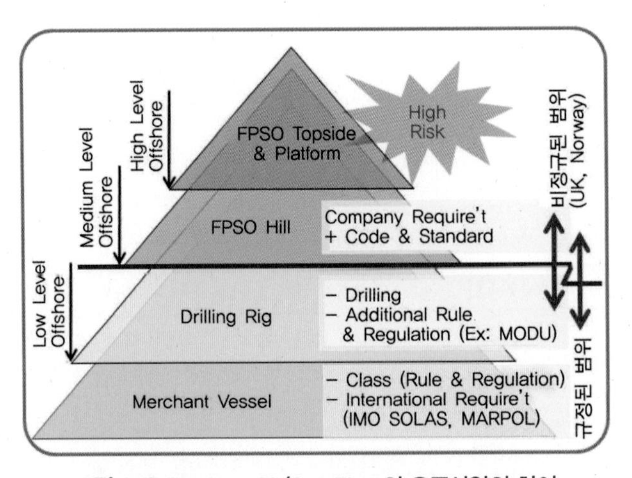

그림 1-6 Offshore Oil/Gas Plant의 요구사양의 차이

3) 요구기준의 차이

적재성능을 기본으로 경제적인 이동성능이 요구되는 선박(상선 기준)은 추진 시스템으로 위험을 회피할 수 있지만, FPSO-Hull은 계류 시스템에 의존하며 정위치를 유지해야 한다. 또한 그림 1-7과 같이 파고와 해수면의 변화에 능동적으로 대처할 수 있는 기능이 발휘되어야 한다(운동성능을 유지하기 위한 장치에 대해서는 3장 3.3.1항 참조).

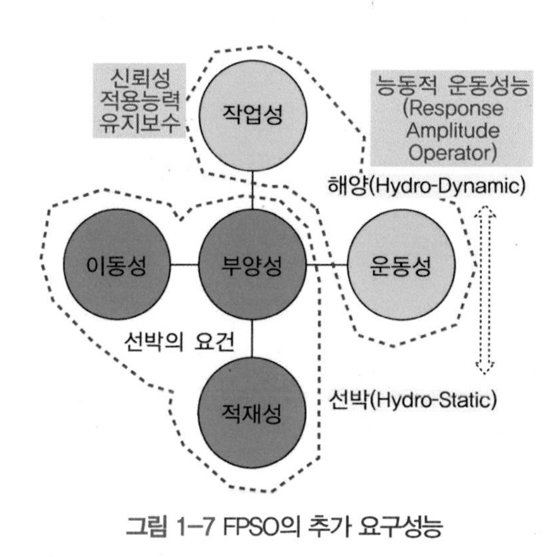

그림 1-7 FPSO의 추가 요구성능

1.7.2 작업조건의 변화

1) 의장 중심의 플랜트

선박과 해양플랜트의 중량 및 설계 시수를 비교한 것이다. 선박(상선)은 부양성과 적재성이 고려된 창고(Storage) 역할을 하는 선체(Hull)에, 창고의 운영과 편의성을 제공하는 의장(Outfitting)으로 구분한다.

표 1-8에서 설계시수(%)와 생산시수(%)의 급격한 차이를 볼 수 있다. 즉, 선박은 저장소 역할의 선체(Hull) 위주의 설비이며, 해양플랜트는 생산처리용 설비를 받쳐주는 구조물의 역할로 일의 범위가 의장분야가 급격히 커졌음을 보여준다.

표 1-8 설계 및 제작시수 비교

선종	중량(%)		설계시수(%)		생산시수(%)		
	구조	의장	구조	의장	구조	의장	도장
VLCC	89	11	48	52	50	31	19
11,000TEU	75	25	44	56	51	32	17
138K LNGC	73	27	22	78	26	56	18
FPSO-Hull	84	16	13	87	27	53	20
FPSO-T/S	53	47	12	88	17	71	12
드릴쉽-Hull	72	28	22	78	23	67	10
드릴쉽-T/S	41	59	8	92	17	72	11
세미 RIG	60	40	13	87	19	69	12

2) 가격보다 납기를 중시하는 플랜트

선박과 플랜트의 발주조건은 소요비용, 품질조건과 납기로 비교하여 발주가 이루어진다. 발주에서 납기까지의 조건과 요구환경의 차이를 보자. 해양의 석유개발용 플랜트는 운영자의 특화된 환경에 맞추어진 제품으로 고객의 운영조건에 따라 결정된 사양으로 제작된다. 유전지역에서 석유채굴은 채굴 개시 후, 채굴량과 수입규모가 병행되는 수익구조에서 빠른 시간에 최대한 채굴해야 한다.

이에 계획된 해양플랜트는 발주 후 대체할 방법이 전혀 없는 매우 특화된 제품이며, 대규모의 자금이 투입된다. 투자대비 수익률을 철저히 따져야 하는 사업임에 ROI(Return Of Investment)를 철저히 따져야 한다.

이에 그림 1-8에서 보듯 비용보다 납기를 매우 중시하는 프로젝트임을 의미한다. 또한 표 1-9와 같이 건조공정에서도 납기 단축을 위해 매우 협조적이며, 대체방법이 없어 공정이 꾸준히 진척되어간다면 납기지연에 대한 페널티 요구도 거의 없는 현실이다.

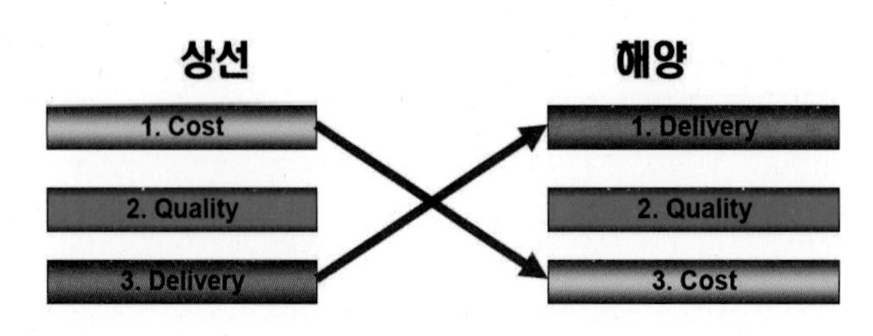

그림 1-8 우선순위의 변화

표 1-9 우선순위 변화의 이유

구분	상선	해양
발주 조건	대부분 계약금액이 50~200만 달러 차이로 결정	납기, 품질에 우선순위
작업 협조	대부분 조선소의 건조절차에 의존	제작 중에도 협조, 요구기능을 보완하며 납기를 줄여감
대체 가능성	대체 가능한 선박은 많음	대체 방법이 없으며, 프로젝트의 지연은 바로 Cash Flow(수입)의 문제임

3) FEED(기본설계) 단계의 불완전성

Mother Model이 없는 해양플랜트의 수행에서 가장 어려운 면을 우선 찾아보자. 첫째, FEED(기본설계) 단계의 불완전성이다. 현실적으로 85% 수준의 정확도로 나머지는 경험과 추정에 의해 결정되고, 주요 장비의 사양 결정과 공급자 선정이 발주자에 의해 결정된다. 또한 주요 장비(특히 시추장비)의 공급은 독점적 기업에 의해 이뤄진다.

그들의 납기일 준수 여부에 따라 프로젝트의 일정이 조정된다. 통보도 없는 사양 변경은 재설계, 재제작과 같은 후처리 작업이 요구된다. 이러한 불확실성을 그림 1-9에 나열하였다. 또한 재료의 특수성과 장비 공급마저 납기지연 요소로 작용하는 현실이다. 즉, 해양플랜트는 사양 결정 과정과 주요 장비의 공급자에 의한 설계 변경과 납기 지연 등은 건조과정에서의 어려움으로 이어진다.

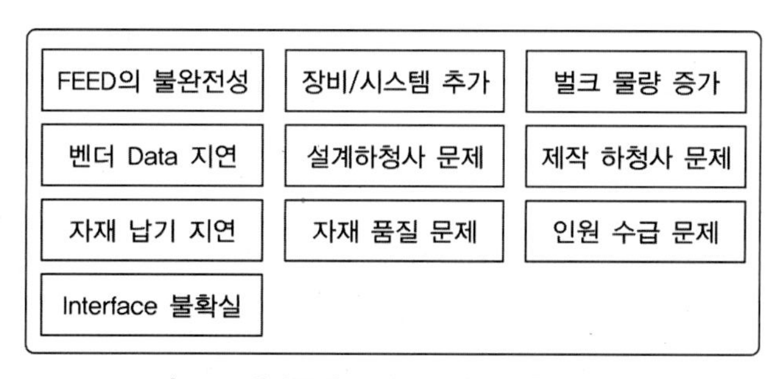

그림 1-9 해양플랜트 건조과정의 불확실성 요약

유능한 PM은 품질 유지와 납기의 조화를 이루기 위해 협의, 조정 역할이 매우 중요한 덕목일 것이다. 해양프로젝트는 상기와 같은 많은 위험요소를 제거하기보다 현실적으로 위험요소를 줄이며 경감시키려 노력하는 것이 최선의 방책이다. PM 조직의 역할에 기대를 걸게 된다.

4) 작업 조건의 복잡성과 PM의 역할

프로젝트의 계약과 이행과정에서 이해 당사자 간에 많은 차이를 보이고 있다. 그림 1-10에서 상선의 경우는 발주자(계약자), 선주사, 선급(Class)과 주요 장비 공급자로 한정됨을 볼 수 있으며, 해양플랜트의 경우는 한정된 발주 가능 회사와 함께 소수의 장비 공급업자와의 상호 복잡한 상관관계를 가지고 있으므로 사양이 결정되는 과정이 연속적으로 반복됨을 재확인 할 수 있다.

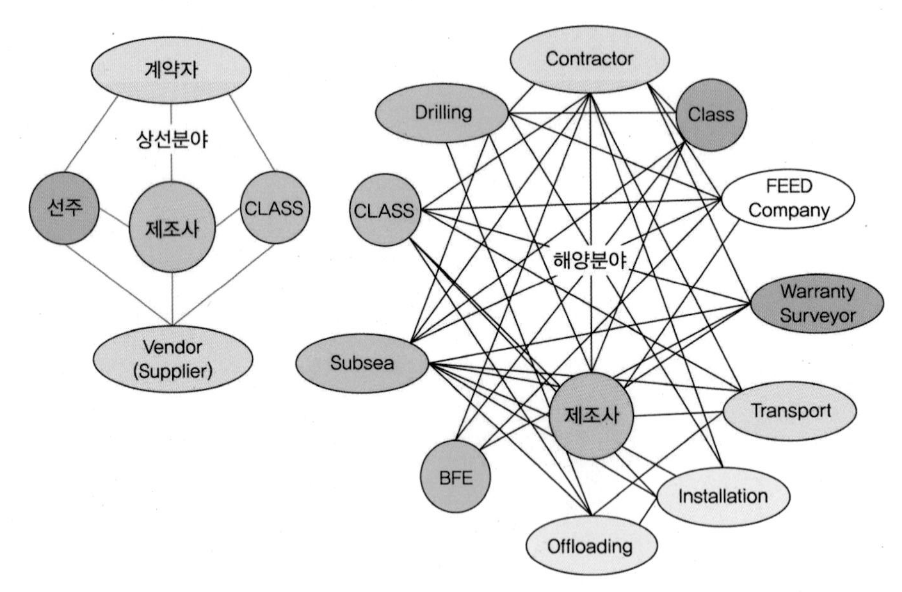

그림 1-10 (해양 vs 상선) 프로젝트의 이해당사자

그림 1-11은 사업관리 조직의 주요 역할을 나타낸다.

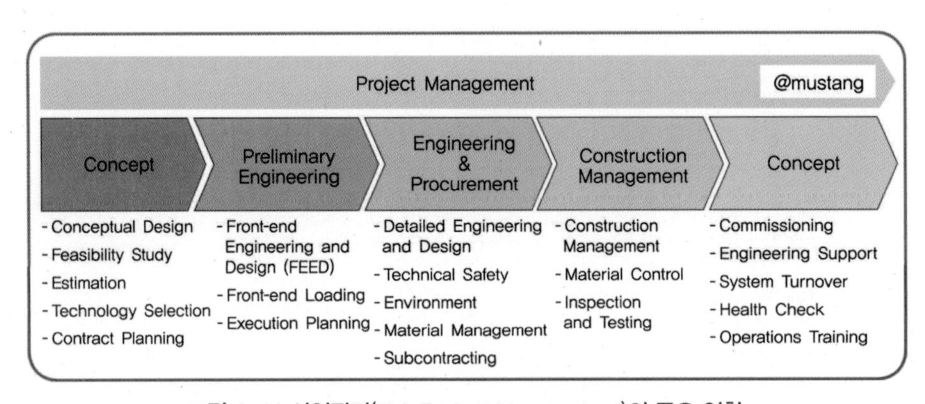

그림 1-11 사업관리(PM, Project Management)의 주요 역할

5) 해양은 Vendor Data와의 전쟁이다

앞에서 언급된 바와 같이 해양플랜트의 사양은 불완전한 FEED로부터 시작된다. FEED는 프로젝트가 흘러가는 과정에서 점진적으로 구체화하며 결정되어진다. 특히 주요 설비의 사양은 설치되는 순간까지 확인이 필요한 사항이다.

이에 상세사양을 결정하는 과정에 필요한 정확한 데이터를 입수, 반영하는 노력이 중요하다. 설계는 물론 현장의 건조과정에서의 재작업까지 줄일 수 있는 유일한 과정이며, 재작업은 그림 1-12와 같이 항상 위험요소와 비용 증가의 변수가 연쇄적으로 일어날 수 있는 요소들이 내재되어있다.

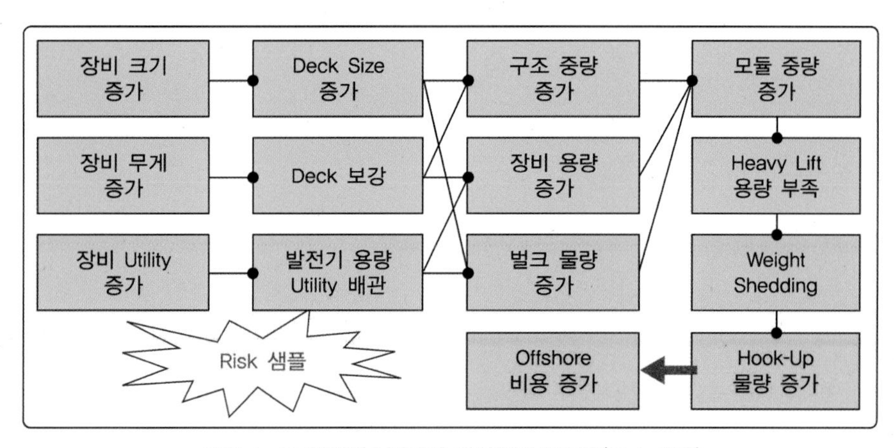

그림 1-12 적재적소적시의 데이터가 요구됨(Risk 사례)

1.7.3 선박(상선)과 해양플랜트의 주요 차이점 요약

표 1-10 선박(상선)과 해양플랜트의 주요 차이점 요약

구분	선박(상선)	해양플랜트
계약 관련	Bidding 기간이 짧음	Bidding 기간이 길
	선급(class)	선급, Code & Regulation, 관련 국가법
	고위층 동원한 Executive Business	Project Manager 실권이 막강
	소유권: 인도 시까지 조선소	돈 받은 만큼 소유권 이전(Rig 선 제외)
	마진에 민감한 경쟁 조건	납기가 최우선
	Change Order에 민감	매우 관대함 먹이사슬 구조: 계약 후 갑과 을 역전: 장비공급(벤더) – 계약자 – 조선소

표 1-10 선박(상선)과 해양플랜트의 주요 차이점 요약(계속)

구분	선박(상선)	해양플랜트
설계	장비 선택: Vendor Catalogue, Actual Catalog Data	Historical Vendor Data로 작업 Actual vs. Historical Data 매우 상이
	Based on Parent Ship	Prototype: Fit for Purpose
	선체+추진장치	의장분야-설비(시추, 생산공정)
	Piping Analysis-Limited Flange Connection Piping	Extensive Piping Stress Analysis Butt-Weld Piping
	Documents: Simple	Extensive Documents -for Risk Based Verification -Materials etc.
자재	일반 선박 재료 -Galvanized Steel	Exotic Material: Cu-Ni, Duplex, Titanium, AL 합금강
	Low pressure Piping	High Pressure Piping
건조 관련	내업(內業)의 비중이 높음	외업(外業)/진수 후 작업 비중이 높음

1.8 한국 조선공업의 경쟁력 확보

'한국의 조선공업 경쟁력 확보 과정(건조 부문)'을 요약하면 다음과 같다.

- 도크(Dock)의 회전율을 높여라: 블록의 다점(多占) 조립
- 동시작업(Simulation Engineering): 시스템화의 시작과 선행의장 실시
- 완벽한 조립산업으로 접근: 육상건조, 수중조립, 해상조립 등으로

중후장대한 산업의 꾸준한 발전의 결과는 세계 해양플랜트 산업의 조립기지로서의 저변이 된 것이다.

1.8.1 조선의 경쟁력 확보 과정

1단계) 도크(Dock)의 회전율을 높여라: 블록의 다점(多占) 조립

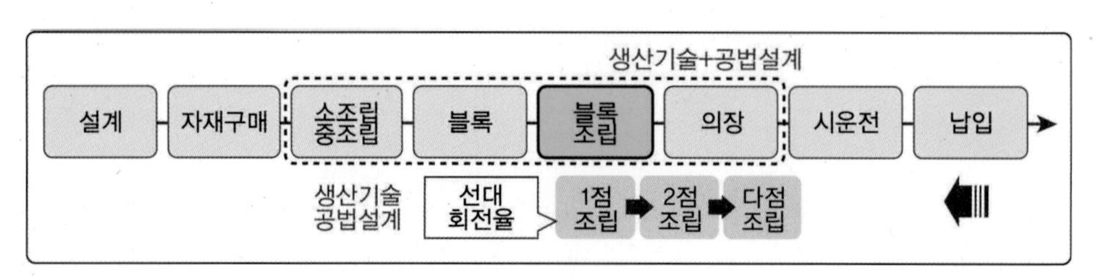

그림 1-13

- 일본의 조선소가 처음 시작한 블록공법의 답습 과정이었음
- 블록 제작의 정밀도 향상과 측정기술의 향상
- 제작된 블록의 정밀 측정
- 조립 블록의 삽입기술 향상(조립도 향상)
- 정부의 조선공업 육성정책 및 지원으로 신규 설비(Dock) 증설

2단계) 동시작업(Simulation Engineering): 블록단계에 선행의장을 실시

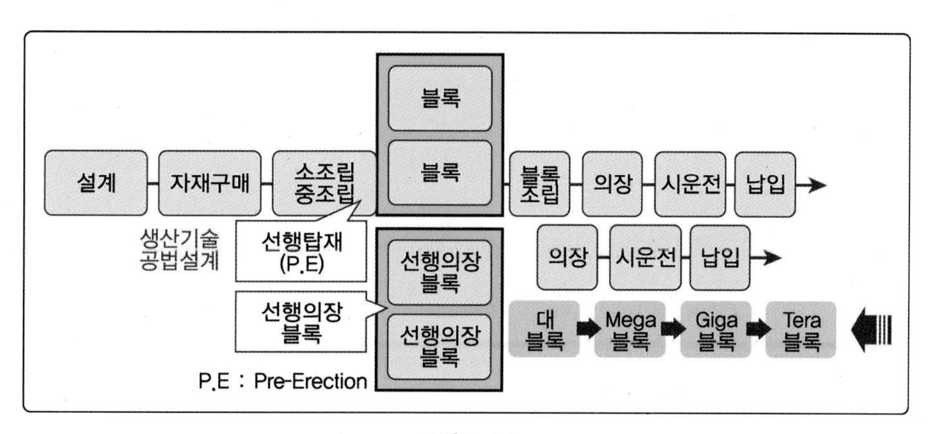

그림 1-14

- 협력설계(선체설계+의장설계)에 의한 설계정보의 정확도 향상 노력
- 생산기술과 공법설계의 중요성 대두
- 현장의 안전과 생산성 향상을 위한 세분화된 Yard Facility의 개발 및 활용
- 조립용 대형장비의 운용과 운용기술의 발전
- 물량 확대에 따른 중대형 블록공장의 파생

3단계) 완벽한 조립산업으로 탈바꿈한 조선산업

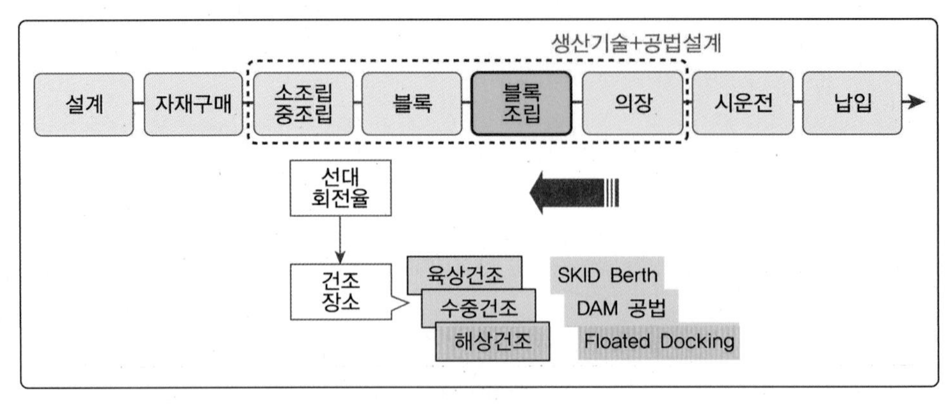

그림 1-15

- 선박의 대량생산체계 구축(기자재 공급, 협력사 대형화)
- 조선산업의 저변 확대(기술 인력의 확산, 조립시설의 확대 등)
- 확산된 관리기술(IT, 설계정보의 공유 등)

이렇게 지속적으로 발전한 저변에는 1970~80년대의 정부의 육성정책에 의한 생산 Capacity 확대와 후방산업(포항제철, 동국제강, 세계 제일의 엔진 공장 등)의 발전과 매우 적극적인 도전성, 선진기술에 대한 성실한 접근과 근면한 자세의 국민성, 고객요구의 적극적 반영과 제품 차별화와 기술인력의 지속적인 공급체계는 공기 단축과 생산성 향상 노력과 더불어 경쟁력 확보의 가장 선봉에 설 수 있는 요소라 할 수 있다. 이러한 요소들이 모두 세계 선박의 공급 기지처럼 발전하게 된 원동력이었다.

1.8.2 우리에게 영감을 준 NSRP

1971년 만들어진 미국의 SPC(Ship Production Committee, 선박제조위원회)는 제2차 세계대전 중에 미국의 조선 산업에 참여하였던 분들, 이들은 미국이 전쟁에 참여한 18개월 후에는 독일의 U-보트에 의해 침몰된 상선의 척수를 능가하는 건조에 군함도 제작한 경험자들로 대서양 전투를 승리로 이끈 주역으로 자부하고 있었다.

미국 조선 산업의 미래를 준비하던 그들에게 일본의 조선소에서 일을 하던 Charles S. Jonson으로부터 전해들은 리포트에는 “일본 IHI의 구레조선소는 우리가 설명할 수 없는 방식으로 매우 효과적으로 선박을 만들고 있다."는 내용이었다.

'우리가 놓치고 있는 심오한 무엇이 무엇인가?', '그들이 운용하는 핵심 논리는 무엇인가?' 시스템의 내용을, 작업자와 정보와 일 자체의 변화, Stage에서 Zone로의 전개와 수습 등을 확인하고자 그들은 IHI로 함께 찾아나섰다.

파견자인 Charles S. Jonson과 Chuck Jonson은 IHI가 초안을 만들고 이를 이해하고 공유할 수 있도록 한 결과물이 Outfit Planning-December 1979(NSRP-0096)이다. 동양에서 발견한 서양인 최초의 선박 연구가가 되었다. 미국 해군성에서는 이를 연구프로젝트로 승화시켜 NSRP가 구성되었으며, 프로젝트의 주계약자가 IHI(일본)가 되었으며, 그 결과가 PWBS(1980.12)-Rev2(NSRP-0164)이며, 미국의 조선소는 IHI의 원활한 조직과 작업흐름에 대해 취득하게 되었다.

Gary Higg(Campbell Marine, San Diego의 관리자)는 미팅에서 다음과 같은 논리로 거론했다. "What our shipbuilding industry needs is a product work breakdown structure(PWBS)(우리 조선소가 필요로 하는 것은 '제품 작업 분할 구조'입니다)."

'선박 이외의 건설현장에서도 동시적으로 서로 다른 설계로, 일회성이 아닌 혼류 방식의 생산이 가능하다는 추론에 도달할 수 있는 PWBS'로 추정하였다.

오늘날에도 이들의 집단예측, 요구기준(중간제품을 정의-효과적인 작업 흐름) 선정, 제조 중간에 내재된 문제를 분류해서 스스로 효과적인 작업 흐름을 창조하게 하였으며, 이 요구기준은 제품지향의 비용으로 변환되어야 한다.

이후 지속적으로 나온 NSRP의 초기 자료들은 다음과 같다.

- Pipe Piece Family Manufacturing(PPFM)-March 1982(NSRP-0147)
- Line Heating-November 1982(NSRP-0163)
- Integrated Hull Construct, Outfitting and Painting-May 1983(NSRP-0169)
- Design for Zone Outfitting-September 1983(NSRP-0179)
- Pre-Contract Negotiation of Technical Matters-December 1984(NSRP-0196)
- Product Oriented Material Management-June 1985(NSRP-0210)
- Flexible Production Scheduling System-April 1986(NSRP-0238)
- Flexible Production Indices-April 1987(NSRP-0260) 등

몇 권의 지침서, 영감을 주었던 단초들, 설계와 생산기술을 새로운 눈으로 접목시킬 수 있는 기회를 제공한 NSRP의 초기 자료가 있었음을 기록한다.

NSRP가 단초가 되어, 이 후 연구회를 만들고, 검토과정을 거치며 조선소의 시스템을 뒤집어볼 수 있는 기회를 얻게 되었다. 용어 정의에서 시작하여 설계에서 제조, 조립공정까지 Re-built-up 의 기회가 되었다. 당시 도입한 3D CAD 시스템의 DB 구조에 이런 개념을 어떻게 반영할 것인가?

설계에서 생산까지 답습하며 실행하며 배우던 일들이, 새로운 접근법으로 조선업종이 시스템화 할 수 있었던 바탕은 아니었을까? 기존의 관념에서 새로운 관점으로 보기 시작하였으며, 세계시장을 향한 당시 우리 조선업계의 염원이 반영된 바탕이 아니었을까?

일본을 거쳐 미국에서 정리된 몇 권의 자료에서 시작된 영감은, 이후 선행조립, 선행의장을 단어가 아닌 구체적인 행동으로 움직이는 지침이 되었으며, 또한 부문 간의 협력이 요구되는 동시공학적(Concurrent Engineering)인 접근법의 시작이 되었다.

'Design for Zone Outfitting'은 용어정의로 시작하여 선행의장의 구체화와 확산의 계기였다. 'Pipe Piece Family Manufacturing(PPMS)'은 의장작업의 표준화와 배관스풀(Spool) 자동생성 프로그램(Auto pipe Piece Drawing System)을 개발하는 동인이 되었고, 이는 3차원 CAD 시스템의 활성화를 이루는 시작이었으며, 이렇게 시도된 활동은 의장 설계정보의 자동화 프로그램으로 지속 발전하는 계기를 마련해주었다.

구체적으로 구분되는 단계별 용어, 단계별 행위는 전산에 의한 관리의 체계화(시스템화, 당시 MIS라 칭했음)에 크게 기여하게 된다. 자재정보에서 시작된 전산화는 설계정보와의 접목으로 이어지면서, 생산기술 분야도 도면(설계)에서 3D 정보에 의한 설계정보를 요구·활용하며 조립방식을 획기적인 방법으로 개선·적용하게 되었다.

당시 NSRP에서 받은 영감이 우리의 조선소가 현대화하는 과정의 발판이 아니었을까?

이를 접하면서, 즉 실행하겠다는 자세로 연구와 토론 및 개발과정을 병행하며, NSRP가 발표된 미국보다도 먼저 실행하며, 확산 적용한 것이 대한민국 조선소의 중흥을 가져온 계기의 하나가 아니었을까 생각해본다.

1.9 한국 해양플랜트 산업의 미래

1.9.1. 글로벌 에너지 시장의 변화

한국의 해양플랜트 산업의 미래를 읽기 위하여 먼저 글로벌 에너지시장의 변화에 주목해야 한다. 에너지 시장의 흐름을 알고 적절한 대응이 필요한 때이다. 현 시점에 시장의 판도에 영향을 미칠 주요한 에너지 시장의 변화는 다음과 같다.

첫째, 미국 에너지 자급자족 시기를 주의 깊게 바라볼 필요가 있다. 90년대 중반까지 전 세계 오일/가스 조광권의 95%까지 장악하였던 석유메이저회사(IOC)들이 OPEC과 NOC(National Oil Company)의 등장으로 그 점유율이 15% 수준까지 떨어졌다.

이에 석유메이저는 막대한 자금을 바탕으로 북극, 사할린, 멕시코 만 등의 유전개발에 투입하고, 수평시추, 수력파쇄공법 등의 진보된 기술로 캐나다 동부의 오일샌드, 미국 본토의 셰일가스 등을 개발·상용화 시키는 배경이다. 석유메이저는 국제유가의 상승기에는 새로운 유전개발에 적극 나서게 되고, 하강기에는 개발 투자에 신중을 기하여 해양(오일/가스)플랜트 분야에 투자가 위축될 것이다.

하지만 전 세계 에너지의 30%를 소비하는 미국은 석유, 가스 등의 가격 하락으로 비전통에너지(부록 1)의 개발속도는 주춤할 수 있지만, 꾸준한 기술개발로 경쟁력을 높이고 있다. 이에 따라 미국의 에너지 자급자족 및 에너지 수출국으로의 변모는, 세계 에너지 수급 환경에 큰 변화가 있을 것은 자명한 사실이다.

둘째, 2002년 고유가를 바탕으로 축적된 오일머니로 중동국가들은 전략적 자원인 석유와 천연가스를 직접적으로 활용하여 세계 석유화학산업의 중심으로 다가가기 위한 적극 투자들이 마무리되어가고 있다. 즉, 중동발 플랜트 산업은 약 10년간의 호황이 마무리되어 가는 시점이다.

셋째, 이란의 석유 금수조치 해제에 따른 유가의 변화와 그 동안 개발되지 못하였던 이란의 에너지 자원개발 투자가 이뤄진다면, 이는 시장 변화에 주요한 사건이 될 것이다.

넷째, 그린에너지의 개발 환경은 지속될 것이다. 환경, 기후온난화 해결을 위해 인류의 노력은 계속될 것이고 새로운 성장동력으로 신재생에너지가 부각될 것이다.

다섯째, 물 부족 환경 가속 및 담수시장의 부상 역시 계속될 것이다.

1.9.2. 글로벌 에너지 시장의 메가트렌드

세계 에너지 시장의 환경 속에서 글로벌 에너지 시장의 메가트렌드는 어떻게 변해갈 것인가? 이에 대한 조망이 필요하다.

첫째, 오일의 대체시장이 확대되고 있다. 천연가스와 오일샌드, 셰일가스와 같은 비전통에너지 자원이 오일 대체시장으로 확대가 지속 되는 추세이다. 캐나다의 경우 오일샌드를 개발하며, 100

만 배럴 산유국에서 400만 배럴 산유국으로 변모하였고, 베네수엘라는 중질유 생산을 바탕으로 800만 배럴 산유국으로 발돋움하였다. 유가의 등락에 따른 변동은 있지만, 신재생에너지와 함께 비전통에너지에 대한 수요는 점진적으로 증대되는 방향으로 흐를 것이다.

둘째, 개발이 비교적 쉬운 천해의 자원개발은 마무리되고, 고유가가 지속되는 상황에서 그동안 채산성과 기술의 한계에 부딪혀 개발하지 못했던 심해자원의 개발이 전개되며, 심해 유전 개발과 생산에 따른 드릴쉽, FPSO, FLNG 등의 해양플랜트의 발주는 확대되어왔다. 하지만 미국이 비전통에너지를 포함하여 에너지 수출국으로의 변화하는 과정에서 유가는 떨어지고 심해자원의 개발은 투자순위에서 밀리면서 순연되며, 발주 내용도 해양플랜트에서 미주 중심의 가스운반선 수요의 증폭 등으로의 변화되는 과정을 밟게 될 것이다.

셋째, 대형유전(Mega Fields, 10억 배럴 이상) 개발환경에서 해양의 한계유전(Marginal Fields, 1억~4억 배럴)의 개발가능성은 그림 1-16과 같은 이유와 석유회수증진(EOR) 기술의 발전으로 더욱 확대되고 있다. 이는 소규모 유전개발에 적합한 부유식 이동 가능한 생산설비의 투입가능성에 주목해야 한다. 이런 해양플랜트의 운용과 임대 사업 등은 우리나라 해양플랜트산업에 있어 미개척 분야이기도 하다.

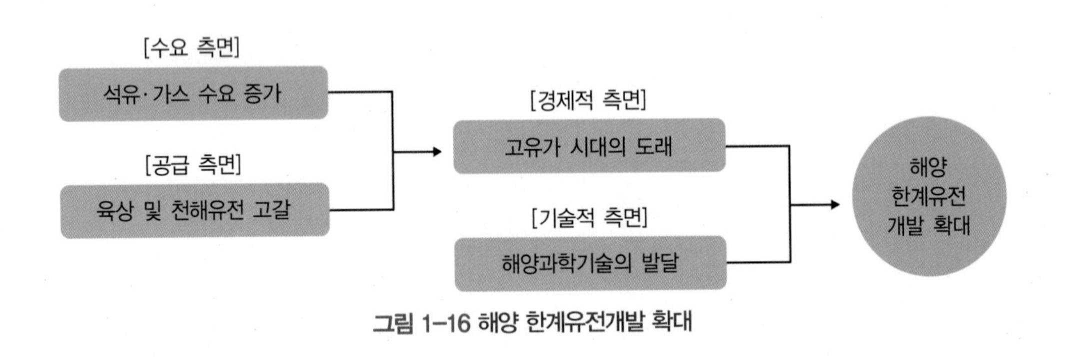

그림 1-16 해양 한계유전개발 확대

넷째, 해저 솔루션(Subsea Solution) 기술 개발이다. 가채 매장량이 작은 한계유전의 경제성 확보를 위해 해저에 매니폴드를 설치·생산하는 설비들도 지속 개발되고 있다. 해저설비 관련 기술도 역시 우리가 진출하지 못한 주요한 시장이다.

마지막으로, 그림 1-1에 언급한 바와 같이 시운전 대행과 같은 업종에서 설치된 해양설비의 노후화에 따른 장비의 수리/개조(Repair/Conversion)산업, 해양플랜트의 해체와 제거(Decommissioning)산업에서 방치된 유전의 흔적 지우기(철거)까지 신규 시장으로 확인되고 있다. 노후화된 해양플랜트를 업그레이드하는 시장 역시 우리의 새로운 개척 대상으로 주목해야 할 분야이다.

1.9.3 한국 해양플랜트 산업의 현재

현재 한국의 해양플랜트 산업은 대형 조선소가 보유하고 있는 세계 최고의 선박 설계능력과 대형 블록의 건조 및 조립기술을 기반으로, 오일메이저들이 발주하는 해양플랜트의 생산도면 제작과 선체 및 상부구조물의 조립 작업을 위주로 세계 시장에 진출하여 세계 최고의 해양플랜트 공급기지 역할을 하고 있지만, 중소형 업체는 자체 기술과 능력 부족으로 소요되는 조립품의 협력사 정도로 유지되고 있는 실정이다.

해양플랜트 산업에서 현재 수행하는 사업영역은 특정 프로젝트의 '상세설계, 조립, 운송과 현지 설치에서 시운전까지'로 제품의 제조주기(Project Life Cycle)를 기준으로 수행되고 있다. 하지만 이 영역은 자국 시장에서의 유전개발과 설비의 운용경험을 공유하는 중국의 맹렬한 추격에 직면하게 될 것이다.

1.9.4 대형 해양플랜트 산업이 나아갈 방향

한국의 대형 해양플랜트 산업을 이끌고 있는 대형 조선소들은 제작/조립 범위를 넘어, 개념설계(FEED, Front End Engineering and Design)와 'EPC-Contractor'로 사업 영역을 넓혀 나가야 하며, 국내외의 토목/건설 업체와의 협력관계를 통한 '해저 토목공사, 해저 파이프와 라이저(Riser) 설치, 심해용 플랜트 제작, 유전지역의 유전개발' 등을 총체적으로 수행하고, 더불어 선진 엔지니어링 업체들과의 협력을 통한 'Pre-FEED'과 'FEED' 업무를 포함하는 상세설계 능력을 갖추어 시너지 효과를 얻으며, 'Pre-FEED'부터 유전지역의 설치에서 시운전까지 서비스가 가능한 'Full Turn-Key base'의 해양플랜트 제작자로 발전을 도모해야 한다.

많은 국가들은 육상 자원의 한계를 극복하기 위한 노력로 심해저 자원개발과 해양도시 개발 등에 주력할 시기가 곧 도래할 것이 분명하다. 이때를 대비하여 대형 해양플랜트 업체들이 주도적으로 준비를 할 필요가 있다.

1.9.5 한국의 중소형 해양플랜트 산업이 나아갈 방향

신규 제작된 해양플랜트는 현지의 대형 유전지역으로 인도, 설치되어 시운전과 생산단계로 접어든다. 시운전과 생산단계에서 요구되는 전문인력의 공급, 장비의 운용과 조작, 수리, 개조 등의 작업영역과 이런 기술들을 공여하는 영역 등이 있으며, 이는 유전지역에 따라 20~40년이라는 기간 동안 지속 가능한 생산설비의 생애주기(Plant Life cycle)에 따르는 유지보수 및 서비스 영역으로, 이러한 분야가 유전지역의 브라운필드(Brown Field) 비즈니스라 할 수 있다. 우리의 중소기업들이 도전해볼 만한 분야라 하겠다.

대형 조선소와의 단순한 협력사의 위치에 있는 중소형 해양플랜트 업체들은 이 외에도 '유전지역의 생산과 운영'에 필요한 서비스 제공과 관련 장비의 제작 및 장비 리스 영역도 기술력으로 진출이 가능하지 않을까?

또한 해양플랜트 산업의 주체들은 대형 조선소에서 할 수 없는 기술 중심의 시스템 모듈화, 패키지 제작과 같은 기자재의 국산화에 힘쓰고 기술 투자를 강화하여, 단순조립에서 전문성을 겸비한 해양플랜트의 하이브리드형 제품공급자로 발전해나가야 할 것이다.

1.9.6. 해양 산업의 브라운필드 영역 개척 사례

조선소의 해양플랜트 사업은 보통 EPCIC(설계·조달·제작/조립·설치·시운전)의 영역으로 나뉘는데, 국내 대형 조선소의 가장 큰 강점은 제작/조립과 같은 생산기술 영역에 준한다. 이에 우리 기업들은 해양플랜트 사업의 외연을 넓혀야 할 필요성이 제기되고 있다. 해양플랜트 서비스 사업이라 할 수 있는 설치와 시운전·개조·운송 등이 대표적인 분야이다. 해양플랜트 산업의 발전 흐름을 읽고, 시운전과 유지보수 시장으로 외연을 확대하며 시장을 개척하고 있는 주식회사 칸(KHAN)의 사례를 보면 다음과 같다.

그림 1-17에서 주요 사업영역에서 알 수 있듯이, 이 회사는 노후화된 드릴쉽, FPSO, 생산 플랫폼 등의 보수와 개조, 성능 개선을 위한 업그레이드에서 시운전 대행, 해저파이프 설치 등을 수행하는 국내기업 중에는 유일한 비즈니스 형태로, 외국업체들이 독식하던 해양플랜트의 브라운필드 영역에 본격적으로 진출하여 주목이 되는 회사이다.

최근 이 회사는 Offshore 영역에서 쌓은 경험과 기술력을 바탕으로 45,000평의 Offshore 전용 야드를 확보하고 깊은 수심의 안벽을 활용한 Offshore Unit의 계류, 수리, 개조, 업그레이드 사업과 그간 해외 업체들이 독식했던 고부가가치 중심 Offshore 제품 제작 및 국산화 사업으로 그 영역을 넓히고 있어, 그 귀추가 주목된다.

EPC Solution

- Project Management
- Engineering
- Procurement
- Construction
- Commissioning & Startup

Rig Upgrade & Modification

- Rig Survey Inspection
- Work Package Repair / Replacement
- Equipment Overhaul
- Modification

Brownfield Platform Upgrade & Modification

- Design & Pre-fabrication
- Field Installation
- Supply of Equipment
- Logistic Services
- Marine Spreads Service

Commissioning

- Preparation
- Pre-commissioning & Commissioning (Shipyard)
- Hookup & Commissioning (Offshore)
- Startup

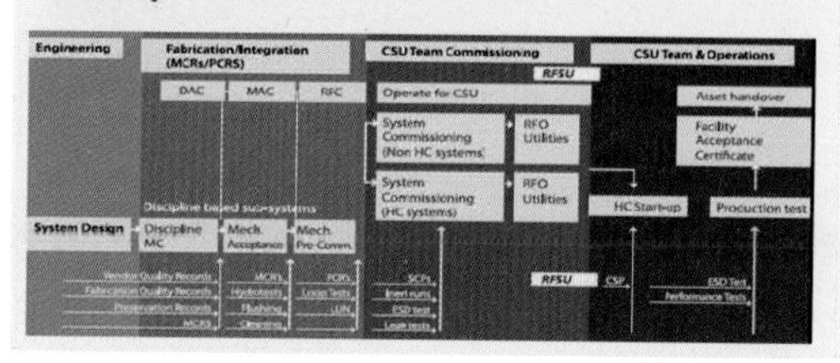

그림 1-17 주식회사 칸(Khan)의 비즈니스 카테고리

02

석유의 발견과 활용

chapter 02 석유의 발견과 활용

2.1 석유의 발견과 용도

유프라테스 강가의 히트지역은 수메르 시대부터 남부 메소포타미아 문명의 배경이 되었던 곳으로, 대규모의 석유 유출물(역청, 아스팔트)을 채취하였으며, 인도의 사원에서도 역청을 접착제로 사용한 흔적들이 남아 있다. 구약성서에도 노아의 방주에 아스팔트를 방수용으로 사용했으며, 페르시아 군이 기원전 400년경 아테네를 공격할 때 화살촉에 방화용 기름을 사용했다는 기록도 있다. 이런 흔적과 기록은 인류는 기원전부터 석유를 사용하였다는 것을 의미한다. 당시의 석유는 원유나 가스 형태로 얕은 저수지에서 자연스레 발견되었으며, 이는 단순히 연못 등에 고이며 수집되었을 것으로 추정하고 있다. 이러한 접착제와 방수용 이외에 석유는 수천 년간 등화 목적으로 사용되어왔다.

2.1.1 석유의 상업적 개발

하지만 인류의 생활에서 석유가 진정으로 중요 위치를 차지하게 된 것은 유전이 개발된 1859년 이후라 할 수 있다. 상업적 생산을 목적으로 에드윈 드레이크(Edwin Drake)는 펜실베니아 북서쪽의 Venango county에 위치한 농장(The Tarr Farm)에서 시추한 최초의 유정('Drake Well')을 개발하여 석유를 생산했다. 이 유정의 중요성은 주변을 추가적으로 시추하여 충분한 양의 석유를 공급하며 미국에 석유개발 붐을 일으켰다는 사실이다. 이 최초의 유정은 깊이 69.5피트(21.2 m)의 얕은 곳이었으며, 그림 2-1의 오른쪽이 필립스 유정, 왼쪽이 우드포드 유정으로 현대적인 기준으로 보면 150피트(46 m) 깊이의 얕은 곳이지만 많은 양의 석유를 생산했다. 필립스 유정은 1861년 10월에 하루 4,000배럴을 생산하였고, 우드포드는 1862년 7월 당시 1,500배럴을 생산하였다.

그림 2-1 Drake Well Museum Collection, Titusville, PA

그림 2-2 Empire Well, Funkvill, PA. Historical & Museum

당시에는 그림 2-1처럼 석유를 나무 탱크(wooden tank)에 저장하였다. 오늘날에는 용량에 대해 의심하지 않을 테지만, 사진의 배경 속에는 다양한 사이즈의 통이 보이며, 이는 탱크의 용량이 규격화가 되어 있지 않은 시기였다(오늘날 1배럴은 159 L. 뒷편의 'units' 참조).

대형 유정으로는 1861년 9월 'Empire well'(그림 2-2)이 완성되었을 때, 그 유정은 하루에 3,000 배럴을 생산했고 이 시기에 시장에는 석유가 넘쳐났으며, 가격이 떨어져 생산을 회피하기도 했다.

석유가 개발된 초기에는 함께 나오던 가스는 땅에서 연소시켜버렸고, 당시에 주로 등화램프용으로 등유를 사용했으며, 휘발유 등은 폐기물로 처리하였다. 이때부터 석유를 활용하는 연구가 지속되며 석유산업이 시작되었다고 볼 수 있다.

2.1.2 석유의 용도 변화

석유의 용도가 다양화된 것은 19세기 말에서 20세기 초로, 1860년 에티에네 르느와르(벨기에)에 의한 휘발유용 내연기관 발명, 1879년 토마스 에디슨(미국)에 의한 전구의 발명과 1882년 직류발전소 건립, 1893년 니콜라 테슬러(Nicola Tesla)에 의한 교류전기의 송전 실시, 1879년 카를 벤츠(독일)의 4행정 내연기관 자동차를 발명, 1893년 루돌프 디젤(독일, Rudolph Diesel; 1858~1913)에 의해서 증기기관을 대체시킨 디젤기관의 발명 등이었다.

이후 머지않아 석유는 거의 모든 수송수단의 다른 연료를 대체하게 되었다. 자동차 산업은 1903년 포드자동차가 설립되고, T1 카의 양산으로 석유의 수요는 급증하였다.

전등의 보급은 등유를 쓰던 석유램프를 감소시켰으며, 자동차의 발전은 그때까지 폐기물에 불과하던 가솔린을 적극 활용하는 계기가 되었다.

석유는 연료로서 빠르게 채택되었다. 제1차 세계대전(1914. 7~1918. 11)은 잠수함에 의한 선박의 무차별 공격으로 선박들은 효율성을 찾아나서게 되었고, 항공기도 급속한 발전을 이루어나갔다. 석유로 움직이는 것이 석탄에 비해 2배나 빠른 장점은 당연히 군대에서도 필수적인 요소가 되었다. 가솔린 엔진은 자동차와 성공적인 항공기 설계를 위한 기본이 되었다. 즉, 기선·군함 등에 있어서는 디젤화가 이루어져 선박용 연료는 석탄으로부터 점차 중유로 전환되었고, 항공기용 고옥탄가 가솔린의 제조가 급진적으로 발달하며, 석유의 중요성이 크게 인식됨으로써 석유산업은 크게 발전하였다. 또한 제1,2차 세계대전 동안에 소형 고속 디젤기관이 두드러지게 발전함에 따라 자동차, 기관차, 트랙터 등의 연료로 경유의 이용도 급증하였다.

제2차 세계대전 후 항공기의 주력은 프로펠러기에서 제트기로 바뀌어 제트 연료도 중요한 석유제품이 되었으며, 자동차기관도 고성능화되어 고옥탄가의 가솔린을 사용하게 되었다.

더불어 전후 가정용 연료로 크게 보급된 것으로 석유 정제 과정 중 부산물로 산출되는 액화석유가스(LPG)가 있다. 가스의 원거리 공급은 제2차 세계대전 이후 용접기술, 파이프 압연과 금속야금기술 등이 개발되고 신뢰성이 확보된 이후 파이프라인을 통한 장거리 이송이 가능하게 되었다. 지금은 LNG를 중심으로 가스가 가정용 에너지원으로 지속 확산되는 것은 장거리지역까지 경제적인 운송방법이 제공되었기 때문이다. 이는 석유화학산업의 발전으로 새로운 플라스틱 소재와 함께 이뤄내는 결과이기도 하다.

2.1.3 석유의 활용

원유는 탄소와 수소의 화합물인 탄화수소가 주성분으로 그 원자의 수나 연결된 모양에 따라 메탄, 프로판 등으로 구분된다. 이들 탄화수소의 끓는점이 상이한 성질을 이용하여 가열, 증발, 냉각이라는 증류과정을 거치며 분류된다.

1950년대 개발된 나프타(납사)는 석유화학산업의 원료로 새로운 플라스틱 산업의 기초가 되었다. 원유를 증류할 때 LPG와 등유유분 사이에 유출되는 것으로 일반적으로 경질 나프타와 중질 나프타로 구분하며, 주로 100°C 이하에서 끓는 경질 나프타(LSR, Light Straight Run Naphtha)와 100°C 이상의 중질 나프타(HSR, Heavy Straight Run Naphtha)라 한다. 용도는 연료용과 원료용으로 나뉘는데, 연료용은 개질시설(Reformer)을 거쳐 휘발유, 제트유 등의 제조원료로 사용되고, 원료용은 주로 용제 및 석유화학의 원료로 사용하여 이런 정유과정의 중간품(에틸렌, 나프타 등)을 원료로 분해, 개질과정을 거치며 플라스틱과 합성섬유의 원료, 합성고무와 각종 기초화학 제품을 생산하는 산업으로 비료, 화장품, 페인트에서 살충제까지 현대 인류의 생활에 있어 필수 불가결한 산업으로 발전하게 되었다. 다른 산업의 발달에 따라 새로운 용도가 계속 증가될 것이며, 오늘날의 풍요를 이루고 있다.

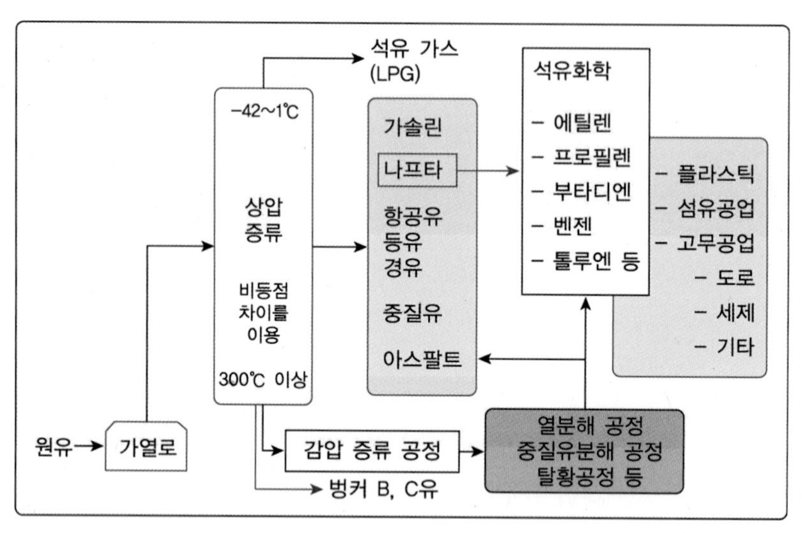

그림 2-3 석유의 변신

2.1.4 석유생성 지층(참고: 한국석유공사)

석유가 매장되어 있을 만한 지질구조의 기본원리는 석유가 물보다 가볍기 때문에 물과 함께 있을 경우에는 항상 석유가 물 위에 뜨는 형태를 이루고, 동시에 지하의 강한 압력에 의해서 끊임없이 위쪽으로 밀어올려진다. 이와 같은 조건에 견디면서도 석유가 빠져나갈 수 없는 조건을 갖추어야 한다.

대부분의 지층구조에서 퇴적 당시에는 수평이었던 지층이 뒤에 지각의 변동으로 밀리고 구부러져 아치 모양의 저류층(Reservoir)을 가지게 된 배사구조(Anticline)로 대부분의 석유가 이 구조에서 발견되고 있다.

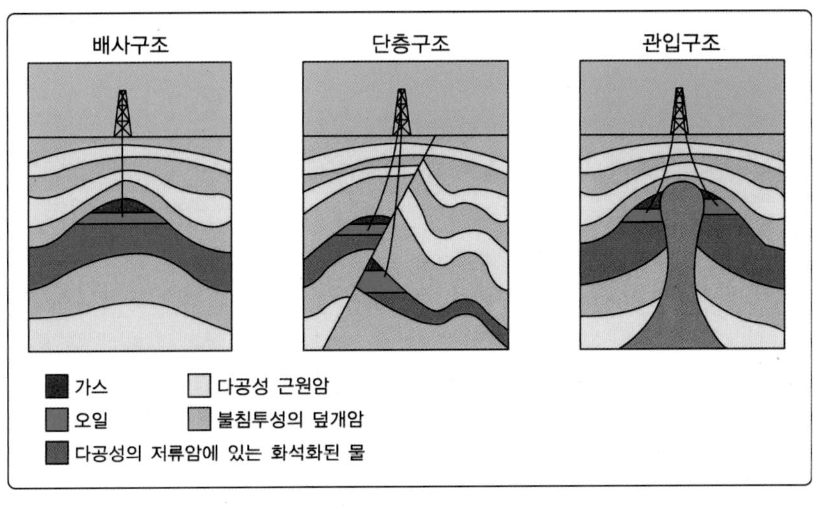

그림 2-4 대표적인 석유 생성 단층구조

이밖에 단층에 의해 저류층의 지층이 절단되어, 그 절단부를 정점으로 석유가 집적된 단층구조(Fault)와 지층에 암염과 용암 등의 관입으로 저류층이 절단된 구조를 형성하는 암염 돔(Salt dome) 구조의 관입구조 형태 등이 있다. 이 외에도 지질학적인 측면에서 여러 가지 형태가 있지만 대부분의 석유는 이 구조에서 발견되고 있다. 석유와 가스는 사암(sandstone)이나 물에 씻겨나간 석회암 같이 기공이 많은 돌에 저장되는 것이 대표적인 형태이며, 석유가 발견되는 곳은 과거 얕은 바다나 호수 밑의 퇴적암이 대부분이다. 사막의 모래 언덕이나 해저에 퇴적된 유기물질(작은 식물과 동물)을 머금은 퇴적암에 암염, 혈암, 석회암, 머드 같은 비다공 물질층이 덮여져, 구조적으로 탄화수소의 누출을 방지하는 덮개암의 구실을 하면서 탄화수소를 모으는 요건이 되었다. 이렇게 형성된 지층구조에서 높은 지열과 압력으로 유기물질들이 탄화수소로 변성되었다.

즉, 탄화수소가 형성된 퇴적암을 근원암으로, 생성된 석유가 고이는 저류층과 고인 석유가 흘러 넘치지 못하도록 위에서 막아주는 덮개암 등으로 구성되었다.

지하에서 석유를 생성한 퇴적암을 석유의 모암(母岩) 또는 근원암이라 부르는데, 생성된 석유는 그 후 지각 변동에 의해 이 모암을 떠나 현재의 유전을 형성하고 있는 지층 속으로 이동하여 상단의 가스에서 밑으로 석유와 물 등이 층류를 이루어 저류층을 형성한다.

이러한 구조에서 퇴적과 융기라는 지질운동의 결과로, 탄화수소는 다공성 암석 안에서 위쪽을 향하여 퇴적되고 비투과성 암석 아래, 그리고 상단의 가스, 아래로는 석유와 물로 구분되는데, 이런 예는 중동에서 발견되는 유정의 일반적인 구조이다.

얼마 되지 않은 저류암은 일반적으로 20° API 미만의 무거운 원유를 포함하고 있으며 이는 종종 백악기 출발점(65~145백만 년 전)에 존재한다. 대부분의 가벼운 원유를 머금은 저류암은 기원의 쥐라기 또는 트라이아스기(145~205/205~250백만 년 전)에 존재했던 경향이 보이며, 유기분자들이 깨진 가스 저류암은 종종 페름기 혹은 기원의 석탄기(250~290/290~350백만 년 전)에 생성되었다.

일부 지역에서는, 땅의 융기와 침식 등으로 탄화수소가 누설되면서 비휘발성의 무거운 성분만 남은 타르샌드(Tar Sand)는 석유 매장량의 일부로 거대한 양이 얕은 모래에 함께하는 타르샌드(8°~12° API)이며, 이는 종종 표면에 노출되어 노천채굴도 가능하다. 하지만 에너지원의 수율 향상을 위하여 뜨거운 물이나 증기, 희석제, 지층의 균열을 위한 새로운 공정을 거쳐야 쉽게 채굴이 가능하게 된다.

2.2 유정과 원유생산

석유생산을 위해 채굴되는 유정(생산정)에는 세가지 종류가 있다. 가장 대표적인 것은 원유가 생산되는 오일정으로 대부분 가스가 함께 나오는 유정이며, 가스정은 분출물의 대부분이 천연가스로 오일이 없거나 극히 적은 유정이다. 콘덴세이트(Condensate, 특경질원유)로 불리는 응축된 상태의 천연가스가 나오는 압축가스정으로 대별할 수 있다.

특경질 원유로 불리는 이 액상의 탄화수소 혼합물은 매니폴드의 천연가스로부터 분리되거나 천연가스를 처리하는 과정에서 나오는 것과 동일한 혼합물이다.

시추하는 유정의 종류에 따라 유정의 마감방법은 달라진다. 분출물이 유정의 표면으로 분출되었을 때, 천연가스가 공기보다 더 가볍다는 사실을 기억한다면 필연적으로 가스정과 압축유정에서는 리프팅 장비와 채굴장비들의 필요성은 줄어들 것이며, 오일정에서는 채굴을 하는 동안 점차적으로 저류암의 내압이 떨어지게 되므로 자체 분출은 어려워진다. 저류층에서 회수 가능한 석유는 매장량의 20~30% 수준으로 보고 있다. 이에 많은 종류의 리프트 장비들을 이용하여 회수율을 올리고, 이 후에는 지류층 내부의 압력을 높이거나 유지하는 방식으로 원유의 회수율을 높인다.

표 2-1 생산정의 대표적인 종류

오일정	Oil Well
가스정	Gas Well
압축가스정	Condensate well

2.2.1 원유와 천연가스

1) 원유

유정에서 뽑아 올린 원유(Crude Oil)는 복합혼합물로 화학적으로는 탄화수소(Hydrocarbon) 화합물로 구성성분의 함량 비중에 따라 원유나 천연가스로 분출한다. 오일정이나 가스정에서 분출하는 탄화수소 화합물은 알켄(C_nH_{2n+2} 형식의 이중 결합 탄화수소)을 위주로 200종 이상의 유기물과 약간의 방향족화합물(벤젠 C_6H_6과 같은 6-ring 분자)로 이루어져 있다. 원유는 여러 가지 구성성분이 다양한 비율로 혼합되어 있기 때문에, 물리적 성질이 크게 변한다. 색은 무색에서 흑색까지 변하며, 심도에 따라 cm^3당 수십~수백 kg의 압력을 받는 지하에서 산출된다. 이런 압력과 온도 때문에 원유는 용액 내에 상당한 양의 천연가스를 포함하고 있으며, 지하의 원유는 지표상에 있을 때보다 훨씬 유동성이 큰데, 이는 지하의 온도가 높아 점성이 감소하기 때문이다. 심도가 매 33 m 증가함에 따라 온도는 평균 1°C 증가한다.

표 2-2 원유에 포함된 성분

성분	내용
탄화수소 화합물	파라핀계: CnH_{2n+2}
	나프텐계: CnH_2n
	아로마틱계: CnH_{2n-6}
불순물	질소, 이산화탄소, 황화수소 등
지층수	

2) API 비중

저류층으로부터 추출되는 원유는 주로 색깔, 비중, 기포점 압력, 점성도와 용해가스와 오일의 비율(GOR, Solution Gas Oil Ratio) 등으로 분류하며, 이러한 물리적 특성을 근거로 원유의

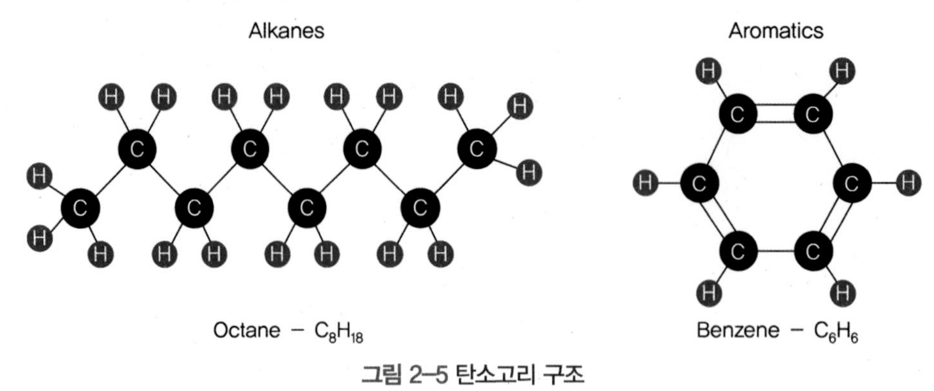

그림 2-5 탄소고리 구조

정제방법, 저류층 내 원유의 흐름을 예측하여 생산방식을 결정하며, 특히 원유 거래단위로 API 비중을 적극 활용한다.

원유의 API(American Petroleum Institute) 비중은 원유의 비중 또는 밀도를 측정한 것이다. degrees API로 표현하며, API Number가 높아질수록 원유의 밀도는 낮아진다. API 비중은 미국 석유협회에서 정한 비중으로 물을 10으로 하여 물보다 가벼운 것은 10 이상, 물보다 무거운 것은 10 이하의 수치로 표시한다.

$$\text{API 비중} = \frac{141.5}{60°\text{F 상태의 비중(원유/물)}} - 131.5(\text{영, 미})$$

API 비중에 의한 구분
– 50° API 이상: 콘덴세이트
– 45° API 이상: 초경질 원유
– 34° API 이상: 經질 원유
– 28°~34° API: 中질 원유
– 28° API 이하: 重질 원유
– 20° API 이하: 초중질 원유

원유의 경우 API의 표준 비중에 따라 측정된 비중은 약 970 kg/m^{3}에서부터 750 kg/m^{3}에 해당하는 7에서 52의 범위이지만 API 20°~45°가 대부분으로 가벼운 원유(Light Crude, API 40°~45° 수준)를 가장 좋은 원유로 간주한다. API 46° 이상은 전형적인 정유공정에서는 일반적으로 좋지는 않다.

원유는 API 40°~45°보다 가볍다는 것은 낮은 탄소분자수를 의미하며, 이는 정유공정에서 높은 옥탄가의 가솔린과 디젤연료 생산을 극대화하는 과정에서 유용한 분자가 덜 포함되어 있음을 의미한다. 만약 API 35°보다 더 무거운 원유라면, 분자의 개수가 길고 큰 것으로 별도의 추가시설이 없이는 높은 옥탄가의 가솔린과 디젤유를 생산하는 데 유용하지 않다.

원유에 대한 물리·화학적 물성치를 분석해보면, API 비중은 채굴상태(불순물, 혼합, 융합 등이 없는)에서 유사한 성분의 원유 품질의 순서를 개략적으로 정리할 수 있다.

서로 다른 타입, 서로 다른 품질의 원유를 혼합하거나, 다른 석유의 성분을 혼합하면 API 비중은 유체의 밀도를 측정한 값 이외에는 유용하게 사용할 수 없다.

예를 들어, 나프타 3배럴에 타르 1배럴을 용해시키면 API 40° 수준의 4배럴이 된다. 혼합된 4배럴을 정유공장의 증류공정을 거치게 되면 3배럴의 나프타와 1배럴의 타르가 나온다.

다른 한편으로, 채굴된 API 40°의 원유 4배럴을 정유공장의 증류탑에 넣으면, 가솔린과 나프타(전형적인 C_8H_{18}) 1.4배럴과 케로센 0.6배럴(제트 연료 $C_{12\sim15}$), 디젤연료 0.7배럴(평균 $C_{12}H_{26}$), 중유($C_{20\sim70}$) 0.5배럴, 윤활유의 0.3배럴, 그리고 찌꺼기 0.5배럴(bitumen, 주로 poly-cyclic aromatics)이 나온다.

그림 2-6은 촉매분해를 하는 정유공장에 공급되는 세가지 유형의 원유에 대한 중량 퍼센트 분포도이다. 화학 성분은 각각의 C_nH_{2n+2} 분자에서 탄소원자의 개수인 탄소개수(Carbon Number)로 일반화시켰다.

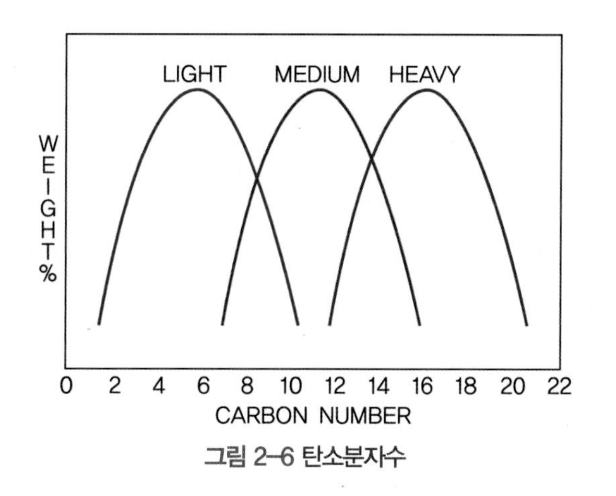

그림 2-6 탄소분자수

정유공장의 분해공정에서 높은 옥탄가의 연료를 가장 많이 얻기 위해 중간혼합물(medium blend)은 필요하다. 무거운 원유와 가벼운 원유는 혼합과정에 동일한 API 비중으로 혼합하여도, 혼합물의 성분은 중간혼합물의 내용과 매우 다르다. 무거운 원유는 정유공장의 수율을 올리기 위해 탄소개수를 줄이도록 분해·개량하여 정유공장에서 처리해야 한다.

표 2-3 탄소개수에 따른 탄화수소의 상 변화

상(phase)	분자식(C_nH_{2n+2})	명명
기체	CH_4	methane
	$C2H_6$	ethane
	C_3H_8	propane
	C_4H_{10}	buthane
액체	C_5H_{12}	pentane
	C_6H_{14}	hexane
	C_7H_{16}	heptane
	C_8H_{18}	octane
	C_9H_{20}	nonane
	$C_{10}H_{22}$	decane
	$C_{11}H_{24}$	undecane
	$C_{12}H_{26}$	dodecane
고체	$C_{17}H_{36}$	heptadecane
	$C_{20}H_{22}$	eicosane
비고	기체: C_1~C_4 액체: C_5~C_{16} 고체: C_{17} 이상	

원유 성질의 결정 요소
1) API 비중(S.G, Specific Gravity)
2) 온도와 증기압(Vapor Pressure)
3) 점성(Viscosity): 절대 점성도, 동점성도, 비점도(比粘度, Specific viscosity)
4) 운점(雲点, C.P, Cloud Point): 원유에 용존 고형물(주로 왁스)이 추출되기 시작하는 온도
5) 포함된 물, 가스와 침전물
6) 화학성분

3) 천연가스

소비자가 사용하는 천연가스(Natural gas)는 거의 완전한 메탄으로 구성되어 있다. 하지만 웰헤드로 분출되는 천연가스는 본질적으로는 메탄이지만 순수하지는 않다.

- 오일정으로 부터 오일과 함께 채취되는 천연가스를 전형적인 동반가스(Associated gas)라 하며, 동반가스에는 채굴지층(Formation) 내에서 오일에 용해가스(Dissolved gas)와 자유가스(Free gas)로 구분된다.
- 원유가 극히 적거나 없는 압축유정으로부터 분출되는 천연가스를 '비동반가스(non-Associated gas)'라고 한다.

가스정은 일반적으로 오직 천연가스만을 생산한다. 그러나 압축유정은 절반의 액체 탄화수소와 함께 천연가스를 생산한다. 천연가스의 원천이 무엇이던 간에 원유(있을 경우)에서 분리된 가스는 혼합물로서 기본적으로 에탄, 프로판, 부탄, 그리고 펜탄과 함께 존재한다. 덧붙여 수증기, 황화수소(HS), 이산화탄소, 헬륨, 질소 및 다른 화합물이 포함되어 있다. 이에 천연가스 처리공정은 파이프라인을 통해 송유 가능한 수준의 품질(Pipeline Quality)을 생산하기 위한, 즉 순수한 천연가스로부터 여러 가지 다양한 탄화수소와 유체 등을 분리하는 공정으로 구성되어 있다.

주요 송유용 파이프라인은 통과 가능한 성분이 한정적이며, 에너지 함량은 보통 KJ/kg(역시 Calorific value)으로 측정한다.

4) 컨덴세이트(Condensate, 특경질원유)

콘덴세이트로 불리는 특경질 원유는 밀짚색으로 50° API 이상으로 용해된 가스의 오일비율(GOR, Solution Gas-Oil Ratio)이 매우 높다. 고온 고압의 저류층에서는 가스 상태로 있다가 지상으로 올라오면서 온도가 낮아지며, 액상으로 상변화가 일어나 천연액상가스라 불린다. 메탄이 주성분으로 에탄, 프로판, 부탄, 그리고 펜탄 등은 천연가스에서 제거해야 하지만 이것이 모두 '폐기물'임을 의미하지는 않는다. 사실 '액상천연가스(NGL)'라고 잘 알려진 탄화수소는 천연가스 처리의 부산물로 매우 가치가 있다. '액상천연가스(NGLs)'에는 에탄, 프로판, 부탄, iso-부탄, 그리고 천연 가솔린이 포함되어 있다. 이것들은 독립적으로 분리·판매가 가능하며, 정유공장이나 석유화학플랜트에서는 에너지원으로 사용되고, 개별적으로 사용 시에는 원재료로 매우 유용하며, 원유의 생산량을 높이기 위해 생산정 내부 압력을 높여 생산량을 늘리는 데 사용하기도 한다.

2.3 탐사와 시추(Exploration and drilling)

2.3.1 탐사

해저의 석유는 탐광작업, 개발작업, 생산과정의 단계를 거치며 개발된다. 광업권 획득 이후 해저층에 대한 물리탐사 및 지질조사를 거쳐 석유(또는 천연가스)의 축적 조건이 좋은 암석층을 따라 시굴(Exploration Drilling)을 한다. 이는 필수 과정으로 결과에 따라 석유층의 분포를 재확인하기 위해 몇 개의 유정을 더 시추하는 과정을 거친다. 이 과정을 채굴(Appraisal Drilling)이라 하며 이런 과정을 거쳐 생산 여부를 최종 확인하는 과정을 통칭하여 '시추탐사'라 한다. 이때 뚫은 시추공들은 시추탐사의 목적을 달성한 이후, 유정 내 잔유물의 회수율을 증가시키기 위한 주입정으로 재활용토록 준비하고 시굴과 채굴 결과에 따라, 종합적인 경제성 평가를 실시하여 생산의 진행 여부를 결정한다(그림 2-7 개요 참조).

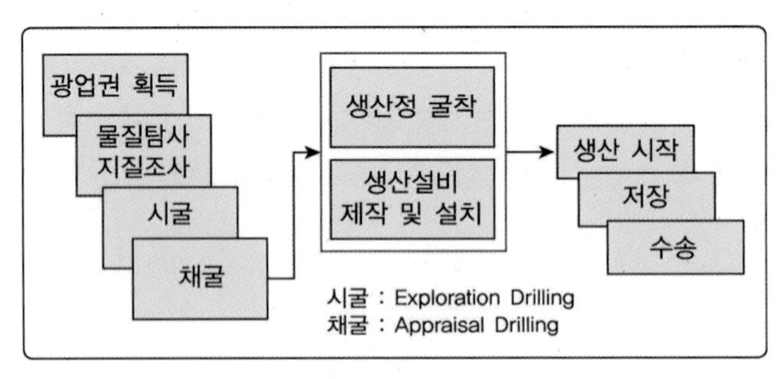

그림 2-7 석유개발 공정

생산 결정과 함께 개발환경과 유전의 규모에 따라 설비를 결정하게 된다. 생산설비에는 시추장치(Mud 시스템 포함), 프로세스 플랜트(석유/가스 처리장치), 유틸리티(발전설비, 거주지역), 안전설비 외에 소요 물품 등을 고려하게 되며, 매우 큰 생산용 플랫폼에는 자체적으로 시추장비를 갖추게 된다.

생산설비의 설치와 함께 지정된 위치에 여러 개에서 수십 개에 이르는 생산정(Production Well)을 굴착하고, 각각으로 시운전(Commissioning)을 하며, 군집된 단위로 묶어 웰헤드와 크리스마스트리라는 밸브군을 설치하는 과정을 거치면서 본격적인 생산이 이루어진다.

해양의 석유 및 가스 개발 4단계
- 1단계(Pre-Development Phase, 탐사와 시추) : 탐사, 시추, 유전의 운영방안, 해양의 생산설비와 파이프라인 계획, 해상운송방안 : FEED를 위한 기본 자료 확립 - 2단계(Development Phase, 설계와 조립) - 3단계(Production Phase, 설치 및 운영) - 4단계(Divestiture Phase, 해체)

2.3.2 시추 시스템

시추장비는 해양플랜트 설비의 가장 핵심적인 장비이다. 미국의 NOV(National Oilwell Barco)가 전기식의 싱글 데릭 형식을, 노르웨이의 AKMH(Aker Kvaerner MH)가 유압식의 듀얼 데릭 형식으로 시장이 양분되어 있으며 독과점적 공급을 하고 있다. 근래들어 Maritime Hydraulics, Huisman 등과 자체 유전을 바탕으로 중국은 육해상용의 개발과 함께 시장 진입을 시도하고 있다.

1) 시추장치의 형상과 주요 기능

시추장치의 형상은 그림 2-8에 나타나 있다. 설치된 형상으로 보면 마스트처럼 보이는 데릭(Derrick)에는 고정식 도르레(Crown Block)와 이동식 도르레(Traveling Block)와 이에 걸쳐 있는 톱드라이브(Top Drive)는 시추관의 회전 토크(torque)와 굴착압력을 주게 된다. 톱 드라이브는 드릴 스트링과 콘 비트가 깨지지 않도록 하기 위해 과부하가 걸리지 않도록 정확하게 제어되어야 한다.

일반적으로 8인치 콘은 비트당 50 kN의 힘과 40~80 RPM에서 1~1.5 kNm 토크가 작용된다. 관통속도(ROP, Rate of Penetration)는 깊이에 따른 변수가 있으나, 사암과 백운석(chalk)은 시간당 20 m 수준이며, 깊은 곳의 화강암은 시간당 1 m 정도로 관통속도가 낮아진다.

시추장치는 심해개발을 지향할수록 열악한 환경에서의 운전과 어려워지는 공급조건이다. 하지만 기본적인 유정의 굴착과정과 보전, 유지과정은 유사하다. 기능적으로 보면,

- 천공을 위한 파워소스와 회전력을 부가하는 드라이브 시스템
- 윤활작업과 압력수위를 조절하는 머드(Mud) 시스템

- 많은 파이프류를 이동, 조립, 분해하기 위한 파이프 핸들링 시스템
- 무거운 시추관류를 조립, 장착을 하기 위한 호이스팅 시스템
- 유정의 케이싱을 견고히 하기 위해 필요한 시멘팅 공급 등으로 구분할 수 있으며, 이를 제어하는 것은 유압 또는 전기로 구동하게 된다.

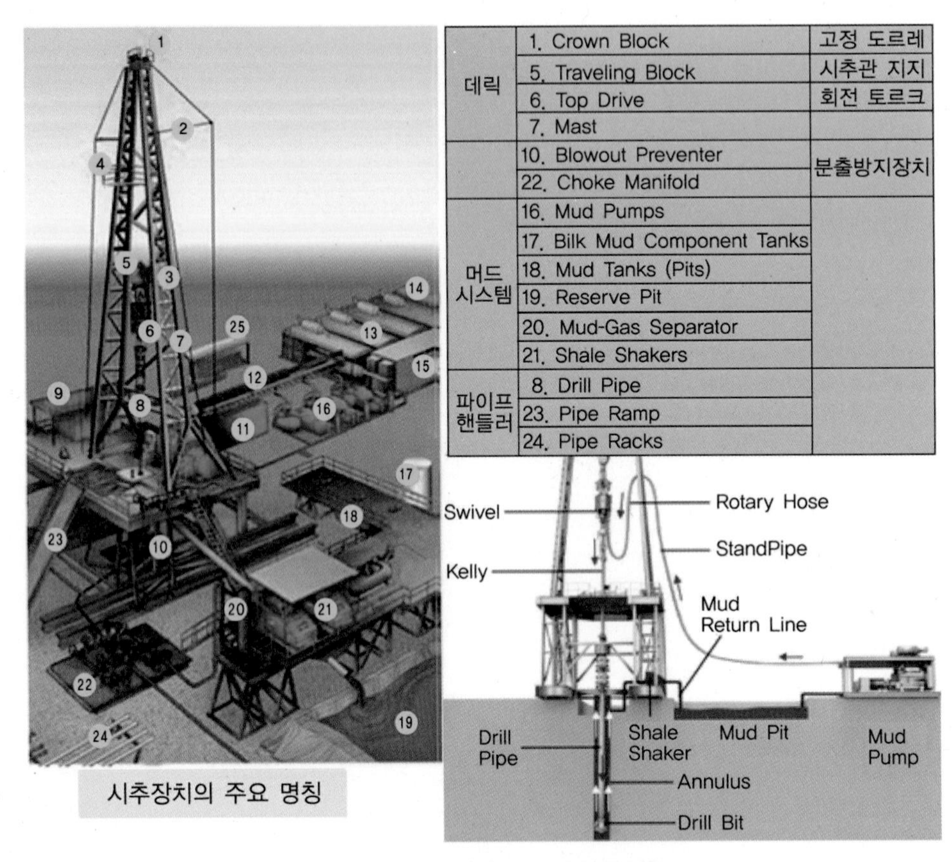

그림 2-8 시추장치의 주요 구성과 명칭

2) 비트, 드릴 파이프와 핑거 보드

유정의 굴착은 바닥을 뚫고 들어가는 회전식 비트(BIT)에 의해 이루어진다. 비트를 파이프에 부착하고 파이프를 물고 있는 톱 드라이브를 돌려 땅속으로 파고든다. 비트가 깊이 들어가면 파이프를 상부에서 계속 추가하며 좀 더 깊이 파고들 수 있다. 또한 굴착의 깊이가 깊어질수록 시추관의 하중이 무거워져 비트의 작업을 조력하게 한다. 땅을 파고들기 때문에 시추관(Drill String)의 무게는 증가하고 깊이 3,000 m에 이르면 500톤에 도달한다. 비트는 뜨거운 열로 깨질

수도 있다. 이에 열을 식혀 주는 윤활제(이하 '머드', Mud)를 사용하여 열을 식히게 되는데, 머드를 공급하고 회수하는 시스템이 드릴링 머드 시스템(Drilling Mud system)이다.

그림 2-9 드릴 비트의 형태

톱 드라이브에 물려 있는 시추관(Drill String)은 9~10 m짜리 드릴파이프(Drill pipe)가 연속으로 결합된 상태로, 시추공작업을 용이하게 하기 위하여 드릴파이프 3개씩 세트로 묶은 드릴 스탠드(Drill stand)를 데릭 핑거 보드에 수직으로 세워 작업대기를 한다. 시추관은 연속적으로 지하로 시추공을 뚫게 되는데, 시추관의 구성은 표 2-4와 같이 구성된다.

표 2-4 시추관(Drill String)의 구성

시추관 (Drill string)	(가) Drill Bit
	(나) Kelley & saver spacer
	(다) Drill Pipe & collar

3) 분출방지장치

시추 중에 유정 내부의 압력에 의해 갑작스런 분출이 일어날 개연성을 없애주는 장치를 분출방지 장치(BOP, Blow-out Preventer)라 하며, 이는 유정 내부의 이상 압력으로부터 시추선을 보호하기 위한 장치로 해저에 설치한다. 천공작업 중 저류층에서 갑작스런 분출을 저지하기 위해 케이싱 바로 위에 설치되는 매우 큰 유압용 밸브군이다. BOP시스템은 BOP stack, Chock & Kill 밸브, Chock, 매니폴드와 유압구동 장치로 구성된다. 안전성을 고려하여 BOP가 여러 층으로 겹쳐져 있어 'BOP Stack'라 칭하며, 드릴파이프와 유정 사이의 공간을 막아주는 Annular BOP(원형 분출방지기)와 드릴파이프를 절단할 수 있는 RAM BOP, 보호용 프레임 등으로 구성된다. 설치위치는 상부는 라이저파이프와 연결되어 있으며 비상시에는 분리(EDP, Emergency Disconnect Package)가 가능한 구조이다.

Annular BOP와 조합되는 RAM BOP의 형식은 아래와 같다(그림 2-10의 RAM BOP).

- Pipe RAM: BOP가 작동될 때 시추관을 폐쇄·밀봉한다.
- Blind RAM: 시추관이 없는 상태의 Well Bore를 밀봉한다. 압력의 크기가 제한되어 있다.
- Share RAM: 해저 시추작업 중 유정으로부터 시추선을 신속하게 분리 필요가 있는 상황에 사용한다. 고온고압상태의 유정의 흐름을 장기간 밀봉이 가능하다.

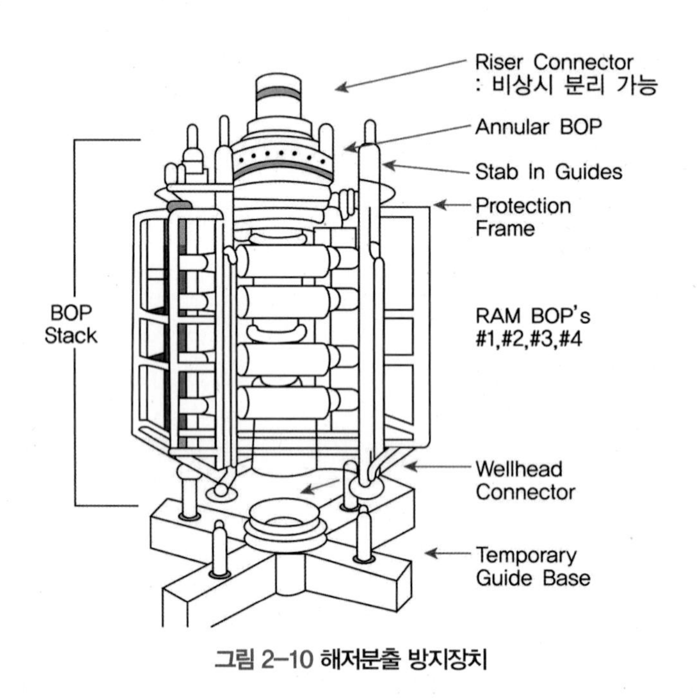

그림 2-10 해저분출 방지장치

BOP 구성 관련 용어
- Chock Line: Chock 매니폴드와 BOP 측면에 연결된 라인으로 유정 내부의 과잉압력과 머드가 배출된다. - Kill Line: Chock 매니폴드와 BOP 측면에 연결된 라인으로 배출 위험(Kick 상태) 시 BOP를 차단하고 비중이 큰 머드와 압력을 주입한다. - 설계압력: 가장 높은 압력(15,000 psi)을 견디도록 설계된다.

4) 방향시추

방향시추란 단면이 80도 이상인 유정을 의미하며 방향성을 가지는 시추(Directional drilling)는 동일 지층의 다른 지역으로 의도적으로 각도를 변경하여 채굴하는 것으로 탄화수소를 가지는 지층의 탐사를 위하여 개발되었다. 이는 좀 더 발전하여 지층 밑의 특정 위치에서 측면 방향으로 채굴 지역을 변경하기도 한다. 방향시추를 위한 현존의 기술과 수평시추를 살펴보면 다음과 같다.

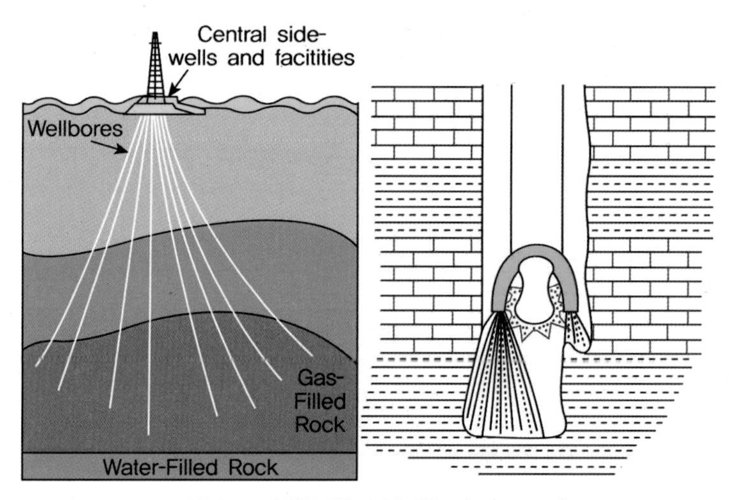

그림 2-11 방향시추와 분사용 비트(Jet-bit)

(1) 분사용 비트

지하에서 시추각도를 변경하는 기술로 그림 2-12와 같이 머드 압력으로 충격을 주어 시추공을 서서히 파괴시키며 시추관이 전진하는 분사용 비트(Jet Bit) 기술로 지층이 부드러운 경우 사용이 용이하다. 이는 머드 압력으로 방향을 바꿔가며 직접 시추가 가능하다.

(2) 머드 드릴모터

머드압력에 의해 구동되는 드릴모터를 장착한 콘(Cone, 머드 드릴모터+터보 드릴+다이나 드릴 결합품)과 시추관과 콘 사이에 각도를 가진 벤드(Bend)를 장착하여 방향 시추가 가능하게 되어, 하나의 관정에서 여러 개의 흡입관을 만들 수 있게 되었으며, 수평유정(Horizontal Wells)의 개발도 가능하게 되었다. 드릴모터는 시추관을 통해 공급되는 머드압력으로 구동되는 터빈 또는 모터로 이루어져 있다.

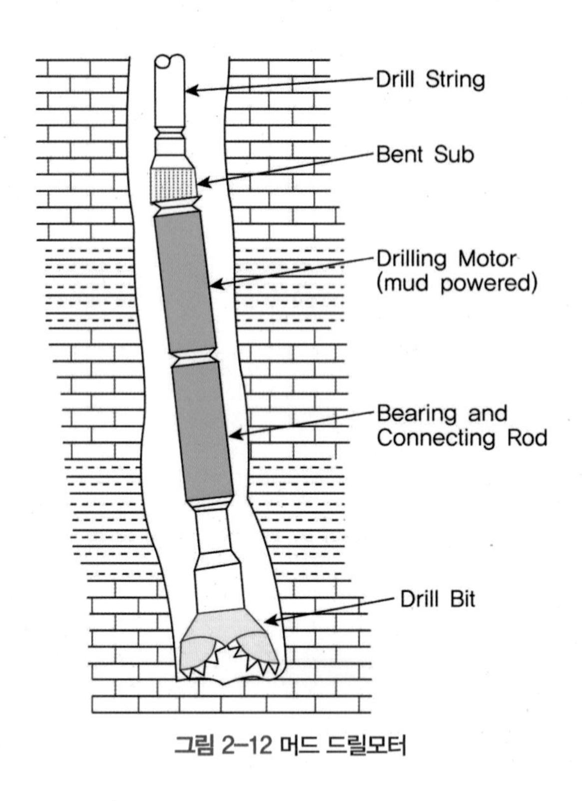

그림 2-12 머드 드릴모터

(3) 수평유정(Horizontal Wells)

현대 유정들은 생산량을 늘리기 위해 다른 배사구조의 저류층까지 넓은 지역을 수평분할하여 시추하여 여러 위치에서 원유를 생산하도록 하고 있다. 방향시추의 세계 최장기록은 15 km 이상이다. 이 기술은 1990년대 초에 개발된 기술로 가장 큰 장점은 두께가 얇은 탄화수소 지층에서 생산량을 늘릴 수 있게 되었으며, 결과적으로는 필요한 유정의 수를 상당히 감소시킬 수 있게 되었다. 최근에는 수평방향으로 2,500 m 수준까지 시추하고 있으며 이를 수평유정이라 한다. 시추 프로그램은 기존의 방식으로 미리 결정된 깊이까지 수직시추를 한 후, 그림 2-12와 같이 벤트 서브(Bent Sub, 각도 변경치구), 드릴모터를 드릴스트링과 비트 사이에 삽입하여 수평시추를 하게 된다. 정확한 시추를 위하여 저류층의 좌표를 먼저 계산하여 시추경로를 계획하게 된다. 수평시추 부위에는 시멘트 작업은 하지 않지만 기존의 케이싱 작업은 하고 있다.

(4) 다중 측면유정(Multi Lateral Wells)

2개 이상의 유정을 하나의 천공된 유정 내부에서 분배시키는 새로운 기술로 수평유정의 개발과 함께 발전하고 있다. 이는 신규 유정을 개발하는 비용의 절감과 유정에서의 생산량을 대폭 늘릴 수 있게 되었다.

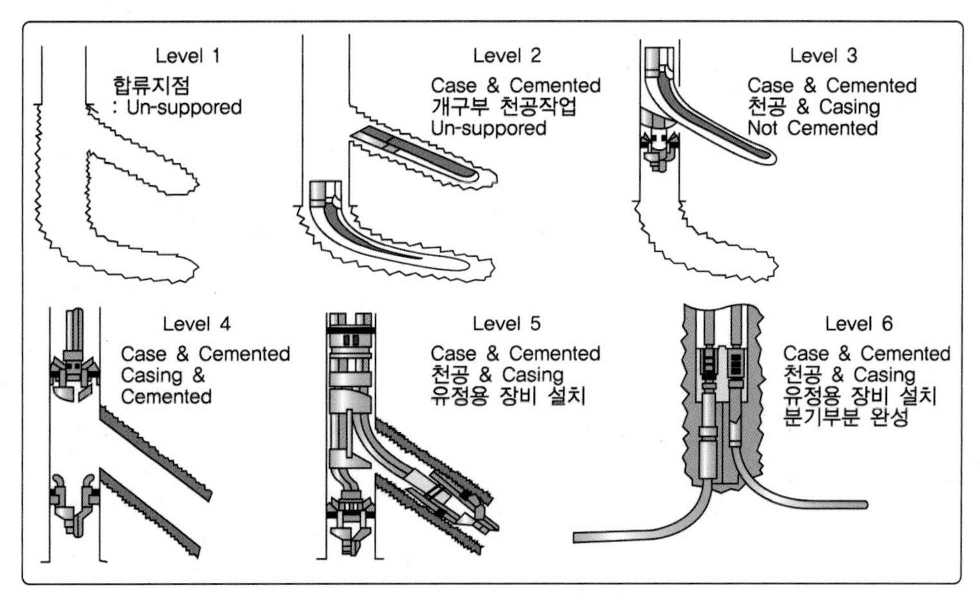

그림 2-13 다중 측면유정 개발 단계

오일과 가스는 일반적으로 3,000~4,000 m 깊이에서 형성되어 있지만, 암석의 일부가 침식된 유정들은 6,000 m 이상의 깊이까지 있을 수 있다. 깊이가 깊어짐에 따라 압력과 온도는 증가한다. 깊은 유정들은 200°C 이상에 90 MPa(대기압의 900배)까지 갈 수 있다.

유정 내 원유의 무게는 유정 바닥의 압력(BHP, Bottom hole Pressure)을 줄여준다. 원유의 무게는 790~970 kg/m^3 수준으로 3,000 m 깊이의 유정에서 BHP는 30 MPa 압력에서 비중이 850 kg/m^{3}인 원유를 채굴하고 있다면 웰헤드 부분의 정압은 약 4.5 MPa가 될 것이다. 더욱이 원유의 분출압력은 저류암과 유정 내에 분출되는 원유의 무게 때문에 더욱 떨어진다(1 MPa=10 bar=10.197 kgf/cm^2).

5) 드릴링 머드 시스템(Drilling mud system)

비트의 열을 식혀주는 윤활제를 사용하여 열을 식히게 되는데, 윤활제로서 머드를 사용하며, 이를 공급하고 회수하는 시스템이 드릴링 머드 시스템(Drilling mud system)이다. 머드는 유체의 종류와 비중, 윤활특성 등을 고려하여 설계된 혼합유체로서 채굴용 장비에 사용되는 유체의 일반명칭으로, 머드는 드릴 파이프를 통해 순환하며 비트의 열을 식혀주고, 유정의 내부 압력과 균형을 이루게 하며, 이외에도 여러 가지 목적을 가진다. 다음은 드릴링 머드 시스템의 역할을 나타낸 것이다.

- 시추작업의 진행 시에는 고밀도의 머드(Kill Mud)를 시추관 내부에 채워 시추공을 안정시키며, 석유 채취정의 개보수를 위해 유정 내부의 압력과 균형을 이루어 유정을 닫는 데 사용한다.
- 채굴 중 지층의 암석 조각을 표면으로 실어 나른다.
- 시추관과 시추관 내부의 비트를 구동하는 장치의 윤활제 역할을 한다.
- 비트를 포함하는 콘(Cone)을 깨끗하게 하고 식혀준다.
- 작은 입자들은 서로 엮이게 하여 표면으로 실어 나른다.
- 시추관 내부의 실링 역할을 한다.

유정의 다운홀(Downhole)에서 머드를 포함하는 유체의 압력(BHP)과 저류지층에서 유입되는 오일과 가스의 분출압력은 균형을 맞추어야 한다. 만약 비중조절로 만들어지는 머드의 무게가 다운홀에서 압력의 균형을 잡을 수 없다면 탄화수소의 급격한 유입으로 분출(Blowout) 현상이 발생하여 시추선의 손상과 작업자의 부상을 초래할 수 있다. 이는 시추 중에도 압력변화에 의해 발생 가능하다. 이에 머드 시스템은 그림 2-14와 같이 비중 조절이 가능한 혼합장치와 저류지층의 유입상황을 조기 발견하여 압력을 제어할 수 없는 분출현상이 발생하였을 때, 유정을 봉쇄하거나 시추관을 막아낼 수 있을 충분한 폐쇄력을 가지는 초크밸브 등이 통합운영되어야 할 것이다. 그러나 케이싱이 제 역할을 하지 못하고 탄화수소가 유정의 내부 균열점, 다공성 암석 등을 통해 표면으로 상승하면, 화재나 오염의 위험성을 증가시킬 뿐만 아니라 바닷물에 용해된 가스는 부유체 아래로 떠오르며 부력을 현저하게 감소시켜 부유체를 매우 위험에 빠뜨릴 수도 있다.

머드는 재생 재순환된다. 머드 재생장치 속에는 Shale Shaker, Degasser, Desander, Desilter, Cleaner, 원심분리기 등으로 구성되어 순환된 머드를 깨끗하게 하고, 머드 혼합장치가 탱크로 돌아가기 전에 새로운 첨가제와 함께 다시 재조정한다.

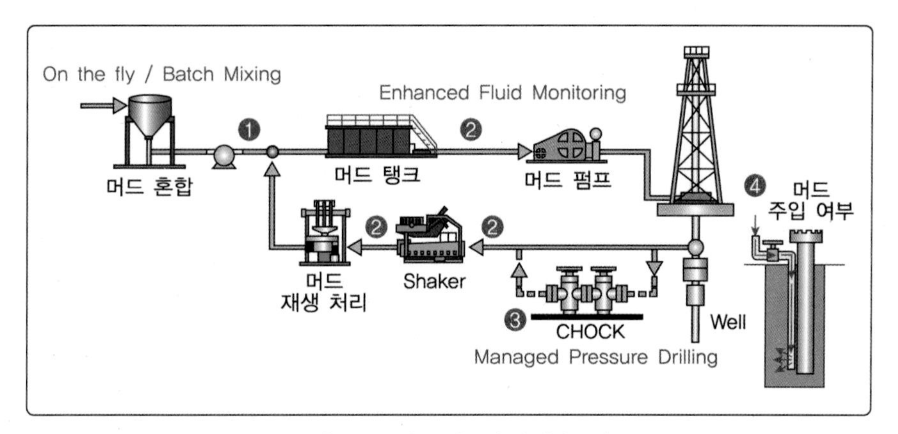

그림 2-14 머드 시스템 다이아그램

표 2-5 머드 시스템 구성

머드(Mud) 시스템의 구성
(가) 머드 혼합장치
(나) 머드 탱크, 펌프
(다) 머드 재생장치
(라) 초크 시스템

그림 2-15 (좌) Blowout , Montara field(Australia)
(우) Rig Blowout in Turkmenistan

2.4 유정(The well)

시추공이든 생산공이든 유정을 시추할 때는 반드시 마감처리가 되어야 한다. 유정의 완성은 유정 내의 각종 케이싱과 컴플리션, 지층에 알맞은 채유관을 선정하고 웰헤드 및 크리스마스트리, 각종 리프팅 장비의 설치까지 여러 단계로 구성되어 있다.

2.4.1 웰 케이싱(Well casing)

웰 케이싱을 설치하는 것은 시추, 채굴과 마감(콤플리션) 공정에서 매우 중요하다. 웰 케이싱은 새로이 시추하는 홀에 설치되는 금속관으로 케이싱은 유정 홀의 측면 강도를 유지하며, 오일 혹은 천연가스가 외부로 새는 것을 막으며, 또한 다른 유체가 유정을 통해 지층으로 새는 것을 막아준다. 가장 좋은 계획으로 각각의 유정에 적절한 케이싱이 설치되도록 하는 것이다. 사용되는 케이싱의 형식은 유정의 직경(사용한 비트의 사이즈에 따름)과 내부 압력과 온도를 포함한 유정 내부의 특성에 의존한다. 대부분의 유정에서, 유정 홀의 직경은 깊어질수록 직경이 줄어든다. 사용하는 비트보다 작은 케이싱이 설치되어야 할 것이다. 케이싱은 적절한 위치에서 시멘트로 굳힌다.

유정의 케이싱에는 작업순서와 깊이에 따라 5가지로 구분이 된다.

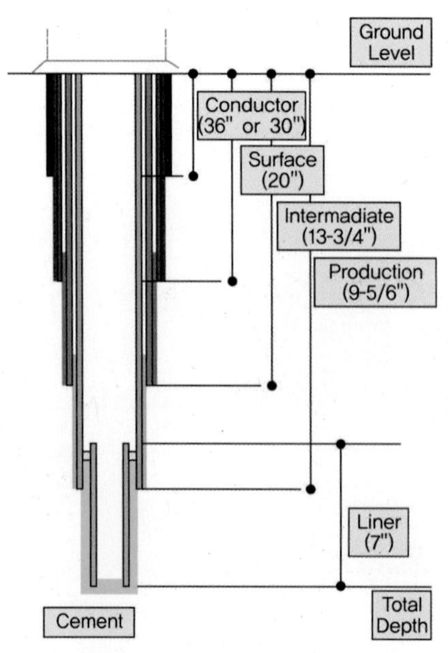

그림 2-16 유정의 웰 케이싱(예)

1) 콘덕트 케이싱(Conductor casing)

유정의 시추 위치와 방향이 결정되며 보통 50 m를 넘지 않고, 유정의 상단 부분이 함몰되는 것을 막아주기 위해 시추 작업 전에 설치를 하며, 유정의 바닥으로부터 시추용 유체가 순환하는 도관 역할을 한다(함몰 예방).

2) 서페이스 케이싱(Surface casing)

주로 깊이 1,000 m 이내에 설치되며, 사이즈는 콘덕트 케이싱 아랫부분에 설치되므로 구경은 좀 더 작아진다. 주된 목적은 깊은 지하로부터 누설된 탄화수소나 소금물이 유정의 표면으로 올라오는 것을 보호한다. 또한 웰헤드의 표면으로 회수되는 시추용 머드의 도관 역할을 하며, 시추하는 동안 드릴 구멍이 손상되는 것을 막아준다.

3) 중간 케이싱(Intermediate casing)

유정에서 가장 긴 케이싱으로 주된 목적은 유정에 영향을 미치는 위험요소를 최소화하는 것이다. 지하에서의 비정상적인 압력들, 암석붕괴, 그리고 소금물의 침전과 같은 유정을 오염시킬 수 있는 것 등이 포함된다. 형상이 일직선이므로 케이싱의 대체가 가능하며, 동일 장소에 시멘팅 된 것을 대체하기도 한다.

4) 생산용 케이싱(Production casing)

'오일 스트링' 혹은 '롱 스트링(Long-string)'이라고도 불린다. 유정 내 케이싱으로 가장 깊은 곳에 설치되는 케이싱이다. 유정의 웰헤드에서 가장 깊은 곳의 지층까지의 도관 역할을 하는 케이싱이다. 생산용 케이싱의 사이즈는 사용되는 리프팅 장비, 요구되는 마무리 흡입관의 수량, 그리고 나중에 유정의 깊이 변화의 가능성까지 포함해서 고려되어야 한다. 예를 들어, 유정이 나중에 깊어진다는 것을 예상한다면, 생산용 케이싱은 드릴 비트로 작업할 수 있을 정도의 폭이 있어야 한다. 역시 블로우아웃 현상을 방지할 수 있어야 하며, 위험수위의 압력이 상단으로 전달되지 않도록 지층이 봉쇄되도록 하는 수단이 있어야 한다.

5) 튜빙(Tubing)

케이싱이 설치되면, 튜빙(Tubing)은 웰헤드에서 지층의 바닥까지 케이싱 안으로 삽입한다. 채굴된 탄화수소는 튜빙을 타고 나온다. 생산용 케이싱은 일반적으로 50~280 mm(2~11 in)이며 생산량은 저류층의 상태, 보어의 크기, 내부 압력 등에 따라 결정되며, 100배럴 이하부터 몇 천 배럴이 될 수 있다.

6) 파커(Parker)

생산용 케이싱과 튜빙 사이의 공간을 실링(밀봉)과 개봉을 하는 역할을 하며 유압으로 통로를 On/Off하며 선별 취출한다.

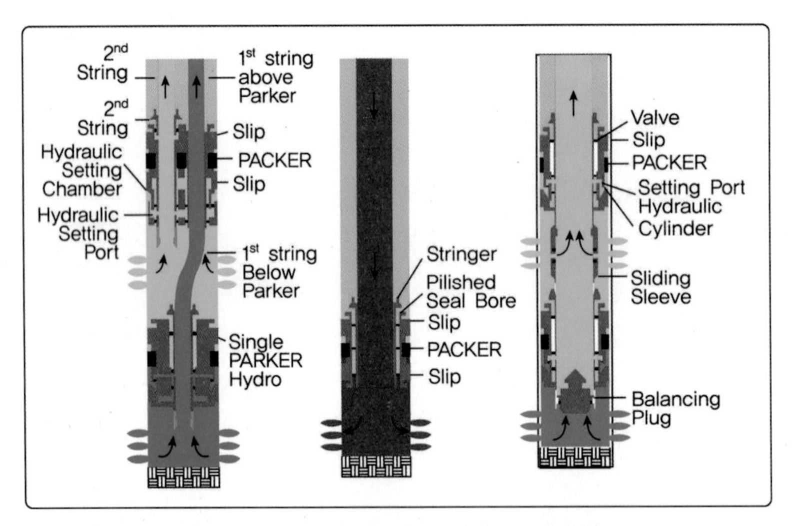

그림 2-17 파커(Parker)의 역할(개봉과 폐쇄)

2.4.2 유정의 완성과정(Well Completion)

웰 컴플리션(Well completion)은 오일이나 가스를 채굴하여 생산준비를 위한 유정 내 채취방식에 대한 마무리 공정이다. 저류층의(가압된 상태의) 석유/가스를 머금은 지층(Formation, 이하 '저류지층')의 토질상태(자갈, 잔돌, 모래 등)에 따라 흡유관의 범위와 형태를 선택하게 된다(그림 2-18).

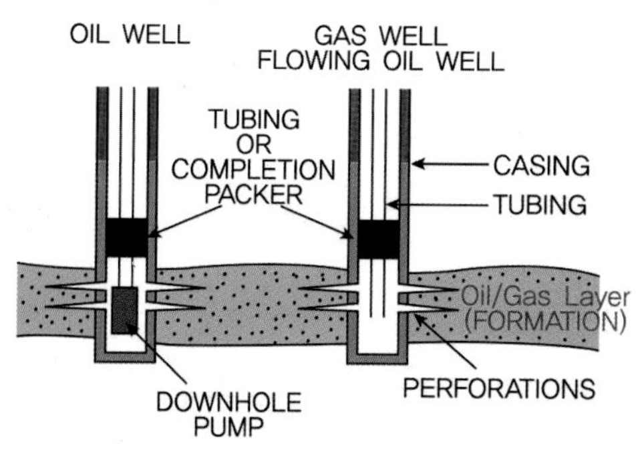

그림 2-18 저류지층(Formation)과 흡유관(@Lewis Mosburg's Oil & Gas newsletter)

또한 운용하는 관점에서 유지보수를 위한 교체 등이 특별히 고려되어야 한다. 웰 컴플리션의 종류는 저류지층의 상태에 따라 다음과 같이 여러 가지 형태로 구분할 수 있다.

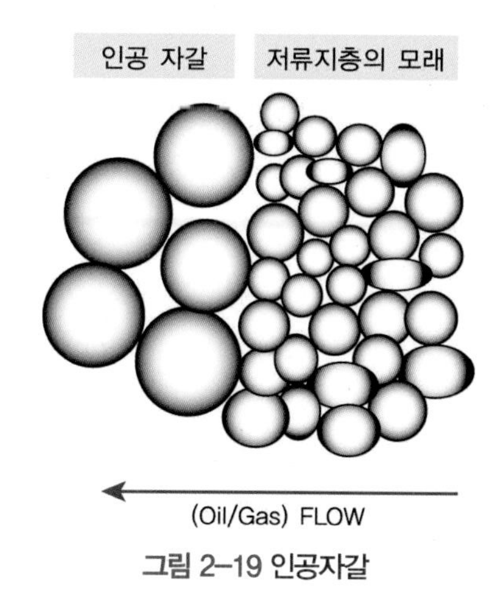

그림 2-19 인공자갈

- Open hole completions
- Perforated completions
- Sand exclusion completions
- Permanent completions
- Multiple zone completion
- Drainhole completions

* (그림 2-19 참조) '저류지층의 모래'가 흡유관으로 흡수되지 못하도록 인공자갈로 필터링을 하는 형태이다.

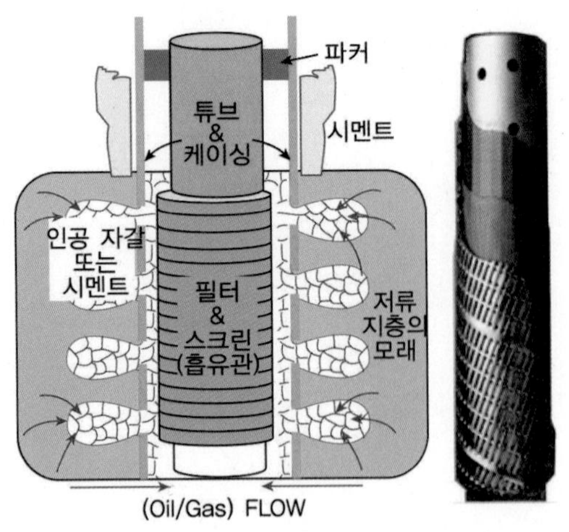

그림 2-20 인공자갈과 흡유관

* (그림 2-20 참조) 저류지층에 접한 튜브에 벌집 형태의 홀을 뚫고 튜브 외경을 스크린으로 감싼 형태로 케이싱에도 홀을 뚫어 인공자갈 또는 시멘트 등으로 필터링하는 흡유관(여러 형태의 한 종류)으로 그림의 우측이 실물의 한 형태이다.

1) 오픈 홀 컴플리션(Open hole completions)

가장 기본적인 형식으로 케이싱은 물론 흡유관도 없이 저류지층의 오일/가스를 채취하는 방식으로, 어떤 보호용 필터링 기능도 없이 끝단부가 케이싱의 아래로 쭉 뻗어 있다. 저류층에서 채취조건을 바꾸기가 극히 어려운 단점이 있다(그림 2-21 (a)).

2) 모래 제거용 컴플리션(Sand exclusion completions)

저류지층에 느슨한 모래가 많은 지역의 생산방식이다. 이 컴플리션은 천연가스와 석유가 유정에 잘 흘러 갈 수 있게 설계되었지만 모래가 동시에 투입되는 것을 막아야 한다. 유정의 홀에서 모래가 못 들어오게 유지하는 가장 일반적인 방법은 스크리닝과 필터링 시스템이다(그림 2-21 (b)).

이 유형은 Open hole과 Perforate completion에서도 사용될 수 있다.

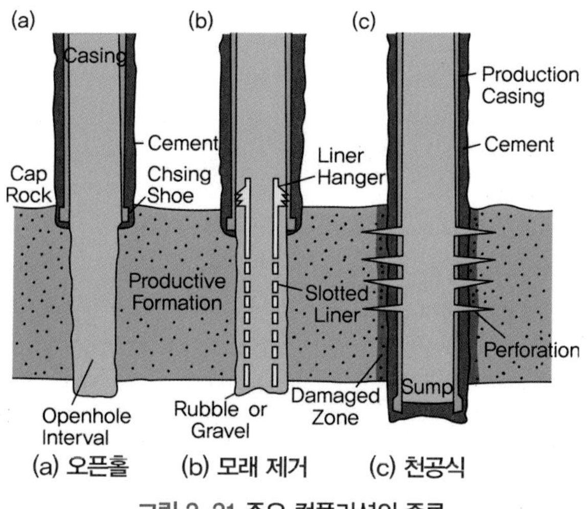

그림 2-21 주요 컴플리션의 종류

3) 천공식 컴플리션(Perforated completions)

흡유관이 생산용 케이싱을 싸고 있는 형태(그림 2-21 (c))로 탄화수소가 유정으로 흐를 수 있도록 흡입관(유정 홀에 대한 보호 기능을 갖춘)의 측면 축을 따라 천공(Hole) 과 함께 케이싱의 주변에도 구멍이 뚫려 있다. 필수적으로 케이싱과 시멘트를 뚫어 탄화수소가 생산용 케이싱 내로 흐를 수 있도록 되어 있다. 측면 축을 따라 인위적으로 천공을 한다는 것은 쉽지 않다. 근래에는 'Jet Perforating 방식'으로 케이싱과 이를 둘러싸고 있는 시멘트를 천공하는 것들이 개발되어 있다.

4) 영구적 컴플리션(Permanent completions)

웰헤드와 컴플리션을 조립하여 한꺼번에 설치한 것으로, 케이싱과 시멘팅과 천공작업 이외에 필요한 작업이 작은 구경의 케이싱 내에서 이루어진다. 이런 방식으로 유정을 완성하면 다른 타입과 비교해보았을 때 상당한 비용 절감 효과로 이어질 수 있다.

5) 다층 컴플리션(Multiple zone completion)

다수의 흡입관을 하나의 관정에 설치하여 동시 채굴이 가능한 컴플리션이다. 예를 들어, 매우 깊은 지하 관정에 하나의 흡입관을 통해 채굴하거나, 깊은 지하의 수평관정이라면 다수의 흡입관을 설치하는 것이 더욱 바람직할 수 있다. 유지보수를 위한 분리 필요성도 고려되어야 한다.

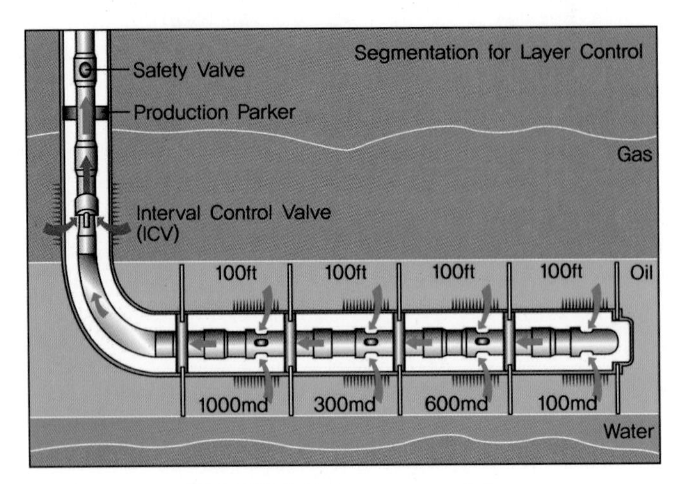

그림 2-22 Multiple zone completion

6) 드레인홀 컴플리션(Drainhole completions)

드레인홀 컴플리션은 수평시추 또는 비스듬한 시추의 한 형태로, 기본적으로 수직 유정에서 탄화수소를 저류층 내부에서 수평으로 흐르도록 한다. 채굴을 위해 새로운 유정과 연결하여 채굴을 하거나 혼합된 원유의 물을 유정 내부에서 분리하는 등의 목적으로 설치한다. 이 컴플리션은 가스정보다 오일정과 관련이 많다.

2.4.3 유정제어

시추 중에 발생하는 저류지층의 압력은 저류지의 내부공간에 포함된 유체에 의해 영향을 받는 압력으로 유정의 다운홀에서 측정되는 유입압력으로 볼 수 있다. 시추 중에 저류지층의 유체가 웰보어로 들어오는 것은 제어되어야 한다. 유입압력보다 웰보어 압력이 크면 정수압이 유지되는 것이고, 유입압력이 정수압을 초과하면 유체는 분출된다. 저류유체의 유체흐름의 제어가 불가능하면 BOP를 사용하여 분출을 방지시켜야 한다. 이런 유정제어를 위하여 비중조절이 가능한 머드를 이용하여 압력의 균형을 유지하게 된다.

저류지층의 유체는 일반적으로 물의 형태를 띠고 있어, 저류지층에서의 유입압력은 기본적으로 해수면의 깊이에 따른 유체의 정수압의 결과로 나타난다. 해수의 기준 밀도의 수준을 1025 kgf/m^3

($63.99\ Lbf/ft^3$)으로 하면 8.55 PPG(Lbf/Gal)로 9.0 PPG의 머드로 제어가 가능하다.

$1\ gal = 0.003785\ m^3 = 3.785195\ L$

$1\ ft^3 = 7.480548\ gal$

$1\ m^3 = 35.317\ ft^3 = 264.1905\ gal$

$1\ kgf = 2.2046\ Lbf$

$1025\ kgf/m^3 = 1025 \times 2.2046\ Lbf/264.1905\ gal = 8.553442\ PPG$

통상적 밀도가 18~22 ppg(2,157 to 2,636 kg/m^3) 수준의 돌과 유체가 지층의 상부에 쌓여 유체가 갇힌 상태에서 지층을 압축하면 비정상 압력을 유발하여 9.0 PPG보다 훨씬 무거운 머드를 필요로 하며, 유정의 분출 또는 시추 중에 제어 불능이 될 수 있다. 이를 과부하압력('Over-pressure' 또는 'Geopressure')이라 부르며 육지의 동일 깊이보다는 주로 해양에서 발생한다.

다음은 BOP까지 사용해서 유정제어에 실패하고 분출이 폭발수준으로 증가하면 유정은 즉시 차단되어야 한다. 만약 차단절차가 즉시 실행되지 않을 때 폭발 가능성은 높아진다.

분출상황에 따른 몇가지 사례를 소개하면,

- 인접한 유정에서 구호용 유정을 뚫어 비중이 높은 머드를 주입한다.
- 균등한 순환밀도로 유정을 제어하기 위해 무거운 머드를 급속히 펌핑하여 주입한다.
- 흐름을 정지시키기 위해 웰보어에 무거운 돌가루(Barite) 등을 펌핑한다.
- 웰보어를 막기 위해 시멘트를 펌핑한다.

- Kick, Kill, Shut-in
- 압력구배(psi/ft) = HSP(Hydrostatic Pressure)/TVD = 0.052×MW(ppg).

  MW = Mud Weight(or Density)

  TVD = True Vertical Depth(ft)

유정제어 분야에서 유체에 의해 가해지는 압력은 압력구배로 표현한다(kPa/m).

2.5 석유생산 공정

하루 생산량 100배럴의 소규모 유정에서부터 4,000배럴에 이르는 대형 유정까지 다양한 규모의 유전이 있다. 수중 20 m에서 수중 2,000~3,000 m에 이르는 유정까지 있으며, 개발비도 10,000달러 수준의 육상 유전에서 4~500억 달러에 이르는 해상유전까지, 이러한 규모의 차이에도 불구하고 개발공정의 많은 부분들은 기본적으로 매우 유사하다.

그림 2-23은 전형적인 오일과 가스 생산 프로세스의 개요를 보여준다. 그림에서 왼쪽 부분에서 웰헤드(유정갱구, Well Head)들을 볼 수 있는데, 이는 생산용, 테스트용 매니폴드(多支管, Manifolds)와 연결된다. 매니폴드는 분산되어 있는 생산 공정을 한 곳으로 모으는 역할을 한다.

다이아그램의 나머지, 즉 매니폴드와 연결되는 공정은 실제적인 공정으로 가스와 오일을 분리하는 유수분리공정(GOSP, Gas Oil Separation Plant)이라고 불린다.

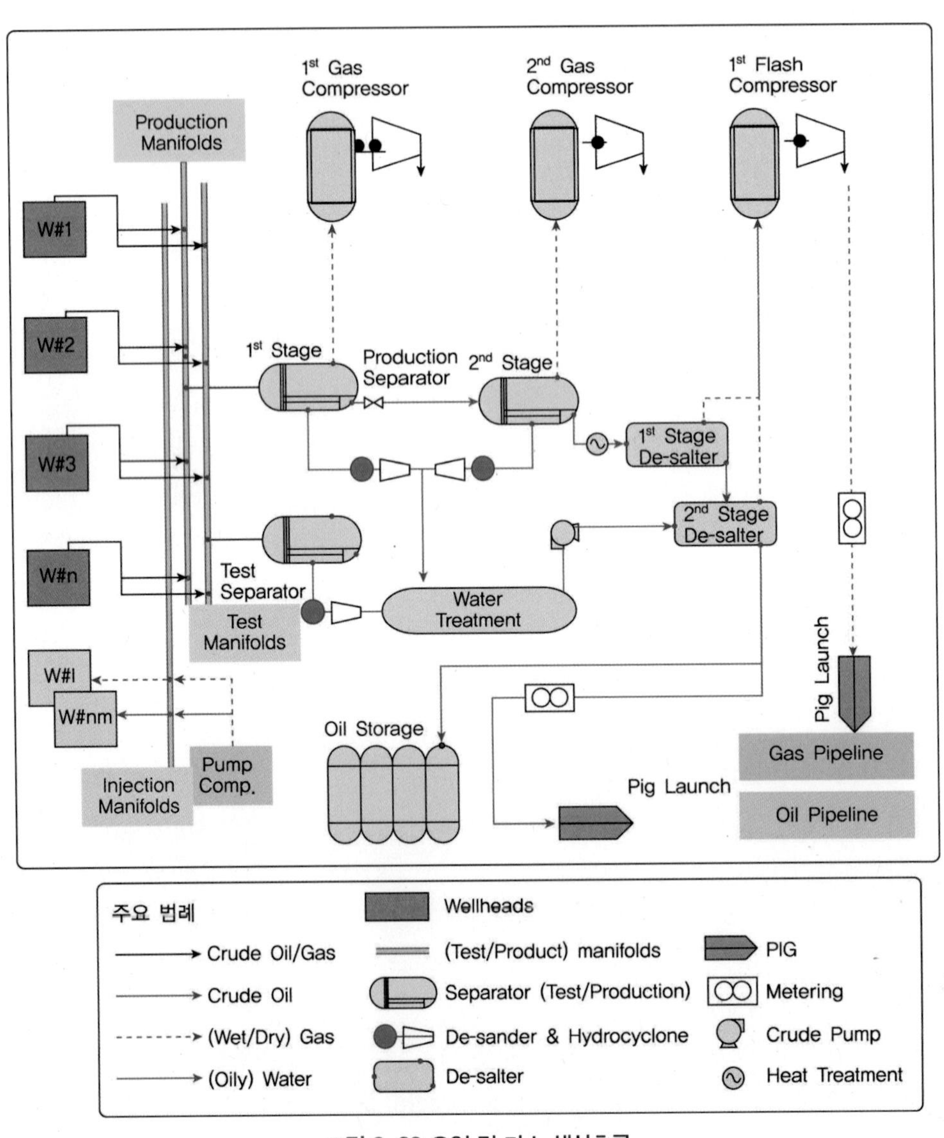

그림 2-23 오일 및 가스 생산흐름

석유와 가스만을 기대하지만, 유정에서는 원유와 가스(메탄, 부탄, 프로탄 등등)로부터 응축된 콘덴세이트(Condensates)와 같이 에너지원으로 쓰이는 탄화수소 성분 이외에도 물, 이산화탄소, 소금, 유황과 모래 등 다양한 구성물들도 포함되어 있다.

GOSP의 목적은 시장성을 가진 제품(석유, 천연가스 혹은 컨덴세이트 등)을 만들어가는 공정으로, 상세 공정은 추후 기술할 것이다.

각 공정을 결합하는 유틸리티 시스템에는 각각의 넘버링 체계를 유지하고 있어, GOSP의 공정단위로 운용될 때에 필요한 에너지원(전기, 공압, 유압 등)을 공급하기 위한 모니터링과 콘트롤링을 위한 관리번호로 활용된다.

03

오일 및 가스 생산용 설비

chapter 03 오일 및 가스 생산용 설비

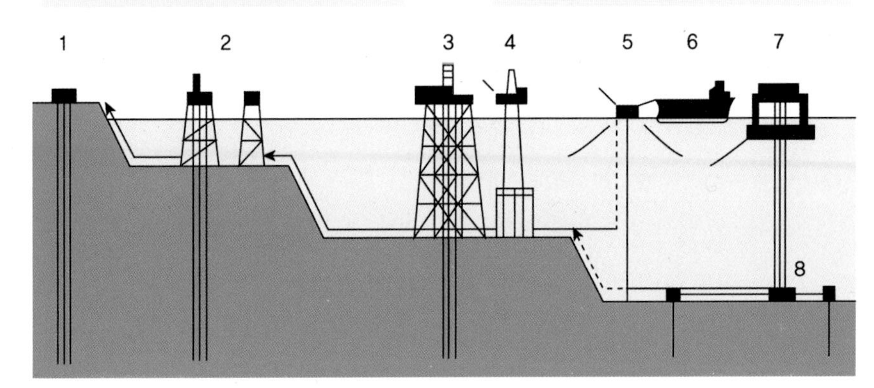

그림 3-1 오일 및 가스 생산설비의 종류들(@ABB)

3.1 육상 시설(Onshore facility)

3.1.1 동키펌프

석유와 가스는 전 세계적으로 수백만 유정에서 생산되며, 육상에서의 석유의 생산은 조절이 용이하여 채굴의 경제성은 항상 가시적으로 판단이 가능하다.

가스의 경우는 집하(수집) 네트워크가 매우 커질 수 있다. 수천의 유정으로부터 생산되는 제품들을 모으기 위하여 수백 Km 떨어진 곳까지 포함하여 연결되는 거대한 공정이다.

동키펌프(Donkey pump, Pump jack, 그림 3-2)는 육상 석유생산 장비이다. 다음에 설명되지만 육상 유정으로부터 석유를 추출, 운송하는 방법들은 매우 많다.

그림 3-2 Donkey pump

매장량이 적은 유정의 경우 석유는 단순히 탱크에 보관 후, 탱커 혹은 궤도차량으로 정기적으로 보내지지만, 매장량이 풍부한 지역에서 하루에 수천 배럴 이상으로 생산되는 육상 유정들은 GOSP와 연결되어 있다. 이러한 생산품은 파이프라인 혹은 탱커를 통하여 GOSP로 보내진다. 이렇게 모아지는 생산물은 생산자가 서로 다르므로, 집하(수집)장으로 옮겨지는 과정에서의 유량의 측정과 관리는 매우 중요한 과제가 될 것이다.

3.1.2 새로운 에너지원

최근에는 중 중질유(Very heavy Crude), 타르샌드(Tar Sand), 그리고 오일셰일(Oil Shales) 등 지금까지 버려두었던 에너지원도 높은 가격으로 형성되고, 경제적으로 추출할 수 있는 기술도 개발되어 새로운 에너지원으로 활용할 수 있게 되었다.

오일샌드는 이미 경제적인 생산을 시작한 데 비해 기술적, 환경적인 이유로 오일셰일의 사업화가 어려웠지만, 이를 개발하면 향후 수백 년간 안정적인 에너지원으로 사용될 것이다.

오일셰일은 이회암(marl)이라는 바위(그림 3-3) 속에 5~20%의 케로젠 성분을 함유하고 있어 채광 후 500°C 정도의 고온에서 열분해 과정을 거쳐 합성원유인 오일셰일유(油)를 생산한다.

또한 채굴경제성으로 방치되어 있던 석탄층 메탄가스(CBM, Coal bed methane)의 개발도 경제적 타당성을 갖게 되면서 천연가스와 바이오디젤(에탄올)과 같이 지난 10여 년 동안 현저한 사용 증가가 이루어졌다. 이러한 에너지원들은 아마도 탄화수소 연료의 잠재적 매장량보다도 3~4배 더 많을 것이다.

그림 3-3 전형적인 오일셰일 매장 – 노천광상(그린 리버, 미국)

이러한 에너지원은 가열과 함께 적출용 희석제가 필요할 것이며, 휘발성 화합물이 없어진 오일샌드는 노천에서 채굴하여, 잘게 부순 후 퍼 올리는 방식으로 추출한다.

이는 모래로부터 아스팔트 성분을 추출하는 공정을 거치게 될 것이다. 이런 종류의 생산물은 유정에서 추출되는 물성에 비해 두 배 이상의 탄화수소를 포함하고 있다.

기존의 채굴 및 생산방식으로는 채굴과정에서의 지하수 오염에서 부터 잔류물로 남게 되는 황, 중금속, 다이옥신, 퓨란 등의 유해물질과 수처리 과정에서의 환경오염 등의 어려움이 있다(상세 내용은 부록 1장 '비전통에너지원' 참조).

3.2 해양 설비 – 고정식

해상설비는 주변 환경과 처리용량에서 수심 등에 따라 적용 범위가 매우 다른 구조물을 사용하게 된다. 지난 몇 십 년간 해저면에서 생산되는 원유와 가스는 다중배관을 통하여 육지로 보내는 것을 기본으로, 해상에 상부구조물이 없거나, 해상에 수집용 스테이션을 설치하기도 하였지만, 최근에는 수평시굴, 고압의 부스터, 해저 배관라인의 설치 등으로 먼 곳의 저류지에서 채굴한 생산물을 모을 수 있어, 중간중간에 몇 개의 유정갱구의 집합소를 설치하여 활용하고 있다.

해양플랜트의 구조물 설계 시 고려사항

- 작업/설치 공간 확보 및 분할
- 제작, 조립, 이동 및 설치 과정에 대한 검토
- 설치 지역에서의 조업 시의 운동성능
- 설치 지역에서의 극한 상황(폭발, 빙산, 환경의 급변 등)

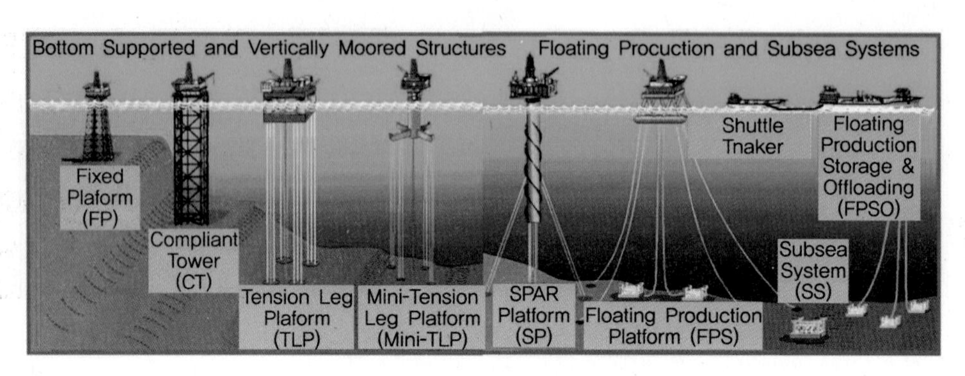

그림 3-4 Oil & Gas Production Facility
The Encyclopedia of earth, Offshore Petroleum, Credir: BOEMRE

3.2.1 고정식 플랫폼(FP)

얕은 수심 지역에 주로 설치된다. 유정갱구 플랫폼, 라이저 플랫폼 등의 작업공정별, 발전설비, 거주지역과 같은 유틸리티 공급용 등의 개별적인 특성을 가진 여러 개의 독립적인 플랫폼으로 이루어진 형태로, 교량용 통로(Gangway Bridge)로 연결되어 있으며, 대체적으로 100 m 수준의 깊이에 설치되어 있다.

고정식 플랫폼은 대부분 개별 기능을 가지는 모듈 단위로 구성되어 있으며, BP 사의 북해 Valhall 지역의 사례가 좋은 예이다(구성사례 참조).

그림 3-5 북해의 노르웨이 북단 Valhall 지역(BP사)

표 3-1 BP 사의 Valhall 지역(북해의 노르웨이 북단)의 플랫폼 구성 사례

Platform 명	주요 기능
The Quarters Platform(QP)	거주지역
The Drilling Platform(DP)	시추장비
The Production Platform(PCP)	일일생산 용량(오일 12만 배럴, 143M ft^3)
The Manifold Platform(WP)	매니폴드, 시추 작업
The Water Injection Platform(IP)	발전 설비, 유전 내 해수 주입 등

3.2.2 콘크리트 중력식 구조물(GBS)

거대한 콘크리트 고정구조물로 해저의 바닥에 위치하며, 자체의 무게와 넓은 바닥면이 상부구조물을 지지하고, 바닥면은 스커트 구조물을 설치하여 수평으로 쏠림을 방지하는 중력식 구조물이다. 전형적으로 콘크리트 내부 공간이 석유저장고의 역할을 한다.

자켓 플랫폼(FP)에 비해 상부구조물이 대형 모듈로서 프로세스(주요생산 공정 시스템)와 유틸리티(발전기 등의 생산지원 시스템)를 모두 포함하고 있다. '80년대, '90년대의 수심 100 m에서 500 m 깊이에 적용하던 전형적인 모델이다.

거대한 콘크리트 구조물은 육상에서 만들어졌으며, 설치방식은 해상 견인을 통하여, 저장탱크로 사용할 공간을 부력으로 사용하여 설치를 할 수 있었다. 다음 사진은 세계 최대의 GBS 플랫폼, Troll A를 보여준다.

그림 3-6 중력식 구조물(GBS)

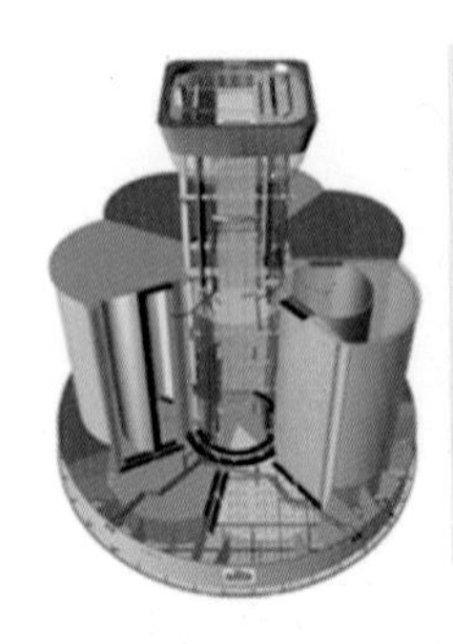

GBS의 주요 수치

Water depth – 93m (Mean Sea level)
Height of GBS – 120m
Diameter of GBS Base – 130m
Shaft diameter – 35m
Concrete volume – 132,000m^3
Rebar – (density 300kg/m^3) approx, 40,000t
Post tensioning steel – 3,400t
Steel skirts – 400t
Mechanical Outfitting – 8,000t(배관, 구조용)
Well Slots – 52

그림 3-7 GBS(Gravity Based Structure) 사례

3.2.3 Compliant(Piled) towers

Compliant towers는 수심 3,000피트까지 설치 가능한 독특한 고정식 플랫폼이다. 수심의 바닥면에 설치하는 기초파일 및 템플레이트와 연결된 유연한 요소가 부착 또는 삽입된 구조로 이는 해상의 플랫폼까지 길게 연결되어 있다. 이는 상부구조의 움직임을 유연하게 한다. 이러한 유연성은 파도와 풍랑 등에 의해 가해지는 압력을 흡수토록 하여 동일한 수심에서 타 부유체에 비해 움직임이 적다. 고정방식에 따라 좀 더 세분화도 가능하다.

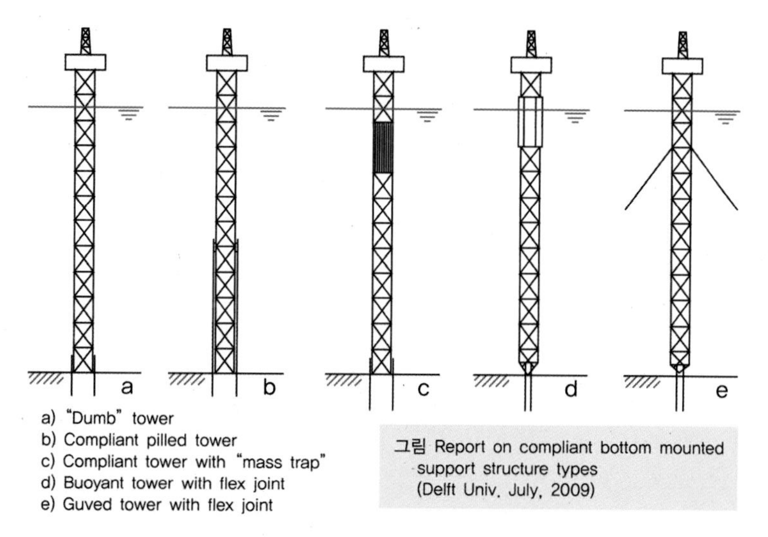

그림 3-8 Compliant(Piled) tower의 종류

3.3 부유식 생산설비

오일과 가스의 생산이 수심 3,000 m에 이르는 심해 에너지원 개발에 따라 다양한 부유식 설비(FPS, Floating Production System)가 개발되기 시작하였으며, 해저에서 발견되는 풍부한 가스전과 가스하이드레이트와 같은 에너지원의 개발과 북극과 같은 채굴환경에 따른 새로운 개념의 부유체 설비는 지속 발전할 것이다.

대부분의 채굴장비는 바닷속 유정을 중심으로 설치되지만 바람, 파도와 해류의 흐름과 같이 시시각각 변하는 환경에 순응하며 고정위치에서 충분한 역할을 해야 한다.

수심변화에 대응하여 원 부력에 발라스트로 제한적인 수직방향의 움직임을 제어할 수 있지만, 위치고정을 위한 계류방식과 급격한 환경변화에 순응하며 견뎌야 하는 구조물의 형태와 계류방식, 급격한 변화에 대응하는 조절방식, 해저생산 시스템을 운영, 관리하기 위한 엄빌리칼(케이블), 원유와 가스를 수송하는 라이저(파이프)와 부유체 간의 연결과 분리의 용이성 등이 고려되어야 하며, 특히 화재와 폭발에 대한 위험성이 상존한다는 가정 하에서 운전상의 안전을 위한 장비의 선택과 위험지역의 구분, 비상정지(ESD, Emergency Shutdown)와 공정정지(PSD, Process Shutdown)의 회로구성 등이 고려되어 제작·설치·운영되어야 할 것이다.

상부갑판(T/S, Topside)은 주로 시추, 생산설비 및 관련 유틸리티가 배치되고 하부는 저장설비를 위주로 배치되는 부유체는 부유방식의 특징에 따라 구분하고 있다.

- FPSO(Floating Production, Storage and Off-loading)
- FSRU(Floating Storage and Re-Gasification Unit)
- TLP(Tension Leg Platform)
- Semi-submersible platforms
- SPAR platform

상기와 같이 부유체의 형식에 따라 계류방식과 작업환경 변화에 대응하는 운영방식은 특징에 따라 매우 다르지만, 해저와의 연결(Interface)과 생산공정, 유틸리티는 매우 유사하다.

3.3.1 FPSO

FPSO(Floating Production, Storage and Off-loading)는 FPS의 대표 표본으로 '부유식 생산, 저장 및 하역까지 가능한 부유식 복합생산 시스템'으로 정의하고 있다.

해저에서 추출하는 분출물을 거래 가능한 원유와 가스로 생산하여 해저 파이프라인 또는 셔틀탱커에 이송 가능한 하역설비가 설치되어 있다. 이와 유사 설비로는,

- FSRU(Floating Storage and Re-Gasification Unit): 해상에서 하역된 LNG를 저장, 기화 기능을 갖는 해상 터미널의 한 종류
- FSO(Floating Storage and Off-loading): FPSO에서 생산 관련 모듈이 없는 형식으로, 저장 능력과 파이프라인 또는 셔틀탱커에 하역할 수 있다.

1) 동적위치제어와 계류 시스템

선체(Hull) 부분을 저장시설로 사용하고 상부구조(T/S, Topside)에 생산과 하역 기능을 함께하는 부유식 복합생산 시스템이다. FPSO는 선체나 바지(Barge)형태의 탱커로 기존의 원유 운반선(VLCC, ULCC)을 개조하기도 했다. 새로운 유전 개발을 위해 수심이 점차 깊어짐에 따라, 별도의 파이프라인이나 저장장치와 같은 외부 인프라의 도움 없이 독립적으로 운용토록 개발되었다. 이는 운영자의 입장에서 투자비용이 적게 들고 투자회수기간이 짧다는 장점을 가지고 있다. 하루에 약 1만 배럴에서 20만 배럴 정도를 생산하는 FPSO는 저장용량에 따라 정기적으로 운행하는 셔틀 탱커에 하역하게 된다.

해저로부터 올라오는 라이저 파이프는 중앙 또는 선수부에 붙어 있는 터릿(Turret)에 자리를 잡

는다. 바람이나 높은 파도와 같은 기후조건에 관계없이 특정 위치를 중심으로 회전 허용 범위의 궤도에서 회전되어야 한다.

그림 3-9와 같이 대부분의 채굴장비는 해저의 유정을 중심으로 설치되며, 원유의 처리공정, 저장, 하역 같은 공정은 주로 갑판에서 이뤄지므로 선수(Bow) 또는 문풀(Moon Pool)에 설치된 터렛을 통하여 해저의 파이프라인과 연결된다. 하역작업도 그림 속의 'Tanker-Offloading Buoy'에 셔틀 탱커를 연결하여 실행된다. 와이어로프와 체인이 여러 앵커(Anchor)들과 연결된 터릿계류장치(Turret Mooring System)와 트러스터를 활용한 동적위치제어 시스템(Dynamic positioning system)으로 위치를 제어하도록 되어 있다.

- 터릿 계류 시스템(Turret Mooring System): SBM, SOFEC 등 특정메이커에서 공급
- 트러스터(Thruster): 횡방향 추진장치로 선수, 선미에 설치하는 위치 제어장치

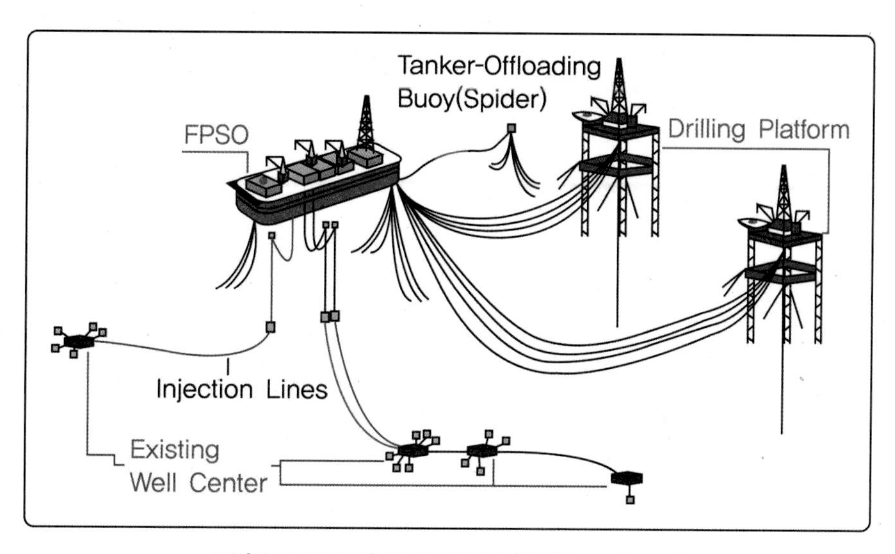

그림 3-9 FPSO와 해저라인과의 연결(Buoy Spider)

2) 계류방식

온화한 운용환경에서는 주로 적용되는 다점 계류(Spread Mooring)는 부유체의 선수, 선미 양쪽에 계류 라인을 직접 연결하는 방식으로, 계류 라인은 일반적으로 체인이나 와이어로프를 사용한다. 수심이 매우 깊은 곳에서 운용을 하는 경우에는 계류라인의 무게가 부유체의 설계에 제한 요소가 될 수 있어 좀 더 가벼운 합성로프를 많이 사용하고 있다. 그림 3-10과 같이 계류

라인의 재료에 따라 팽팽(Taut)하거나 처진 현수형(Catenary Mooring Line)으로 설치된다. 두 가지 형식의 차이점은 현수형 계류의 복원력의 대부분은 계류라인의 무게에 의해 형성되는 것이며, 팽팽한 경우는 계류라인의 탄성에 의해 생성됨을 의미하며, 팽팽한 라인의 계류 반경과 해저면에 고정되는 파일(Foot Printer)도 유사한 환경에서는 좀 더 작아도 된다는 장점이 된다.

일점 계류로 불리는 터릿계류 시스템(Turret Mooring System)은 문풀(Moon Pool)에 설치되어 있으면 'Internal Turret Mooring'이라 하며, 선수부에 설치되면 'External' 또는 'Bow Turret Mooring'이라 칭한다.

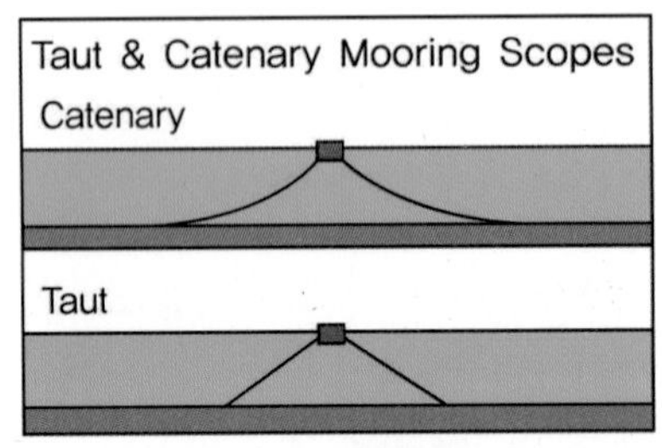

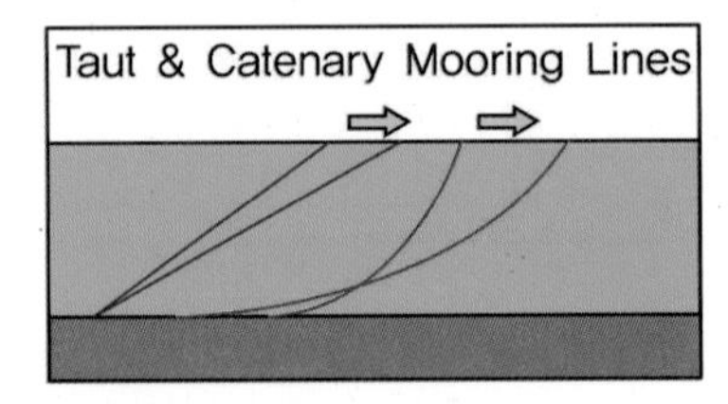

그림 3-10 Taut mooring 또는 Catenary mooring scopes

그림 3-11 일점계류(터릿, External vs. Bow)

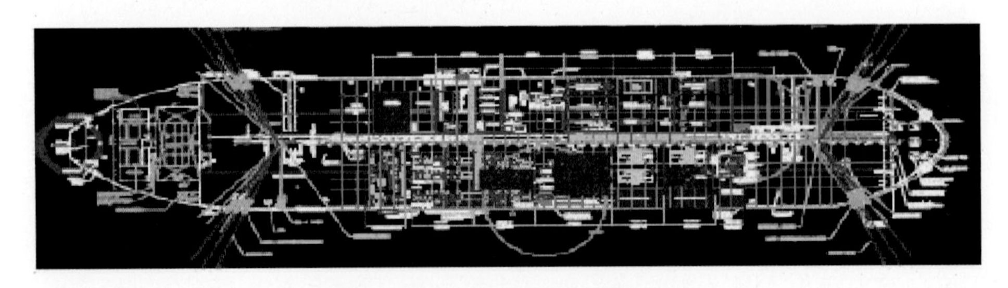

그림 3-12 다점계류(Spread Mooring)

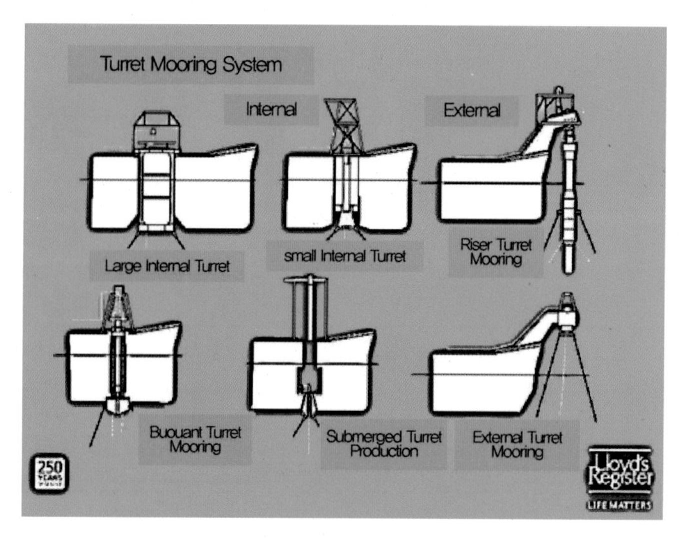

그림 3-13 Turret Mooring System(Lloyd Register)

3) 건조 공법

부유체는 선박과 같이 제작 및 조립 생산성을 올리기 위해 적극적인 선행의장과 단위 블록의 대형화와 함께 블록 공법으로 조립되지만, FPSO의 상부구조는 각 기능별로 모듈(Module)화하여 조립한다(부록 3장 참조).

4) 새로운 선형

FPSO의 여러 유형 중에 Sevan Marine 사의 디자인 선형은 바람, 파도와 해류의 흐름과 상관없이 방향에 동일한 윤곽을 나타내는 원형 선체를 사용하여 높은 저장 용량 및 넓은 데크를 제공한다. 이 선형은 FPSO와 많은 특징들을 공유하지만 스스로 회전하지 않으므로 회전을 위한 터릿도 필요하지 않은 디자인 유형으로 볼 있다.

향후 FPSO는 시추설비와 원유처리시설과 LNG 가스 처리시설 등의 공정 시스템들을 추가하며 역할은 더욱 증대될 것이다.

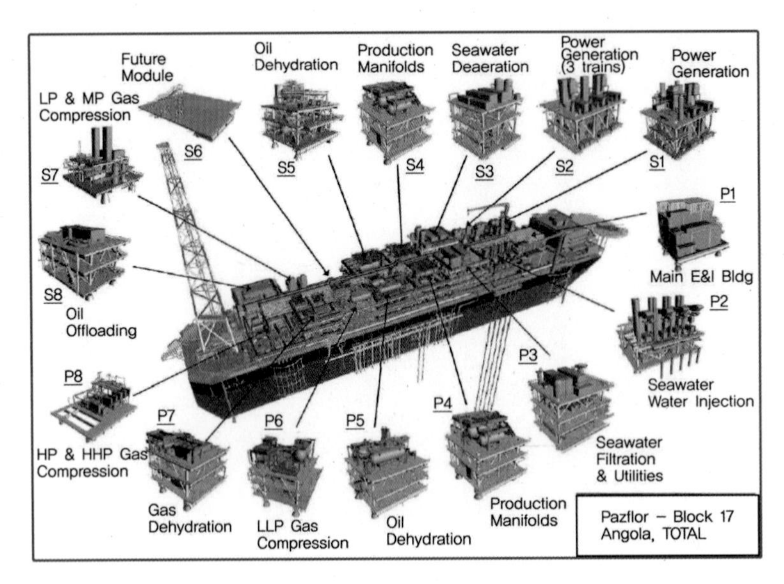

그림 3-14 Module화로 조립되는 FPSO

그림 3-15 FPSO 선형(Sevan Marine 사)

3.3.2 Tension Leg Platform(TLP)

Tension Leg Platform(TLP)은 해저면에 파일과 함께 고정된 템플레이트와 수직으로 연결된 강선들과 연결된 부유체 구조물이다. 이 구조는 최대 약 2,000 m까지의 수심에서 팽팽한 강선에 의해 위치가 고정된다.

속이 빈 높은 장력의 강도 강철 파이프들로 구성되어 있으므로 수직방향의 움직임에는 매우 제한적이므로 구조물의 예비부력으로 발라스트/비발라스트로 제한적인 수직방향의 움직임을 제어한다.

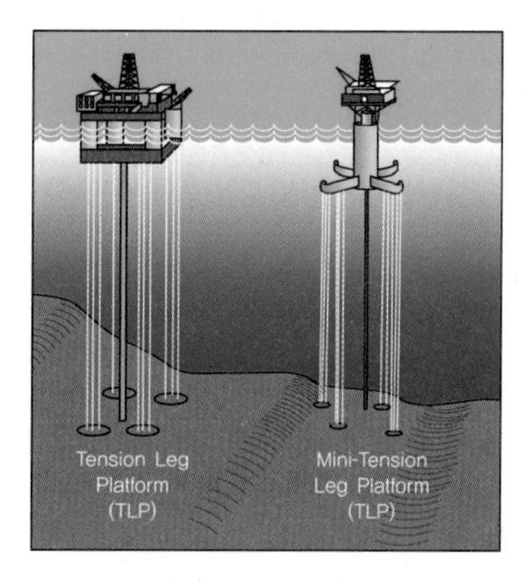

그림 3-16 TLP의 종류

3.3.3 반잠수식 플랫폼(Semi-submersible platforms)

반잠수함 플랫폼(그림 3-17의 앞쪽)은 유사한 디자인을 가졌지만 정비된 계류장이 없다. 이는 좀 더 큰 움직임(수평 및 수직 운동)이 일어나므로 일반적으로 유동성이 큰 Flexible risers와 해저유정(Subsea wells)을 사용한다. 유사한 것으로 반잠수식 형태에 많은 강선으로 연결한 소형 이동식 장력의 플랫폼인 Seastar 플랫폼도 있다.

그림 3-17 반잠수식 플랫폼

3.3.4 스파 플랫폼(SPAR platform)

매우 큰 직경의 원통형 수직 실린더(저장시설과, 하부에 발라스트 탱크)로 이 실린더가 상부구조를 받쳐주는 형태로 구성되어 있다. 원통형 수직 실린더는 매우 큰 부표와 같은 형태이다. 상부구조에는 고정식 플랫폼의 장치류(채굴, 생산용 장비)와 세 가지 형태의 라이저류(생산용, 채굴용, 하역용)와 함께 하며, 실린더 형태의 선체는 해저의 상태와 상관없이 6~20가닥의 강선 또는 케이블의 묶음으로 고정하여 계류시킨다.

SPAR 플랫폼의 계류방식으로는 Taut mooring 또는 Catenary mooring line(그림 3-18)이 대표적이며, 대형 실린더는 흘수가 매우 커 상하요동에 대한 응답성이 매우 작아져 수면에서 플랫폼을 안정화시키는 역할과 허리케인의 힘까지 흡수하도록 한다. SPAR는 더욱 크게 할 수도 있으며, 수심 300 m에서 3,000 m까지의 깊이에서 사용된다.

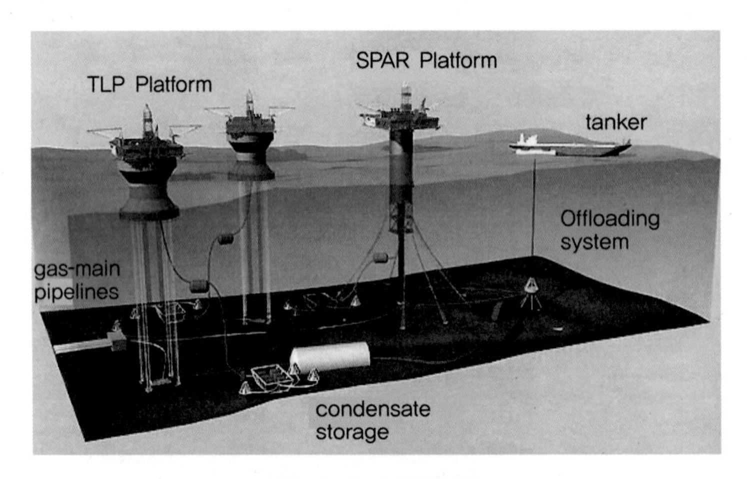

그림 3-18 스파 플랫폼

SPAR는 약어가 아니라 요트의 마스트에 쓰는 둥근 목재기둥의 형상을 뜻한다.

해상에 떠 있는 부유체는 시시각각 변하는 환경에 순응하며 자기 위치에서 충분한 역할을 해야 한다. 위치고정을 위한 계류방식, 수심 변화에 대응하는 발라스팅 시스템과 급격한 변화에 순응하며 견디어야 하는 구조물의 형태와 조정방식, 채굴지역의 환경보호에 이르기까지 개발되어야 할 분야는 여러분의 몫이 될 것이다.

3.4 주요 채굴공정

석유 생산은 지하에 매장된 석유와 가스를 지상으로 끌어올리는 과정으로, 먼저 석유의 저류층에 도달하는 유정(Well)을 굴착하게 된다. 유정의 굴착이 완료되면 생산준비를 하게 된다.

3.4.1 웰헤드와 크리스마스트리(XT, Wellhead and X-Tree, Christmas Tree)

웰헤드과 크리스마스트리는 유정의 맨 윗부분, 즉 실제 석유나 가스가 나오는 최상단에 자리를 잡고 있다. 이는 유정의 생산량을 극대화하기 위해 유정 내부 압력을 관리하며 생산수위를 최대로 올릴 수 있는 통로로, 유정에 물을 주입하거나 가스를 주입하는 방식으로 내부 압력을 조절, 생산을 확대하고 유지하는 기능을 가지며, (1) 케이싱 헤드, (2) 튜빙헤드, (3) 크리스마스트리 세가지 구성요소로 이루어져 있다.

그림 3-19 육상용 웰헤드와 크리스마스트리

일단 유정을 시추하면, 추출되는 양으로 채굴을 위한 상업성을 판단할 수 있다. 가채량(채굴 가능량)이 확인되면 이 유정은 채굴을 위한 시설을 구비하게 된다.

유정 내부의 압력과 온도를 평가하여 케이싱(Casing)으로 유정을 보강하는 공정과 저류지층의 구조에 따른 흡유관의 설치, 이후 유정으로부터 추출물의 흐름을 제어할 수 있는 장비를 설치한다. 통상적으로 웰헤드와 결합된 XT는 유정의 유지관리와 생산량을 높이기 위한 많은 밸브들로 구성되어 있다. 밸브의 On/Off, 유량 및 압력과 온도 조건에 따른 여러 가지 조작의 필요성에 의해 각각의 밸브는 번호체계가 갖추어져 있다.

웰헤드와 XT는 육상은 물론 해저에도 설치된다. 드라이 컴플리션이란 웰헤드가 육상에 있거나, 해상구조물의 상부구조에 설치되어 있음을 의미한다. 해저의 웰헤드는 특별한 해저용 템플레이트(또는 보호용 프레임)와 함께 해저에 설치한다. 이 웰헤드는 흡유관에서의 탄화수소 추출상태를 조절하고 모니터링 하기 위해 유정의 최상층에 장치된다.

석유나 가스가 유정에서 누출되는 것을 막고 흡유관에서 높은 압력으로 인한 분출을 방지하는 것이 주목적으로, 고압상태의 흡유관에서 새어 나오는 가스와 액체들의 상승압력을 견딜 수 있어야 하며, 반드시 140 MPs(1400 Bar) 압력까지 견딜 수 있어야 한다.

전형적인 XT는 마스터 게이트밸브, 압력게이지, 윙밸브, 스왑밸브와 초크밸브로 구성되어 있다. XT는 구성하는 각 디바이스의 기능은 아래에서 설명할 것이다.

아랫부분의 웰헤드는 케이싱 헤드와 튜빙행거가 포함된다. 케이싱은 행거와 볼팅 또는 용접으로 결합되어 있다. 여러가지 밸브와 플러그는 케이싱에 쉽게 접근할 수 있도록 장착되어 있다.

튜빙을 통해 생산물이 케이싱에서 추출할 수 있도록 하며, 여기에 장착된 밸브는 케이싱, 튜빙과 파커를 통해서 오일 및 가스가 새는 경우 조처가 되어야 하며, 저류층 내부의 압력을 높이거나 유지하는 방식으로 원유의 회수율을 높이기 위한 조처로 필요한 가스를 주입할 수도 있다.

- 튜빙헹거(Tubing Hanger): 일명 도넛(Donut)으로도 불리는 튜빙헹거는 유정 내에서 튜빙이 제자리를 잡도록 하는 역할이다. 실링은 XT가 케이싱 내부 압력이 제거되도록 한다.
- 마스터게이트밸브(Master Gate Valve): 매우 높은 품질을 요구한다. 목적 달성을 위한 유정의 안전을 위한 압력을 견딜 수 있어야 하며, 일반적으로 가동되는 동안에는 완전하게 열려 있으며 흐름을 제어하는 데는 사용되지는 않는다.
- 압력 게이지(Pressure Gauge): 최소한의 계측장비로 마스터게이트 밸브 위에 설치된다. 추가적으로 온도 게이지 등이 추가적으로 장착된다.
- 윙밸브(Wing Valve): 윙밸브는 게이트밸브나 볼밸브를 사용한다. 유정의 가동이 중지될 때, 윙밸브는 튜빙 내부의 압력을 인지하며 기동된다.
- 스왑밸브(Swab-bing Valve): 유정 내부를 청소하는 데 사용된다. 유정의 내부작업(Wireline, Workover, Procedure)을 통제하는 역할을 하며, 밸브의 위쪽에는 장비가 장착될 3개의 아답터와 캡이 있다.

– 초크밸브(Variable Flow Choke Valve): 일반적으로 매우 큰 니들밸브를 사용한다. 1/64 인치('Beans'라고 부름)의 눈금단위로 개폐를 조정한다. 재료는 외부 충격뿐 아니라, 초크밸브를 통과하는 각종 연마제의 고속흐름에도 견딜 수 있어야 하기에 고품질의 재료가 사용된다. 만약 가변 초크밸브가 필요 없는 작은 유정에는 포시티브 초크밸브를 사용한다. 분출방지기(BOP)가 작동하여 분출을 억제하면 유정의 내압을 낮추는 역할을 한다.

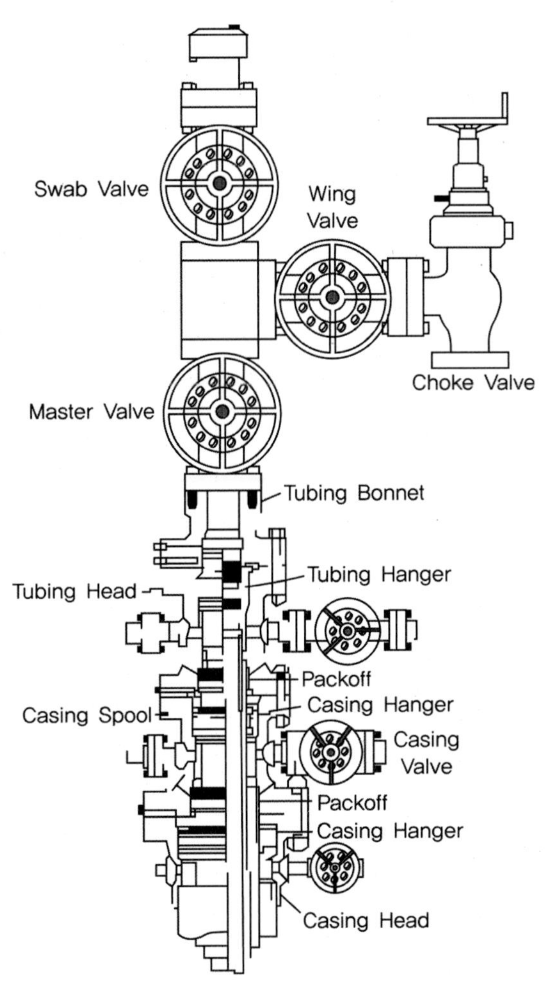

그림 3-20 웰헤드와 크리스마스트리

그림 3-21은 XT의 각종 밸브의 조작을 위한 센서와 ESD 등이 포함된 안전 시스템의 장착 사례를 보여준다.

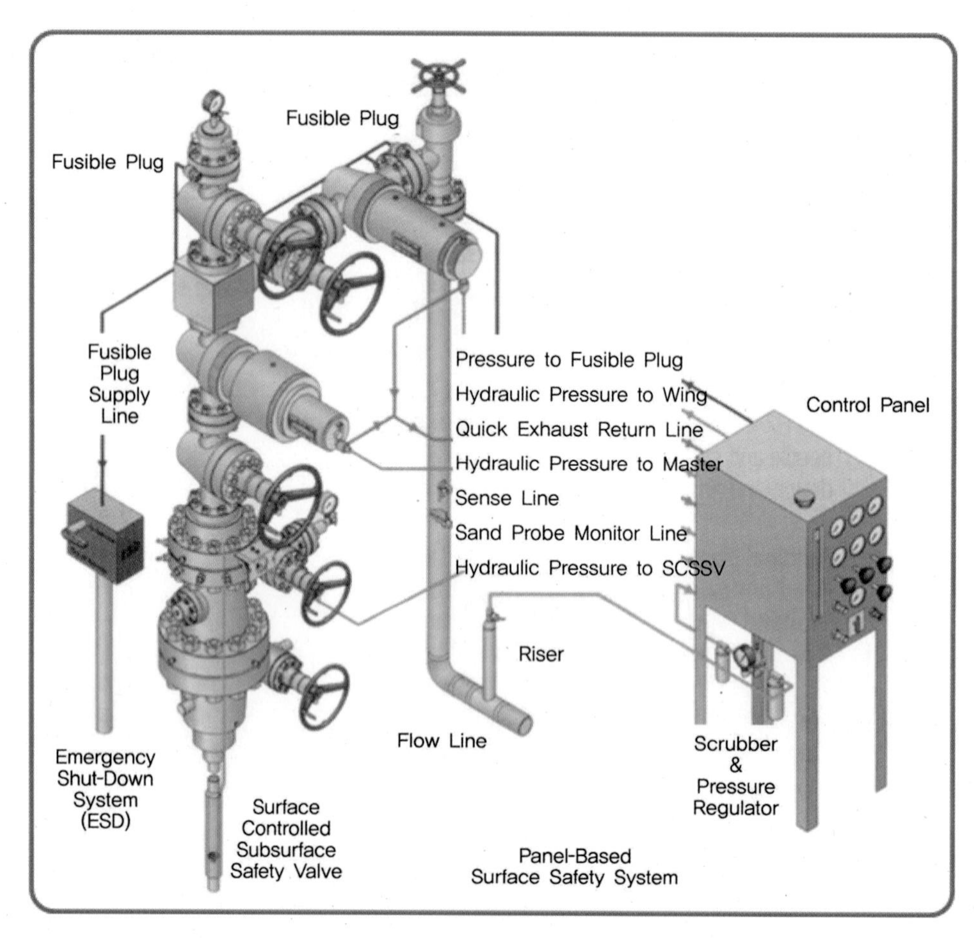

그림 3-21 크리스마스트리의 안전 시스템 구성

웰헤드와 XT의 구성형태가 수직축으로 연결된 VXT(Vertical type X-Tree)와 밸브류가 수평축으로 연결되는 HXT(Horizontal type X-Tree)로 그림 3-21과 같이 구성형태에 따라 설치 및 유지보수의 차이점이 있다.

표 3-2와 같이 형태별로 특징을 가진다.

표 3-2 특징(VXT vs. HXT)

구분		Vertical type X-tree(VXT)	Horizontal type X-tree(HXT)
구성	마스터밸브	튜빙행거(TH) 위에 장착 마스터/스왑 밸브가 수직 연결	측면에 장착
	튜빙행거(TH)	웰헤드 상부에 설치	웰헤드 대신 트리(XT) 바디에 설치
가격		HXT 대비, 1/5~1/7 수준	VXT 대비, 5~7배
특징		유정 완성 후, XT 설치	유정 완성 전, XT를 웰헤드 위에 설치
		VXT는 설치와 조작이 매우 유연, 해저에서 넓게 적용, 단순 저류지, 유지보수가 드문 경우에 적용	유정의 유지보수(튜빙 교체)가 많은 유정에 유리(교환 단순)

3.4.2 매니폴드와 집적 라인

육상(Onshore)에서 개별적으로 채굴되는 다수의 유정에서의 흐름은 매니폴드를 통하여 수집되며, 파이프라인과 매니폴드 간의 네트워크를 통하여 주요 생산설비로 모아진다. 즉, 육상에서의 생산과정은 각각의 유정에서 생산된 오일/가스는 매니폴드와 집적 라인(Manifold and Gathering system)을 통해 유수분리장치(GOSP)로 보내진다.

그림 3-22 육상용 집적 라인의 메터링 시스템

그림과 같이 파이프라인별로 설치된 측정장치는 생산량을 확인하는 것으로, 생산수준의 결정과 유정을 최적상태로 유지하는 것과 유정으로부터 채굴되는 구성물(가스, 석유, 물) 등을 조절, 선택하기 위함이다.

가스 수집 시스템의 경우는 매니폴드에 연결하는 라인에 개별적인 플로우메터를 설치, 측정하는 것은 공통점이다. 다상(가스와 석유와 물 등)으로 분출되는 경우, 다상 플로우메터는 실제 분출물의 유량을 산출하기 위하여 유정별 분출물을 분석한 데이터로 수집 양을 추정하기도 한다.

해상유전의 경우, 유전지역의 중심에 위치하는 상부구조와 생산용 매니폴드는 연결된다. 다상의 생산물이 운송되는 파이프라인은 분리공정을 거쳐 선행처리 후 생산용 라이저를 통하여 수송하기도 한다.

라이저(Riser)는 공정라인이 있는 상부구조까지 연결되는 배관 시스템이다. 부유체이거나 고정된 구조체의 경우에도 라이저에 걸리는 부하(자체 무게와 분출물의 부하)와 움직임은 항상 고려되어야 한다.

극히 무거운 중질유의 경우와 매우 추운 북해의 경우에는 흐름을 원활히 하기 위해 가열과 함께 희석제로 점도를 줄여 흐름을 원활하게 해야 할 필요도 있다.

3.4.3 유수분리기(Separation)

몇몇의 채유정들은 가스처리장치와 압축기 등을 갖추어 순수한 가스를 생산하기도 한다.

하지만 대부분의 경우 유정의 분출물은 가스와 석유 이외에도 여러 물질들의 조합이라 반드시 분리하여 처리되어야 한다.

생산용 유수분리기는 고전적인 중력방식의 분리기로 다양한 형태와 디자인이 있다.

중력방식은 분출물이 수평형식의 용기(베셀)로 용기의 중앙에서 가스는 거품이 되고 물은 바닥에 깔리고 석유는 중앙부에서 분리되도록 하는 방식이다(평균작업시간: 5분 수준).

폭발성이 있는 요소들을 분리하기 위해 여러 단계로(고압분리기-HP, 저압분리기-LP 등) 압력을 감소시켜야 한다. 갑작스런 압력 감소는 증기압을 키워 안전을 위협할 수도 있다.

그림 3-23 유수분리기

3.4.4 가스 압축기(Gas compression)

가스정으로부터 분출된 가스는 자체압력으로 파이프라인을 통한 운송이 되겠지만 유수분리기를 통과하면서 압력 손실이 생긴 가스는 운송을 위해 가압을 해주어야 한다. 터빈으로 구동되는 압축기(Compressor)는 천연가스의 일부를 에너지로 사용하여 터빈으로 원심압축기와 팬을 돌리고, 가압하여 파이프라인을 통하여 가스를 운송한다.

일부 압축기 스테이션들은 원심 압축기와 타입은 동일하지만, 전기 모터로 작동한다. 이러한 전동식 압축기는 천연가스를 전혀 사용하지 않으므로, 근처에 신뢰할 수 있는 전기 공급 라인이 있어야 한다.

압축기는 액체방울을 제거하기 위한 스크러버(Scrubber)와 열 교환기, 윤활유 공급 등을 위한 관련 장비들을 포함하고 있다.

천연가스의 원천이 무엇이건 간에, 원유(만약 있을 경우)에서 분리된 것은 주로 에탄, 프로판, 부탄, 그리고 펜탄과 같은 탄화수소와 함께 혼합으로 존재하며 추가적으로 수증기, 황화수소, 이산화탄소, 헬륨, 질소 등의 혼합물도 포함되어 있다.

주요 파이프라인은 일반적으로 정제된 가스만을 흘려보낸다. 이 뜻은 천연가스를 운송하기 전에 반드시 정화해야 한다는 뜻이다. '천연가스 액체(NGL)'로 알려진 탄화수소류는 가공하지 않은 상태로 석유 정제 또는 석유화학공장의 에너지 원료로 사용된다.

3.4.5 계량, 저장과 송출(Metering, storage and export)

대부분 가스의 경우 별도의 저장 시설을 갖추고 있지 않지만, 오일은 육상의 매우 큰 탱커 터미널로 옮기기 위해, 해상에서는 셔틀탱커와 같은 선박에 싣기 전에 임시 저장을 한다.

일반적으로 운송용 파이프라인과 직접 연결되지 않은 해상용 생산 설비는 원유저장 설비에 원유를 저장하며 일주일에 한두 번씩 셔틀탱커로 하역을 한다. 육상에서는 일반적으로 원유의 수요 변화 또는 운송 지연에 따른 수요 조절에 대응하기 위한 대규모의 탱크 터미널을 가지고 있다.

계측 스테이션(Metering stations)은 생산설비로부터 입고되는 천연가스와 오일의 양을 감시, 관리한다. 파이프라인을 통해 흐르는 천연가스/오일을 계측할 수 있는 전용 측정장치로 측정된 양은 생산자에서 시시각각 개별 고객(또는 회사 내 다른 부서)의 소유권의 관계를 명확하게 하기 위한 계측 시스템으로 관리전환 계측 시스템(Custody Transfer Metering)이라 부른다.

이것은 생산량에 대한 기초자료로 세금 부과와 파트너들 간의 정확한 수익 공유 등을 위하여 정부 당국에 의해 관리되며, 때문에 이 측정기의 정확도는 정기적으로 정밀도 측정을 하도록 되어 있다.

파이프라인은 직경 6인치에서 48인치(150~1,200 mm)로 어디서나 측정할 수 있으며, 파이프라인의 내부 부식 및 결함 조사를 하기 위한 지능형 로봇 장치 등을 운용하게 된다.

이 장치는 파이프의 두께, 진원도와 부식의 신호를 체크하고 극히 적은 누출을 감지하고 파이프라인의 운용 중에 가스의 흐름을 방해하는 것과 기본적인 안정도 위협 요소와 같은 내부 결함을 테스트할 수 있어야 한다

탱커에 선적하기 위해 매우 나쁜 날씨에도 탱커를 접안할 수 있도록 탱커의 잔교에서부터 정확히 특정 지점의 계류가 기능한 로딩 시스템이 배치되어야 한다.

3.4.6 유틸리티

탄화수소 처리공정을 주 공정으로 부르면, 유틸리티 시스템은 주요 프로세스 안전이나 거주자들에게 서비스를 제공하는 시스템으로, 설치 위치에 따른 기능 장치에 인프라(예 전기, 유압 및 공압 등)를 공급하는 것과 전기와 물도 자체 생산되도록 조정하는 원격 장치 등을 의미한다.

3.4.7 해저 유정(Subsea wells)

1) 해저용 템플레이트(Template)

해저유정은 기본적으로 육상의 유정과 동일하다. 매니폴드와 같은 장치류의 설치는 유정을 시추할 때, 설치 작업 시에 손상을 당하거나 또는 트롤어선과 같은 이동 장애물로부터의 보호를 위해 해저구조물(템플레이드, Guide Frame)을 설치한다. 매니폴드는 유압이나 전기제어신호가 연결된 파이프라인과 연결된 템플레이트 슬롯 상에 위치시킨다.

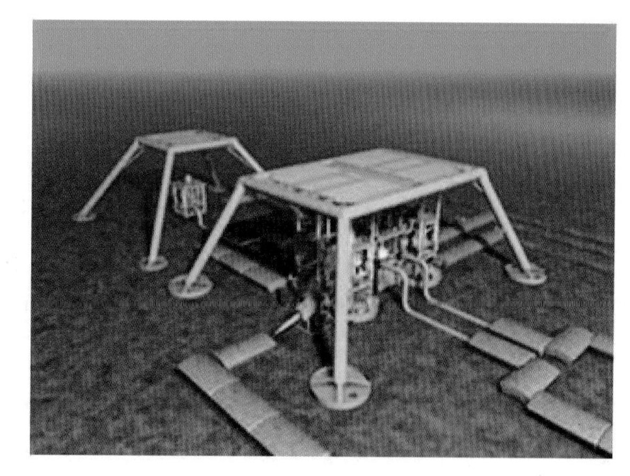

그림 3-24 설치용 템플레이트와 Subsea Guide Frame

2) 엄빌리컬 케이블(Umbilical)

해저장치에 대한 콘트롤파워(HPU, Hydraulic Power Unit)는 주로 유압으로 해상과 해저를 잇는 엄빌리컬(Umbilical) 케이블을 통해 이루어진다. 엄빌리컬 케이블은 장력을 유지하는 철심 와이어와 유압 파이프, 전력케이블, 통신 및 신호 라인 등이 포함된 복합 케이블로서 심해장비와 무인잠수정에 전원을 공급하고 통신 데이터 및 신호제어를 통해 유압으로 로봇팔, 센서, 카메라 등을 작동시킨다. 심해의 높은 수압과 온도 변화, 조류 변화 등의 악조건을 견딜 수 있어야 한다. 불활성가스 또는 오일로 콘트롤 포트가 보호한다.

해저에서의 대부분의 장비는 유압 스위치로 조정하며, 좀 더 복잡한 해저장치류는 전기로 움직여진다.

2010년 기준 세계시장은 약 20억 달러 규모로 국내에서는 2013년 LS 산전이 개발에 성공하였다.

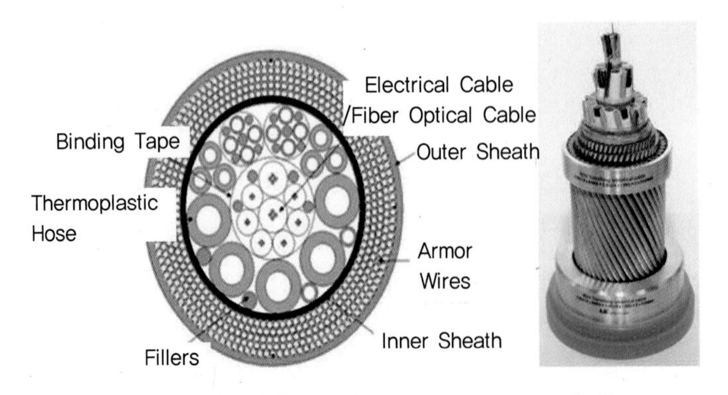

그림 3-25 엄빌리컬 케이블(Technip-DUCO, LS 산전)

3.5 주입정과 회수증진법

오일과 가스 생산은 저류지층의 특성에 따라 다르지만, 일반적으로 저류지층 압력(Formation Pressure)에 의해 자연적으로 분출된다. 초기생산 이후에는 점진적으로 저류지층의 내부 압력은 낮아지며 자연적인 분출은 중지된다. 이 시점까지 자연적으로 회수되는 비율은 30~35% 수준에 머물게 된다. 이에 저류지에 남아 있는 오일과 가스의 생산량을 증대시키기 위해 인공적으로 에너지를 가하여 생산량을 증대시키는 것을 회수증진(EOR, Enhanced Oil Recovery)방법을 정리하면 표 3-3과 같다. 이러한 방법을 통하여 평균적으로 5~55% 정도를 추가적으로 생산이 가능하다.

표 3-3 원유의 회수증진 과정

생산	종류	비고
1차 생산	자연분출	
	인공리프팅	
2차 증산	물 주입	* 압력 유지
	가스 주입	
3차 증산	열(연소)/스팀	* 일정한 연소
	가스 주입	CO_2, N_2 등
	Chemical	1) 계면활성제 2) 고분자 3) 부식제 등

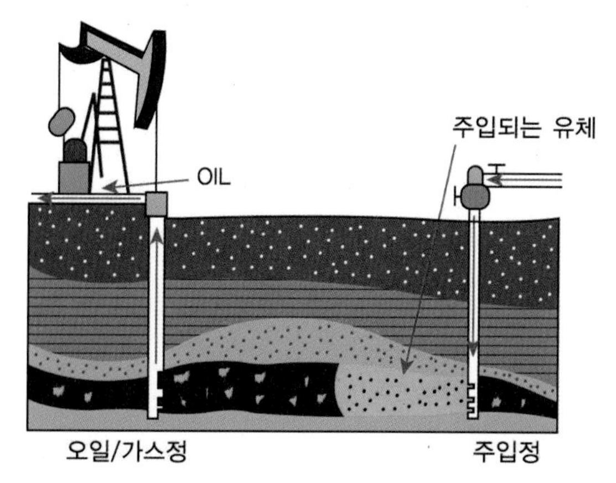

그림 3-26 회수증진을 위한 주입정

유정은 생산용과 주입용으로 구분되며, 전자는 오일/가스를 생산하는 유정이며, 주입용은 가스 또는 물을 저류층에 주입하여 내부 압력을 유지하는 역할을 하며 생산정을 주입용으로 변경하기도 한다. 특별한 검측 장치로 주입하는 물에 동위원소를 포함시켜 저류층의 출구를 조사하기도 한다. 주입용 유정의 매니폴드는 기본적으로 생산용과 동일하지만, 차이점은 일방 흐름의 방향 제어용 밸브가 추가적으로 설치되어 있다는 것이다.

유정에 물이나 가스를 주입하거나, 일정량의 원유를 연소시키거나 스팀을 주입하는 등의 회수증진 방법은 육상 및 해상 유정에서 주입정을 통해 저류지로 주입하는 것이다. 저류지에 주입하여 고갈되어가는 압력을 증대시키면 오일이나 가스가 이동하는 데 도움이 된다. 이러한 기술은 생산량이 이미 바닥난 또는 저류지로부터 생산량이 소진되기 전에 저류지에 남아 있는 오일이 생산정으로 이동하며 생산을 증진시킬 수 있게 된다. 이런 수단을 쓰기 전에 저류지의 구조와 다공성 물질의 특성, 흐름 조건 등을 고려하여 선택 시행하게 된다. 주입되는 물은 일반적으로 소금물의 일종이지만, 처리과정을 거쳐야 한다. 주입될 물의 여과과정과 처리공정은 유정의 사용재료의 부식을 최소화하고, 박테리아가 성장하는 것은 허용되지 않도록 하는 것은 매우 중요하여 물에서 산소를 제거해야 한다. 제거요즘은 환경문제를 고려하여 공기 중의 이산화탄소를 포집하여 주입정에 넣는 기술도 개발되고 있다.

3.6 인공 리프팅 방식(Artificial lift)

채굴 초기에는 대부분 저류층의 내부압력이 높아 석유(용해가스 포함)는 자체 분출된다. 일정 생산 후 저류층 내부의 압력이 낮아지면서 분출량도 감소하다가 중지하게 된다. 이를 외부

에너지를 가하여 인공적으로 원유를 끌어올리는 각종 방법들이 시행되고 있다(그림 3-27).

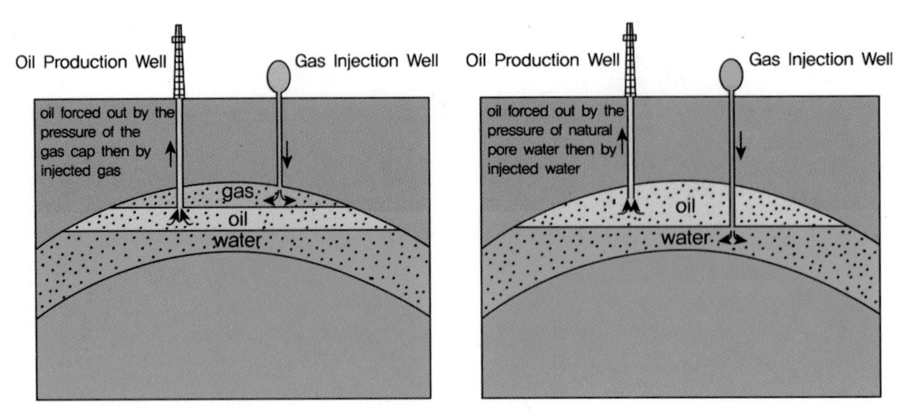

그림 3-27 주입정

인공 리프트는 자연스레 추출되지 않는 유정에서 사용되는 인위적인 채굴 장비이다.

생산용 유정은 저유층의 내압에 의해 자연스런 흐름이 유지되지 않으면 인위적인 채굴방법을 찾아야 한다. 다운홀의 압력으로 웰헤드까지 충분히 올려줄 수 있으면 유정으로서 유효하지만, 만약 저류층의 압력이 너무 낮아, 주입용 유정에서 물 또는 가스를 주입해도 압력유지가 어렵다면 인위적으로 채굴을 해야 한다.

작은 유정에서도 웰헤드 압력이 0.7 MPa(100 PSI)로 측정된다면 흐름은 매우 좋은 수준이며, 대형 유전에서는 생산량을 증대시키기 위해 매우 높은 압력을 가하는 채굴장비로 인공 리프트를 설치할 것이다. 인공리프트의 종류도 다양하지만 대표적으로는 다음과 같다.

3.6.1 Rod pumps(로드 펌프)

우물가에서 쓰던 수동 펌프(그림 3-29 참조)는 흡입(Suction)방식의 펌프이다. 손잡이(로드)를 모터 또는 유압으로 작동시킨다. 물을 끌어올리는 구조(그림 3-28 참조)도 동일하다.

로드 펌프는 Donkey(당나귀) 혹은 빔펌프(Beam Pump) 등으로 불리며 육상에서 석유/오일을 추출하는 인공 리프트(85%)로 가장 보편화되어 있다. 사용 범위는 지하 몇 백 미터 밑의 저유층에서 석유를 끌어올리며 1회 스트로크당 약 40 L(10갈론) 정도이다.

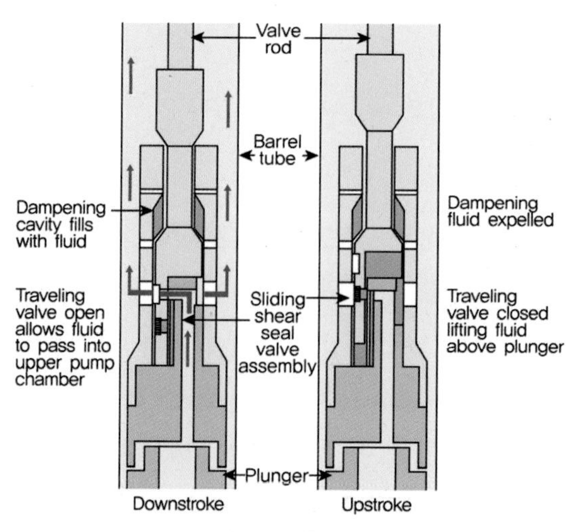

그림 3-28 흡입펌프

그림 3-29 수동 흡입펌프(예)

3.6.2 다운홀 펌프(Downhole pumps)

다운홀 펌프는 펌핑 장치 전체가 유정 내에 삽입되며, 펌프와 모터 등이 일체화되어 있다. 즉, ESP(Electrical Submerged Pump)와 함께 PCP(Progressive Cavity Pump) 또는 원심 펌프와 길고 좁은 모터와 다단 펌프 등으로 구성된 펌핑 장치는 전기 케이블 및 인장부재(tension members)가 함께 튜빙 속에서 구동된다. 효율성을 높이는 방향으로 지속 개발되고 있지만 섞여 있는 모래와 같은 물질에 민감하여, 가스와 오일의 비율(GOR, Gas Oil Ratio)에서 가스가 10% 이상이면 효율성이 극히 떨어진다.

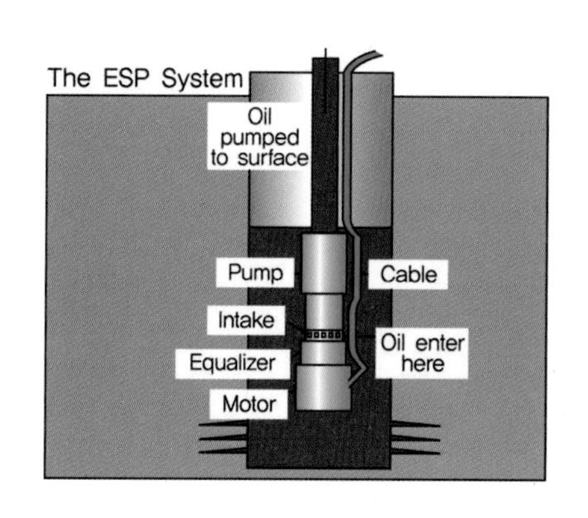

그림 3-30 다운홀 펌프

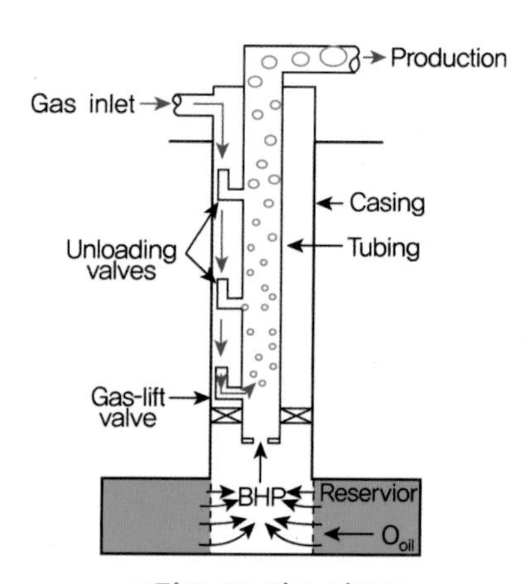

그림 3-31 가스 리프트

3.6.3 가스 리프트(Gas lift)

가스 리프트는 압축공기(가스)로 방울을 만들어 유체를 상승시키는 인위적인 리프팅 기술로 튜빙 내 유정의 흐름 속으로 가스를 주입하여 원유의 상승력을 키운다.

저류지층의 압력이 떨어지면 튜빙 내로 올라오는 오일기둥의 무게가 갖는 반(反) 압력 이하가 되면 원유는 웰헤드로 올라올 수 없다. 저류층이 지하 1,600 m 지점에서 내부압력이 150 MPa이고 비중은 비중 800 kg/m^3(물의 0.8배)라면 다지관에서의 압력은 제로가 된다. 이렇게 올라오지 못하는 유정에 가스를 주입함으로써 원유의 비중은 낮아지고 유정은 흐르기 시작한다. 일반적으로 가스는 케이싱과 튜빙 사이에 주입하고 가스 리프트의 방출밸브는 파커 위 튜빙 내로 삽입한다. 된다. 이 밸브들은 튜빙 내에서 설정된 압력에서 리프팅 가스는 분출될 것이다. 유정 내에 여러 개의 가스 리프팅 밸브를 주입한다. 또한 유정의 생산량을 늘리고자할 때, 모래나 스케일 등으로 생산량이 줄어드는 경우에도 적용이 가능하다. 가스 리프트는 하나의 유정에 대해 제어될 수 있다.

3.6.4 플런저 리프트(Plunger lift)

플런저 리프트는 모았다가 주기적으로 끌어올리는 장치로서, 보편적으로 저압의 가스정이나 가스의 비율이 높은 유정에서 사용한다.

플런저의 기본은 유정 내 유동조건, 즉 채굴압력이 부족할 때는 채굴을 중지(유정을 봉쇄)하여 다운홀로 모이는 상태로 만들고, 케이싱 내 압력이 높아지면서 플렌저 상부에 모여 있던 액상들이 채굴되어지는 유정 내에서의 순환과정을 만들어주는 장치이다.

이 순환과정은 밸브-온 상태에서 플렌저는 튜빙 아래쪽으로 내려가고 액상(특경질원유, 오일)은 플런저 바닥을 통과하여 위쪽에 모이고, 이 상태에서 밸브-오프시킨다. 일정 시간이 지나 플렌저 아래쪽에 가스압력이 차며 일정 압력이 되면 플렌저를 위로 밀어 올리게 된다. 이때 플렌저 위에 모여 있던 액상은 유정 밖으로 나오게 된다.

플런저가 웰헤드에 있는 플런저 케쳐(Plunger Catcher)에 도달하면, 액상이 다운홀에 모이는 시간 동안 가스도 채취한다.

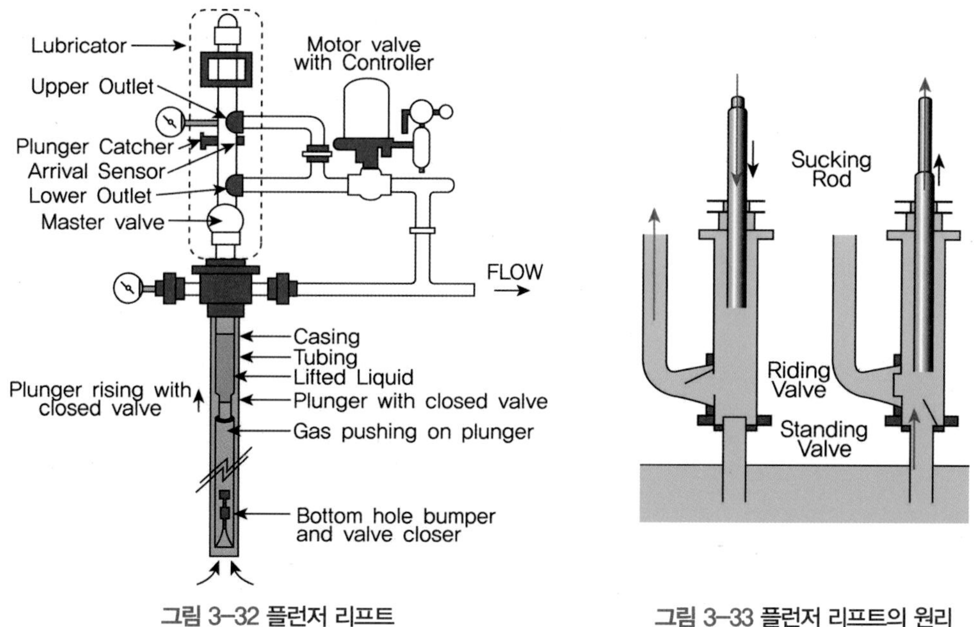

그림 3-32 플런저 리프트

그림 3-33 플런저 리프트의 원리

3.7 유정의 유지보수 용어

케이싱과 파커의 교체, 새로운 컴플리션의 설치, 유정을 새로 만드는 등의 일이 아닌, 한동안 채굴하다보면, 유정 내부에 잔류물의 침전, 모래 침식, 부식, 흡유관의 막힘 현상 또는 저류층의 흐름 구조의 변화 등 결함의 발생은 필연적이며 생산성이 낮아진다. 이를 유지하는 과정의 용어들이다.

- Well Workover: 특별한 도구를 사용하여 오일정이나 가스정의 효율성을 높이는 중요 유지보수 공정을 의미한다.
- Well Invention: 유정을 정지시키지 않은 상태에서 효율을 올리는 유지보수 작업을 의미한다.
- Wireline Operation: 유정 내부의 와이어에 연결된 계기나 도구의 성능 향상 작업을 의미한다.
- Reservoir Stimulation: 저류층에 화학물질 주입, 산(Acid) 처리, 히팅과 같은 충격/자극을 통해 구조적으로 입은 손상을 보수하거나 흐름을 좋게 하는 작업을 포괄적으로 의미한다.

산 처리는 석회질의 저류층에서 자주 발생하는 막힘 현상과 주변에 축적된 칼슘 탄산염을 처리하는 데 사용한다. 저류층의 투과성을 높이기 위해 수백 리터의 산(농도 15% 수준)을 높은 압력으로 펌핑하여 저류층으로 보낸다. 이를 Matrix acidizing이라 한다.

유압파쇄(Hydraulic fracturing)는 유정의 생산성을 올리기 위한 기계적으로 실시하는 가장 보편적인 방식으로 웰보어의 손상된 면 가까이에 우회로를 생성하거나, 모래 취출을 최소화하던가 하는 등의 흐름을 변경하는 작업에 많이 적용하고 있으며, 저류지의 물성(모래층, 탄산층, 사암층, 진흙층, 셰일층)에 따라 기계적 또는 산 처리 방식 등을 적용한다. 셰일층의 경우는 직접 파쇄, 고에너지의 가스자극법(HEGS, High energy gas stimulation)으로 원유가 웰보어 쪽으로 잘 흐를 수 있도록 한다.

04

오일 및 가스 처리공정

오일 및 가스 처리공정

석유 및 가스 처리공정은 웰헤드와 매니폴드를 통해 들어온 생산물의 처리공정이 상호 연관되어 있는 장비 군으로, 프로세스의 구성 요소는 생산물에 포함된 물과 불순물을 제거, 정화작업을 하여 원유와 가스 등 공급 가능한 품질수준을 맞추는 공정들이다.

다음의 흐름도는 노르웨이 국영 석유회사의 Statoil Njord 유전지역의 부유식 생산공정(시스템)으로, 하루 40~45,000배럴(bpd)을 생산하는 중간 크기의 플랫폼이다. 이것은 물과 가스를 분리 후 나오는 실제 생산량이며, 수반된 가스와 물은 선상의 전력 생산과 유정에 주입용 가스로 재사용하도록 구성되어 있다.

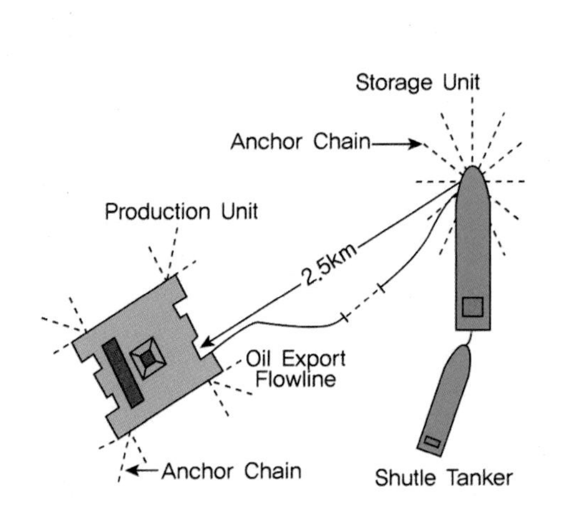

그림 4-1 Njord 유전지역의 생산시설, 노르웨이

그림 4-2 Njord 유전지역 실물 사진

이 플랫폼에는 하나의 유수분리 장치와 가스압축용 장치들이 연결되어 구성되어 있다.

물은 처리 후 버리거나 또는 재주입용으로 활용한다. 그림의 공정은 유사한 수백 가지를 간단히 표현하였고, 가스 송출을 위한 가스처리 장치가 완벽한 가스 생산시설을 대신할 수는 없는 것이다. 이 과정은 유사한 크기의 유전지역의 대표적인 공정이다.

Njord는 앞의 그림과 같이 인근의 저장용 부유장치에 파이프라인을 통해서 오일을 보낸다. GBP, FPSO와 육상의 저장용 플랜트와 같이 직접적인 송출장치들이 없다면 유사한 형태가 될 것이다.

4.1 매니폴드와 집하 라인

4.1.1 파이프라인과 라이저

그림 4-3은 주요 공정도의 일부분으로 좌측 하단을 보자. 고압유정(HP, High Pressure)의 웰헤드는 크리스마스트리, 초크와 함께 해저에 위치하고 있다. 라이저('Flexible Riser')는 플랫폼 상의 매니폴드와 연결되어 유정에서 나오는 오일과 가스를 전달한다. 파이프라인과 라이저는 해저의 생산정에서 사용된다. 이 라인에 몇 가지 체크 밸브가 있는데, 크리스마스트리의 초크밸브와 마스터와 윙밸브는 상대적으로 응답성이 늦다. 속도가 늦기 때문에 생산을 셧다운하는 경우, 웰 스트림상의 첫 번째 밸브가 닫힐 때의 압력은 상기의 밸브들이 닫히기 전에 웰헤드 압력이 최대로 상승하게 될 것이다. 그래서 파이프라인과 라이저 파이프들은 이런 조건들을 염두에 두고 설계되어야 한다.*1

유정은 생산이 시작되면 점차적으로 압력이 떨어지며, 저류층의 압력은 떨어지며 결국은 저압유정(LP, Low Pressure)으로 바뀌게 된다.

파이프라인의 거리가 짧으면 문제가 없지만, 멀어지면 파이프라인에는 분리되어야 할 다상의 유체가 흐르게 되고 가스와 혼합된 플러그(Plug)와 슬러그(Slug)는 라인 내부에서 굳어지기도 한다.

이러한 슬러깅은 후 공정인 분리공정을 어렵게 하고 과도한 압력으로 인한 셧다운을 야기할 수도 있다. 슬러깅은 앞에서 언급되었듯이 유정의 내부에서 발생할 수도 있다. 슬러깅은 초크밸브를 수동적으로 조절하면서 조정하거나 또는 자동으로 슬러그를 제어해야 한다. 또한 무거운 콘덴세이트가 파이프라인 내부에서 형성되기도 한다.

---

*1 해상용은 라이저, 육상용은 집하라인(gathering Line)이라 한다.

고압상태에서 이 플러그들은 생산이 중단되거나, 이송거리가 먼 경우에 바다의 평균온도에서 굳어진다. 통상적인 해저 온도에서 동결되기도 한다.

이런 경우 에틸렌 글리콜(ethylene glycol)을 주입함으로써 동결을 방지할 수 있다.

그림 4-3은 기본적으로 높은 비중의 머드(Kill Fluid)를 유정으로 주입할 수 있음을 보여준다(초크밸브).

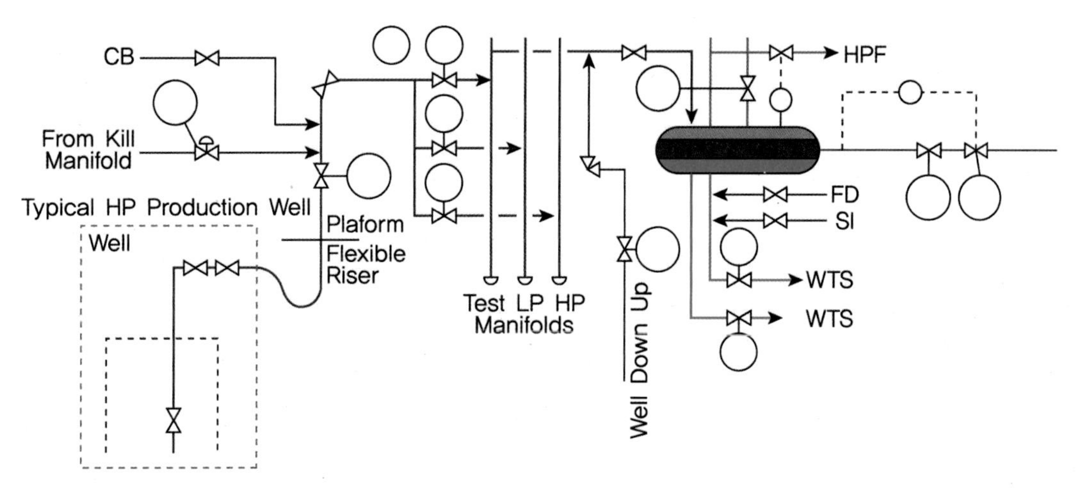

그림 4-3 해저유정과 라이저의 연결공정

4.1.2 매니폴드(생산용, 시험용, 주입용)

각각의 유정에 설치된 크리스마스트리(밸브군)는 매니폴드(manifold)와 연결된다. 이 밸브들은 각각의 공정용 트레인과 함께 추가적으로 테스트 목적과 공정의 균형을 위하여 테스트용, 밸런스용 매니폴드 등과도 결합된다. 이 다이아그램에 테스트용, 저압(LP)용, 고압(HP)용의 세 가지 매니폴드를 볼 수 있다.

테스트용 매니폴드는 유정에서 테스트용 유수분리기로 흐를 수 있도록 한다. 고압(HP) 유정은 고압의 매니폴드를 거쳐 1단계 유수분리기(1st stage separators)로 저압(LP) 유정은 2단계 유수분리기와 연결되어 있다.

초크밸브들은 순서에 따라 HP와 LP 유정의 압력에 맞춰 웰헤드에서 적절한 흐름과 압력을 맞추도록 설정되어 있다. 각 유정에 따른 적절한 설정치는 최적의 생산 및 회수율을 달성하기 위해 유정 전문가들에 의해 정의되어진다.

4.2 유수분리기

앞에서 언급했듯이, 유정을 흐르는 생산물은 원유, 가스, 컨덴세이트, 이 외에도 다양한 물질들이 포함되어 있다. 유수분리기의 목적은 혼합물을 공정 중에 분리되도록 하는 것이다.

4.2.1 시험용 유수분리기와 유정 테스트

시험용 유수분리기(Test separator)는 하나 이상의 유정에서 흘러나오는 내용물을 분석하고 주기적으로 측정하기 위해 사용한다. 이러한 방법으로 각 유정별로 서로 다른 압력과 흐르는 환경조건을 확인하는 것이다.

이는 서로 다른 생산조건 하에서 1~2개월마다 생산물의 비율 등을 측정하는 것으로 슬러그나 모래와 같은 원치 않는 생산물의 비율도 확인할 수 있다. 분리된 구성요소는 가스, 오일과 컨덴세이트 등 탄화수소 비율 등을 확인하기 위해 실험실에서 분석한다. 테스트용 유수분리기는 공정이 가동하지 않을 때, 발전용 연료가스를 생산하기도 한다.

4.2.2 생산용 유수분리기

대부분의 유수분리기는 중력식이다. 이미 언급했듯이, 생산용 초크는 유정의 분출압력을 줄여 고압용 매니폴드(HP manifold)로 보내며, 1단계 유수분리기와는 약 3~5 MPa(기압의 30~50배)의 압력 차이가 난다.

매니폴드의 입구 온도는 통상 100~150°C이지만 플랫폼 상에서는 해저유정에서 라이저를 통해 올라오므로 온도는 내려간다.

이런 압력차는 여러 단계에 걸쳐 줄여가야 한다.

여기서는 세 단계에 걸쳐 휘발성분을 제어·분리하게 된다. 이는 유효 액상을 최대한 회수하고 안정적으로 가스와 오일을 분리하는 것이다.

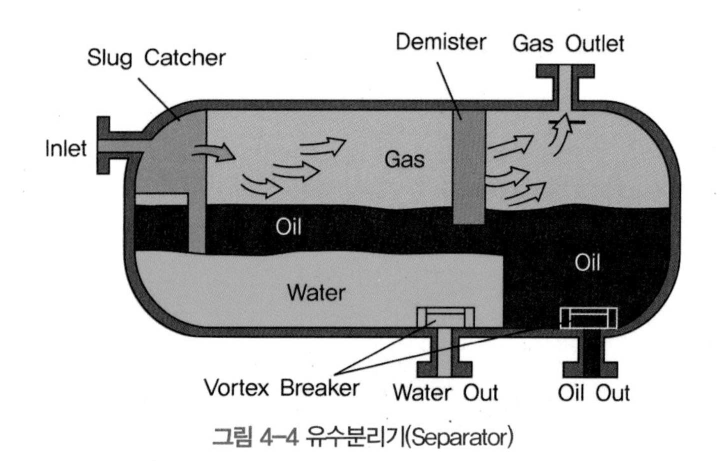

그림 4-4 유수분리기(Separator)

단계를 줄여 액상과 증기를 분리하고자 압력을 급격하게 감소시키면 불안정한 증발로 안전을 위협하게 될 것이다.

가스는 거품이 되어 나가고, 물은 바닥으로 가라앉고 오일이 중간에 위치하는 시간은 일반적으로 5분이다. 이 유전지역은 물의 비율이 약 40%로 꽤 높은 편이지만(Water cut, 유정 흐름 안에서의 물의 비율), 1단계 유수분리기에서 물의 비율이 5% 미만으로 줄어든다.

유수분리기에서 분리된 가스는 습기를 머금은 상태의 Wet Gas이다. 물과 함께 머금은 물기를 제거하는 공정으로 수처리장치(WTS, Water Treatment System)로 연결된다. 분리된 오일은 응축된 액상가스 이외에도 물, 황과 같은 불순물 등이 포함되어 있어 공급 가능한 오일을 만들기 위한 공정으로 흘러가게 될 것이다.

유수분리기 내부를 들여다보자. 원유가 들어오는 입구에 슬러그 케쳐(Slug Catcher)가 있다. 이는 흐르는 각도를 급격히 바꾸어 난류 현상을 크게 만든다. 압력을 가진 가스에 의해 대형 거품이 만들어지면서, 액상의 플러그의 영향은 감소된다. 이렇게 생기는 난류 현상은 가스의 거품을 빠르게 흘려 좀 더 유효하게 작동하게 된다.

중간에 있는 보(Weir)의 일정한 높이 내에서 오일과 물은 비중에 따라 분리된다. 비중이 낮은 오일은 보를 넘쳐 다음 보 내에 가둬져 2차 분리의 기회를 만든다.

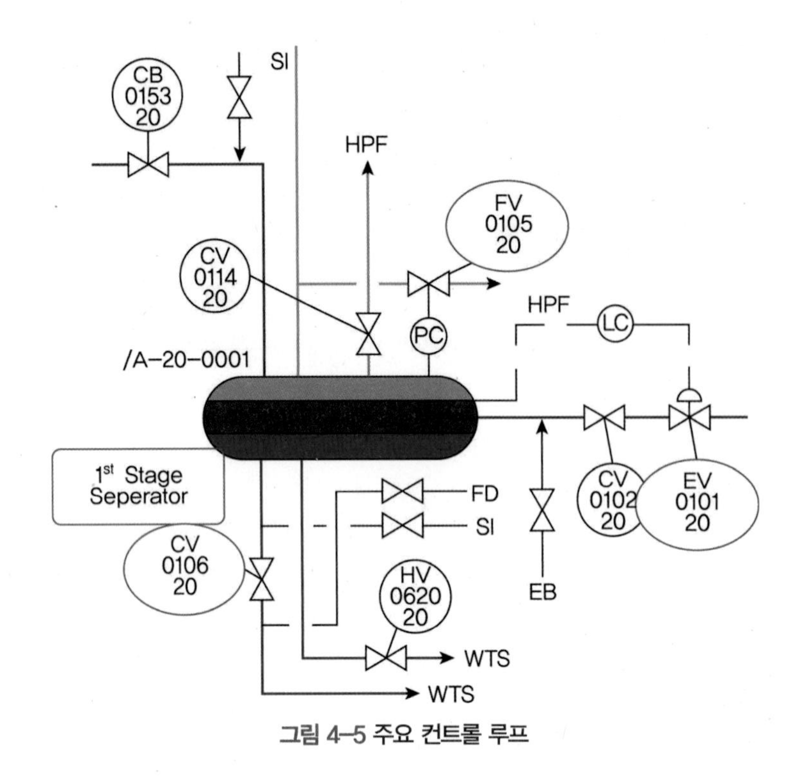

그림 4-5 주요 컨트롤 루프

그림에서 주요한 컨트롤 루프는

- 오일의 흐름을 제어하는 오일 레벨 루프(EV0101 20)
- 가스 압력 루프(FV 0105 20)
- 물의 흐름을 제어하는 루프(CV 0106 20)

등으로 이 루프들은 컨트롤 시스템에 의해 제어될 것이다.

가장 중요한 기능은 오일의 양(레벨)이 적을 때, 가스가 오일 흐름을 따라 새어 나갈 때 발생 가능한 블로우바이(Blow-by) 현상을 방지하는 것이다. 안전을 위한 더 많은 기기와 제어장치가 필요할 것이다.

유수분리기에서 액상의 토출구에는 와류 차단 장치(Vortex breaker)를 장착하여 와류에 의해 물과 오일이 섞이는 것을 방지할 것이며, 마찬가지로 가스 배출구는 필터 형태의 Demister가 필수적으로 장착된다. 이는 가스의 기포에 의해 생성된 미스트(Mist)들이 통과하지 못하게 하는 역할을 한다.

비상밸브(EV, Emergency Valves)는 프로세스 구성요소와 블로우다운 밸브로 구성된다. 이는 과잉의 탄화수소가 소각탑(Flare)으로 가지 못하게 해야 한다. 이 밸브군은 치명적인 상태가 감지되면 비상 정지 시스템(ESS, Emergency Shutdown System)이 구동되며, 수동으로도 조작이 되어야 한다.

이는 단독적인 운전중지와 함께 소각탑이 작동하지 않을 때 운전 중지 신호에 따라 비상 정지할 수 있는 기능을 필요로 한다(참조: IEC 61511: 공정 산업에서의 계기/계측 시스템의 안전).

용량과 크기에 대하여 검토하면, 웰헤드로부터 가스와 40%의 물(Water Cut)을 포함하여 분당 10 m^3가 분출되어 생산 능력을 일일 45,000 배럴로 계획하였다. 여기에는 유정과 라이저로 부터 나오는 정상적인 슬러지 양을 처리할 수 있는 충분한 용량을 고려하였다.

이는 유수분리기의 크기가 정격 작동 압력에서 직경 3 m, 길이 14 m로 약 100 m^3가 되어야 한다는 것으로, 이는 50톤에 이르는 매우 무거운 장비임에 몇 단계의 공정 처리가 제한될 수밖에 없다.

이에 수직형 또는 사이클론(Centrifugal separation) 타입으로 무게와 공간을 줄이거나 성능이 향상된 분리기를 검토할 수 있다.

이는 압력과 수위 조절에 만족할 만한 성능으로 각 단계 간에는 최소한의 압력차로 운용되는 것이 검토되어야 한다. 화학 중독성에 대해서는 나중에 논의될 것이다.

4.2.3 2단계 유수분리기

2단계 분리기는 1단계 유수분리기(HP)와 매우 유사하다. 1단계에서 나온 분출물과 저압(LP) 매니폴드와 연결된 유정의 분출물을 처리하게 된다.

압력은 약 1 MPa(대기압의 10배 수준)에 100°C 미만의 온도로, 물의 함량은 2% 미만으로 감소될 것이다. 오일 히터는 오일/물/가스 혼합물을 재가열할 수 있도록 1, 2단계 분리기 사이에 위치하게 된다. 이는 물의 함량이 많거나 온도가 낮을수록 분리하기가 용이하다. 열교환기는 일반적으로 튜브/쉘 타입을 주로 사용한다.

4.2.4 3단계 유수분리기

3단계 유수분리기는 고온의 액체가 분리기로 들어오면서 압력이 떨어져 액상과 기체로 분리하는 상분리기로 Flash Drum으로도 불린다. 압력이 100 kPa(대기압 수준)으로 낮아져 마지막

남아 있는 무거운 가스 성분을 끓게 할 것이다. 시작 온도가 낮은 경우 무거운 요소들을 쉽게 분리하기 위하여 Flash Drum으로 들어오기 전에 열교환기로 액체를 가열할 필요가 있다(열역학적으로는 감압 단열 팽창).

수위와 압력 제어 루프가 있다. 다른 방법으로 생산물이 주로 가스인 경우, 남아 있는 액체 방울은 분리하여 버린다. 이 경우에는 두 단계의 유수분리기로 Knock-Out Drum(K.O Drum)을 채택 할 수 있다(*Knock-Out Drum은 액상의 Particle을 분리·제거한다).

4.2.5 코레서(Coalescer, 미세 유수분리기)

3단계 유수분리기를 통과한 오일은 약간의 수분까지 제거하기 위해 코레서(Coalescer)를 통과시켜 물의 함유량을 0.1% 이하로 줄여준다. 코레서는 에멀젼 상태의 오일-물을 전자장으로 물과 오일사이의 결합력을 깨뜨리고 만들어지는 물의 미립자들이 필터(Coalescer Filter Elements)를 통과되면서 미립자들끼리의 결합으로 물로 분리된다.

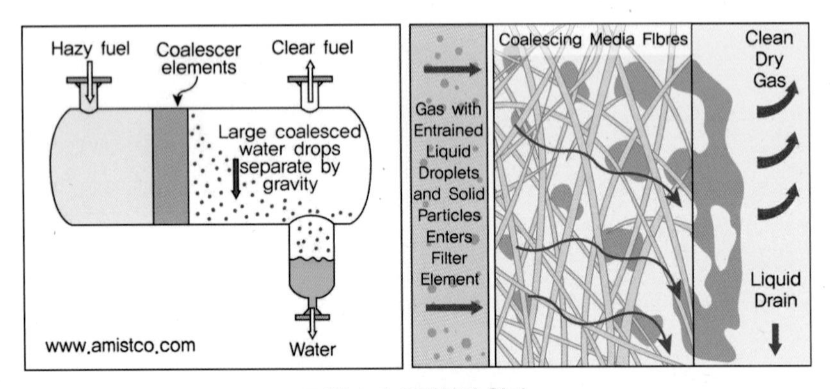

그림 4-6 코레서의 원리

4.2.6 염분제거기(Electrostatic desalter)

유수분리기에서 분리된 오일 내에는 가스와 원치 않는 소금기가 일정 양 포함되어 있다. 이를 가스제거장치(Degas vessel)에서 가스를 분리하고 남은 오일리 워터(Oily Water, 오일과 물)를 염분제거기(Electrostatic desalter)로 보내 염분 등을 분리하게 된다. 이 염분에는 저류지에 용해되어 있던 나트륨, 칼슘 또는 염화마그네슘 등이다. 가스제거장치와 염분제거기는 모듈 내에 함께 구성된다.

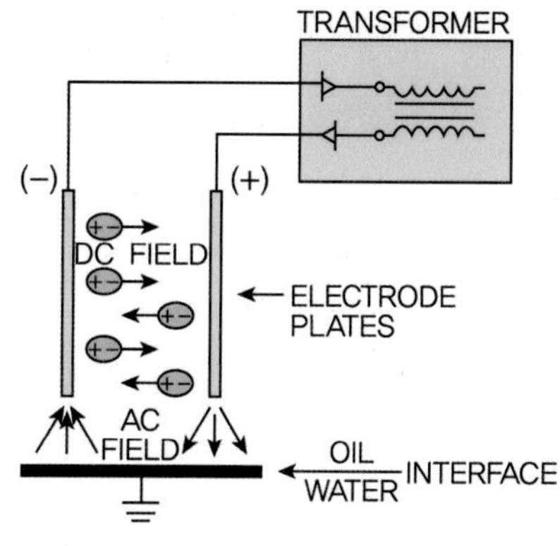

그림 4-7 정전기 방식의 원리

1) 오일의 가스함유율(GOR)과 오일의 수분함수율(Water Cut)에 따라 공정순서가 결정된다.
2) 염분을 분리하는 원리는 전기분해(정전기)로 이루어지므로 전기공급장치와 전기분해의 매개체인 물이 공급되어야 한다(오일은 전도체가 아니다).
3) 가스제거장치에서 발생한 가스는 Wet Gas로 Wet Gas에 포함된 수분을 제거 후 압축기로 보내진다(Suction Scrubber → 압축기).

4.2.7 수처리장치(WTS, Water treatment System)

Njord 유전의 물의 함유량은 매우 높은 편이다. 엄청난 양의 물이 포함되어 있다. 함유량 40%의 물을 처리하면 하루에 4,000 m^3(400만 L)가 되며 이를 바다에 배출하기 전에 정화시켜야 한다. 이 물은 오일과 물이 섞여 있는 에멀젼 상태로 모래 입자가 포함되어 있다.

대부분의 국가의 환경규제는 매우 엄격하며, 북동 대서양의 OSPAR 협약[*2]은 물에 대한 기름의 함유량이 40 mg/liter(ppm)까지 배출이 가능하다.

이 협약은 오염물질에 대한 다른 형태의 제한사항도 있다. 바다에 배출 가능한 한계는 오일로 환산하여 하루에 1배럴 이하이다. 이런 제한사항은 미세한 기름방울은 박테리아에 의해 자연분해됨을 의미한다.

---

*2 OSPAR 협약(Conventionb for the Protection of the Marine Environment of the NorthEast Atlantic, 1992)
해양 투기, 육상 오염원, 근해 오염원, 해상 소각 등 광범위한 해양 오염원에 대한 규제 강화와 사전 예방 제도, 오염자 부담 원칙 등의 개념을 도입하여 국제적 규제에 대한 방향을 제시하고 있다.

그림 4-8 수처리장치(@Burgess Manning Europe PLC)

이런 조건을 만들기 위해 여러 장비들이 사용된다. 그림 5는 전형적 수처리 공정이다. 유수분리기(Separator)와 코레서(Coalescer)에서 나오는 물은 첫째로 모래를 제거하는 샌드사이클론(Sand cyclone)으로 보내진다. 이 모래는 바다로 배출되기 전에 세척될 것이다.

다음으로 원심분리 방식의 하이드로 사이클론(Hydro-cyclone)에서 기름방울을 제거하게 된다. 비중에 의해 오일은 중간에 모이고 물은 측면으로 이동하게 된다.

마지막으로 물속에 용해된 가스를 없애는 장치(Water de-gassing drum)로 이송된다. 물에 용해된 가스는 천천히 부상하고 상층부의 오일은 3단계 유수분리기로 보내지고 분리된 물은 바다로 배출된다.

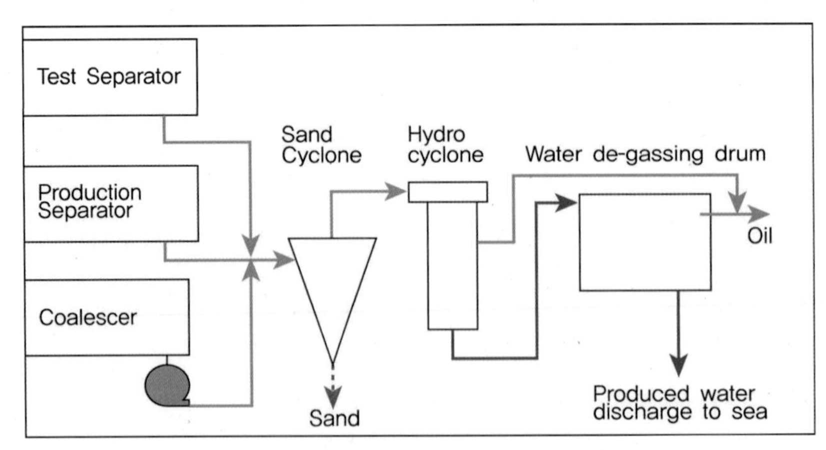

그림 4-9 전형적 수처리 공정

4.3 가스 처리와 압축장치(Gas treatment and compression)

가스 트레인(처리과정)은 생산용 유수분리기의 출구 압력과 처리 공정상의 앞 단계의 압력 수준 등을 고려하여 몇 단계의 처리 과정을 거치게 된다. 일반적인 단계는 그림 4-10에 표시된다.

인입 가스는

- 열교환기(heat exchanger)를 통과시키며 냉각시킨다.
- 가스에 함유된 액상을 제거하기 위해 스크러버(Scrubber)를 통과 후 압축기로 보내진다.
- 아직은 습한 가스(Wet Gas)이기 때문에 재순환 루프를 형성(얇은 오렌지 라인, 서지 밸브, UV 0121-23)하게 된다. 그 구성 요소는 다음에서 설명한다.

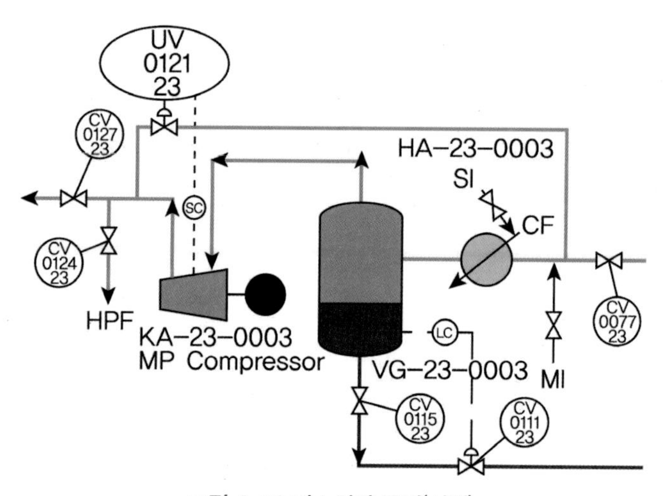

그림 4-10 가스처리 공정(사례)

4.3.1 열교환기(Heat exchangers)

유수분리기에서 나온 가스나 압축된 가스는 상대적으로 뜨겁다. 압축기를 효율적으로 운영하기 위하여 가스의 온도를 낮춰야 한다. 즉, 적은 에너지로 요구되는 압력과 온도로 가스를 압축해야 한다. 가스를 압축할 때는 반드시 열역학적 균형을 유지해야 하는 데, 그 의미는 압력(P)*체적(V)과 온도(T)의 상관관계는 항상 상수로서 'PV/T=n'이 된다. 즉, 압력(P)=nkT/V로서 P를 높이게 되면 결론은 온도(T)의 상승이다.

다양한 형태의 열 교환기는 가스를 냉각하는 데 사용된다. 판형 열교환기(그림 4-11)는 여러 장의 판재로 구성된다. 가스와 냉매체가 서로 엇갈리며 판재 사이로 통과하게 된다.

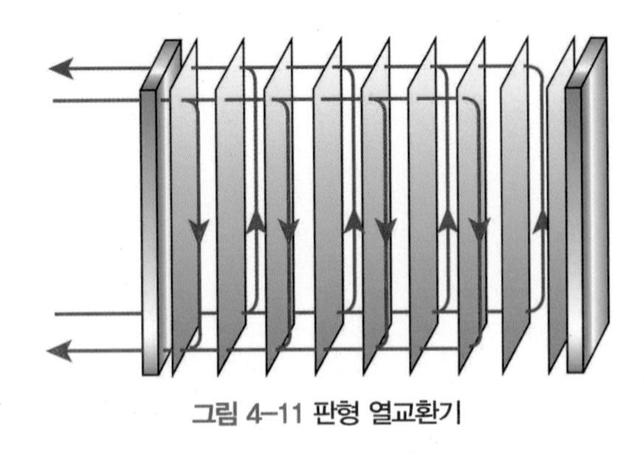

그림 4-11 판형 열교환기

수관식 열교환기(그림 4-12)는 냉각유체로 가득 채워진 쉘 사이에 튜브가 설치된 방식으로 냉각 유체는 냉각부식방지제와 함께 순수한 물이 채워진다. 프로세스를 설계할 때, 열에너지의 균형이 매우 중요하다. 열은 가스 트레인에서 냉각 유체를 사용함으로써 보존된다. 과열은 해수에 의해 냉각된다. 하지만 따뜻한 해수는 부식성이 강하기 때문에 티타늄(Titanium) 같은 내부식성이 강한 재료의 선택은 필수 요소이다.

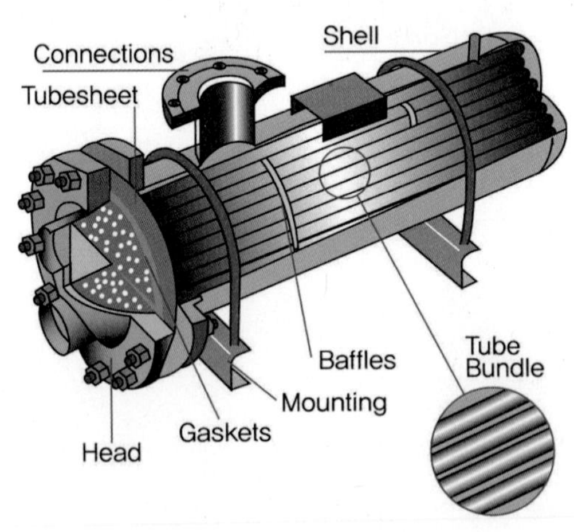

그림 4-12 수관식 열교환기

4.3.2 스크러버(Scrubbers)

유수분리기에서 추출된 가스는 열은 안개와 미스트(Mist)와 다른 액체 방울들을 머금고 있다. 가스가 머금은 물과 탄화수소의 방울들은 가스가 열 교환기를 통과하며 냉각될 때 형성된다. 그것은 압축기에 도달하기 전에 제거되어야 한다. 만약 이들이 압축기를 통과하면 압축기의 회전 날개는 빠르게 부식될 것이다.

스크러버는 가스에 포함된 액상(물과 탄화수소 성분 등)을 제거하여 건조가스(Dry Gas)를 만드는 것이 목적이다. 스크러버의 종류는 다양하지만, 일반적으로 흡입/압축식 스크러버로 트리에틸렌글리콜(TEG, Tri-ethylene Glycol)의 강한 흡습성을 이용한 탈수를 기본으로 하고 있다. 여러 단의 글리콜 층으로 이루어져 있다.

하단에 가스를 주입하면 가스는 상단으로 이동하며 다단계의 글리콜 층을 통과하게 된다. 가스는 각각의 글리콜 층을 통과하면서 순순한 가스 이외의 물 성분 등은 글리콜 층에 흡수된다. 가스는 상단을 향하고 물기를 머금은 글리콜은 바닥에 모이게 되는 구조이다.

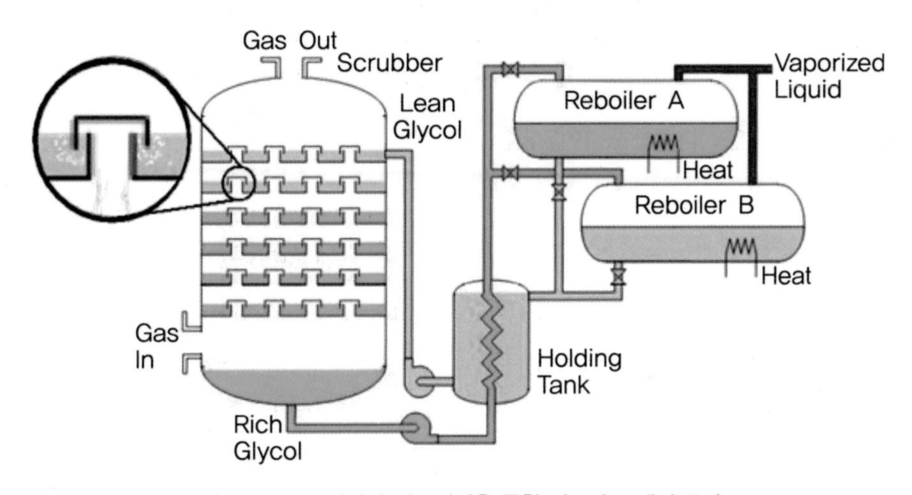

그림 4-13 스크러버와 리보일링을 통한 건조가스 생정 공장

글리콜은 흡수된 액상을 약 130~180°C(260~350°F)의 온도로 재가열(Reboiling)하여 가스에 포함되었던 액상들을 제거함으로써 재활용이 가능해진다.

보통 글리콜과 다른 탄화수소물의 분리를 더욱더 향상시키기 위해 가스 배출구에 증류탑이 있다. 용량을 높이기 위해 글리콜 가열용과 재활용을 위한 증류용 등 두 개의 재열기를 운용한다. 여러 가지 형식이 있으며 주로 글리콜 재생 단계에서 기화되는 탄화수소를 재활용하여 열에너지로 활용하는 공정도 포함되어 있다.

4.3.3 압축기와 성능 곡선(Compressor anti surge and performance)

여기서 언급하는 모든 압축기는 가스 압축을 위해 사용한다. 다양한 형식의 압축기가 있지만 작동 파워, 속도, 압력 또는 용량에 따라 선택 활용하게 된다.

1) 복동식 압축기(Reciprocating compressor)

2-2 실린더와 피스톤으로 구성되어 500~1800 rpm의 속도에서 30메가와트의 파워로 최대 5 MPa(500 bars)까지 압축이 가능하다. 주로 저용량의 가스압축에서 저류층의 가스 주입용까지 폭넓게 사용된다.

그림 4-14 복동식 압축기

2) 스크류 압축기(Screw compressors)

수 메가와트급까지 제작되며, 동일 속도(3000/3600 rpm)에서 최대 약 2.5 MPa(25 bar)까지 가능하다. 주로 천연가스를 수집하는 데 사용한다.

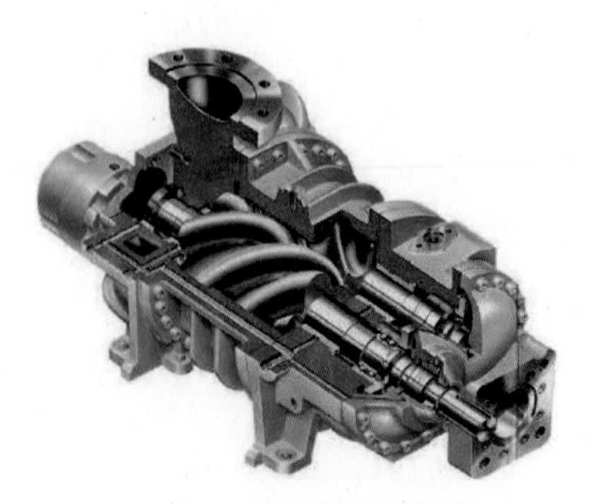

그림 4-15 스크류 압축기

3) Axial-Flow 압축기

대용량의 압축기로 통상 5,000~8,000 rpm의 운전속도에서 압축비가 3~5배에 이른다. 인입구의 용량은 시간당 최대 200,000 m^3 수준이다. 주로 LNG 플랜트 공정에서 공기 압축과 LNG 플랜트의 냉각 압축용으로 활용한다. 상대적으로 무겁고 제작의 어려움이 있다.

그림 4-16 Axial-Flow 압축기

4) 원심 압축기(Centrifugal compressors)

규모가 큰 오일/가스 플랜트에서는 주로 원심 압축기를 사용한다. 인입 용량이 시간당 500,000 m^3, 토출압력 80메가와트에 압축비가 10배에 이르며 6,000~20,000 rpm(작을수록 높은 속도)로 운전하여, 인입 용량은 시간당 500,000 m^3까지 가능하다.

대부분의 압축기는 요구되는 전체 압력 범위를 효율적으로 커버하지 않는다. 가장 낮은 압력은 대기압이며, 파이프라인으로 보내지는 가스는 3~5 MPa(30~50 bar) 압력을 사용한다. 반면 가스를 저류층에 재주입하는 경우는 일반적으로 20 MPa(200 bar) 이상이 필요한데, 이는 주입용 유정의 튜빙에 액체는 없고, 전체적으로 저류지의 볼륨과 압력은 반드시 그 이상으로 극복해야 하기 때문이다. 그러므로 압축기의 압력 단위는 가용성과 유지보수 등을 고려하여 여러 단계로 나뉘어야 한다.

물론 낮은 압력비의 압축기는 별도로 운용이 가능하며, 열에너지가 충분한 경우에는 증기 터빈을 이용할 수도 있지만, 대부분의 압축기는 가스 터빈이나 전기 모터로 구동된다.

압축기의 운용을 위한 매개 변수는 유량과 압력차이다. 제품의 선택 기준은 전체 로드를 정의하여 최대치의 설계 파워를 결정한다. 즉, 사양 결정의 고려사항은 최대 압력차(max. P)와 최대 유량을 의미하는 초크 유량(Max Q)이 된다.

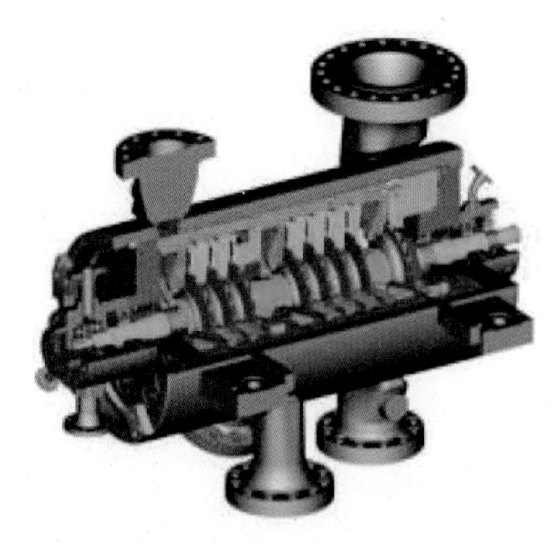

그림 4-17 원심 압축기

흐름이 적을 때, 작동하기에 충분한 가스가 없다면 압축기가 급가동하기 전까지는 최저 유량에 압력차도 최소 상태이다.

높은 흐름, 압력 차가 높을 때는 급 가동 제어밸브는 배출구 측면 뒤쪽에서 흡입 측으로 가스가 들어오도록 열릴 것이다.

가스가 과열되어 있을 경우는 순환 중에 과열되지 않도록 열교환기와 스크러버를 통과시킬 것이다. 이러한 운영특성은 제작자에 의해 정의될 것이다.

5) 압축기 성능곡선의 활용

그림 4-18에서 파란 선은 일정한 속도를 의미하며, 최대 작동 제한선은 황색으로 서술되었다. 가동의 한계치는 붉은 곡선의 왼쪽 부분이다.

압축기 성능 제어의 목적은 고정된 상태에서 진동없이 최적의 운전 포인트를 유지하도록 제어하는 것이다. 하지만 가스 터빈의 속도 제어 시 반응시간이 상대적으로 느리며, 심지어 전기 모터라 할지라도 요구 응답시간(100 ms)의 범위를 벗어난다(응답시간이 늦다).

이런 경우 'Anti surge control Line'과 'Surge Trip Line'의 시간적인 간극을 두는 방식을 선택하여 서지 제어밸브(Surge Control Valve)가 작동되도록 제어되어야 한다.

기본적으로 Surge Control Line의 시작점에서 응답시간을 늦추어 밸브가 움직이도록 시간적 거리를 두는 것이다. 제약 조건을 벗어나지 않고 최적의 세팅 포인트를 유지하는 것이 중요하다. 세팅 값의 오차로 급가동, 재가동될 때에는 서지 밸브의 마모와 흠은 물론 에너지를 낭비(불필요한 배기가스 배출)도 하게 된다.

각 제조업체는 여러 가지 유형의 압축기 제어와 안티 서지 컨트롤 성능의 최적화된 데이터 제작을 위한 알고리즘을 기본적으로 제공한다. 몇 가지 방법들을 언급하면 다음과 같다.

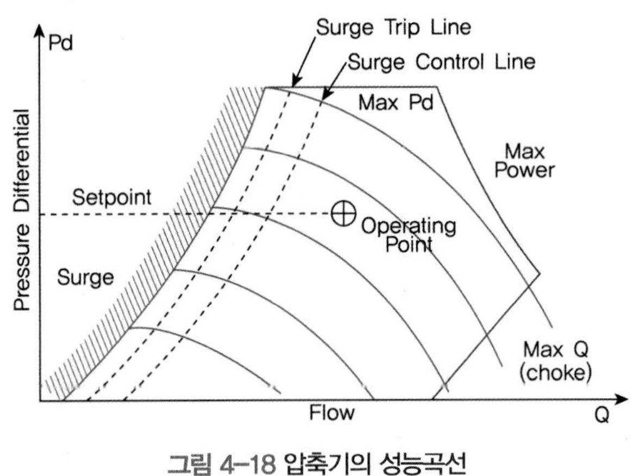

그림 4-18 압축기의 성능곡선

- Set point adjustment(셀 포인트 조정): 급속한 부하 변동에 따라 Surge Valve가 동작을 하게 되면, 서지 마진(Surge Margine)을 키운다.
- Equal margin(동조 마진): 여러 대의 압축기를 가동할 때, 압축기 간의 동조 마진값을 결정한다.
- Model based control: 압축기 몸체의 외부(설치 상태)에서 Surge Margin을 결정하기 위한 주요 고려사항은 흡입구에서 Surge Valve까지의 전체 볼류(유량)와 서지밸브의 반응 시간이 고려되어야 한다. 운전 상태를 예측하여 불필요한 재가동을 방지하며 실제 운전 상황에 알맞게 조정되어야 한다. 압축기는 유지보수를 필요로 하고 기본적으로 교체하므로 비싼 장비이다. 연관된 주변기기들을 포함하여 철저하게 관리하고 유지되어야 한다.
- 부하 관리(Load management): 트레인 안팎으로 여러 압축기 간의 부하균형(Load Balance)을 맞추기 위한 부하 공유, 부하 분산과 부하 추가와 같은 압축기 조정 시스템을 운영해야 한다. 또한 압축기는 장기간의 운전 정지(Shutdown) 기간 동안 질소와 같은 불활성 가스로 정화와 같은 유지보수를 실시하는 절차를 정립해야 한다.
- 진동(Vibration) 방지: 진동은 압축기의 문제점 확인의 바로 메터다. 가속도계(accelerometer)를 여러 장치에 붙여 기록하고 진동 모니터링장치로 분석해야 한다.

- 조속기(Speed governor, 장치의 회전 속도를 일정하게 조절하는 장치): 압축기가 터빈 구동형이라면, 전용 조속기로 효율성을 유지와 회전속도를 제어하기 위한 연료밸브와 터빈의 조정 필요 항목 등을 관리해야 한다(참고: 전기 모터로 구동되는 경우는 속도조절기능을 활용).

마지막으로 압축기 자체의 윤활유 보충과 실링 등의 보완이다. 대부분의 압축기는 Wet Seal을 사용한다. 샤프트를 중심으로 높은 압력상태에서 대기압으로 누유 된다(주변장치 동일). 오일은 고속 베어링 윤활에 사용된다. 이 오일은 낮은 압력에서 가스를 흡수하여 오염될 수 있다. 그래서 이것은 걸러지거나 가스를 제거해야 한다

앞에 설명되었던 글리콜 재가열기(Reboiler)도 동일한 방식으로 유지 관리되어야 한다.

4.3.4 가스처리 장치(Gas treatment)

가스를 송출할 때, 황화수소 및 이산화탄소와 같은 불순물이나 불용성분의 제거를 위한 분리공정을 거치게 된다. 이를 산(Acid)/물/황 성분 제거 등을 목적으로 여러 공정을 거치게 된다.

물성에 따라 이런 제거 공정을 거치며, 필요에 따라 정해진 열량 값(MJ/Nm^3, BTU/SCM)에 맞추기 위한 교정 과정도 거치게 된다. 이런 교정 작업은 것은 종종 파이프라인의 수집 시스템 또는 파이프라인의 육상 터미널과 같은 공통된 지점에서 이루어진다(처리공정은 5장에서 계속됨).

4.4 오일과 가스의 저장과 계측

석유와 가스가 플랫폼에서 보내지기 전의 마지막 작업 단계는 저장과 펌핑, 그리고 파이프라인 터미널 장비로 구성된다.

- Fiscal metering
- Storage
- Marine loading
- Pipeline terminal

4.4.1 회계 전환을 위한 계측(Fiscal metering)

석유/가스를 송출하기 전에 관리회사와 고객은 물론 국가까지 송장과 세금, 지불금액과 지불방식 등이 결정되어야 한다.

회계전환은 보관 위치의 변경과 책임의 전환을 의미한다. 생산자로부터 고객, 셔틀탱커의 운영자 또는 파이프라인 조작자에게로 책임이 전환된다. 작은 사업장은 수 기록으로 운용이 가능하겠지만, 대규모 사업장은 송출을 위한 유량 측정 장비에 의한 계측과 분석 작업이 수행된다. 정확한 측정을 위해 고정 또는 이동식 검증용 루프(Prover loop)를 설치하여 유량계의 보정작업을 하게 된다.

1) 측정 단위

- 가스와 오일은 포함된 성분에 따라 온도와 압력에 의해 체적, 밀도의 변화가 많다. 따라서 성분, 온도와 밀도의 차이에도 불구하고 누구나 긍정할 수 있는 공인된 방법으로 계측되고 기록되어야 한다.
- 액체의 밀도도 온도와 압력 편차에 의해 영향을 받으므로 기본 조건(60°F와 0 psig, 미국)으로 변환하여 온도와 압력 편차에 의해 영향을 조정해야 한다. 이러한 부피 변화의 크기는 온도 0.2°F 단위, 압력단위는 1% 이하의 단위로 조정한다.
- 가스와 오일은 Liter/sec, Kg/sec와 같은 체적이나 유량으로 측정이 가능하다.

대부분의 유량 측정기는 체적 유량이나 질량 유량으로 측정하여

* 체적 유량(Volumn Flow Rate) = 단위 체적당 열량 값×체적량
질량 유량(Mass Flow Rate) = 단위 질량당 열량 값×총질량

GJ/hour or BTU/day와 같은 에너지 유량(Energy flow rate)으로 치환하여 사용한다.

이 외에 압력과 온도에 관계없이 열량 단위로 측정하기도 한다(Thermal mass flow meter).

2) 계측 장치의 종류

액상용 측정 장치로는 듀얼 펄스 출력을 내는 터빈 유량계가 가장 일반적이다. 이 외에 회전식 용적 유량계(Positive displacement meters)와 코리오리스식 질량 유량계(Coriolis mass flow meters)가 많이 쓰이고 있다. 이러한 계측장비는 전체 범위를 정확성을 가지고 커버할 수

없기 때문에 측정 작업은 분할하여 실행하게 된다.

측정 작업은 하나의 유량계와 온도 및 압력보정을 위한 여러 보조 장비들이 사용된다.

개폐식 밸브는 선택적으로 실행하고, 콘트롤 밸브는 측정작업 중 흐름의 균형을 잡아주며, 이 장비들은 유량 컴퓨터에 의해 모니터링 되고 제어된다.

표 4-1 계측기의 종류

구분	종류
액상 계측	듀얼 펄스 터빈유량계
	회전식 용적유량계
	코리오리스 질량유량계
가스 계측	오리피스 유량계
	초음파 가스 측정
	질량 유량계(*LNG)

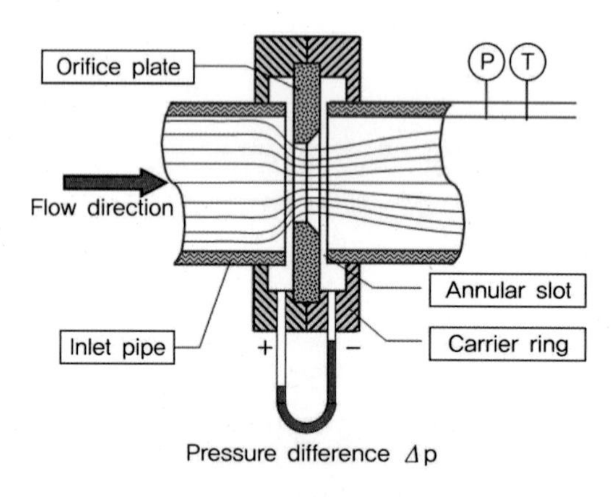

그림 4-19 오리피스 유량계

가스 계측은 탄화수소의 함량과 열량값(MJ/scm, BTU, Kcal/scf)뿐만 아니라 압력과 온도를 측정하게 되며, 계측기는 주로 오리피스나 초음파 측정장치를 사용한다. 파이프보다 작은 직경의 오리피스 플레이트는 카세트 내에 장착된다.

오리피스 유량계는 플레이트 상의 압력차 이외에 압력과 온도도 표준공식(AGA 3, ISO 5024/5167 등)을 사용하여 정상적 흐름을 계산하기 위한 필요 요소이다. 측정 변위가 다른 경우에는 다른 크기의 장치를 장착하여 측정하여야 한다.

오리피스 플레이트는 구멍의 가장자리에 잔류 효과에 매우 민감하여, 새로운 측정장치는 초음파 빔으로 경로를 관통하여 도플러 효과로 측정하는 초음파 가스 측정기 장치를 선호한다. 가스는 액상에 비해 비교적 덜 정확하다. 일반적으로 질량의 ±1.0% 수준으로 시험 루프가 없고 계장 장비와 오리피스 플레이트가 보정작업을 하게 된다. LNG는 낮은 온도에서 운용이 가능한 질량 유량계로 계측한다.

3) 계측기 검증

요구되는 정확도를 얻기 위하여 계측기들은 조정되어야 한다. 가장 공통적 방법은 시험 루프를 통과시키며 보정치를 얻는 것으로, 이는 시험용 볼이 루프 사이를 움직이고, 체적 보정치는 두 개의 검출기(Z) 사이에서 얻어진다.

계측기를 보정할 때는 볼 뒤로 오일이 흐르도록 4방향의 밸브가 열리면서, 오일이 검출기 Z를 통과하면 펄스들은 카운트된다. 4방향 밸브가 흐름방향이 전환되는 1순환 후에, 볼(Shpere Displacer)은 뒤로 움직여지며 동일체적의 오일이 보내지면 펄스는 재카운트한다.

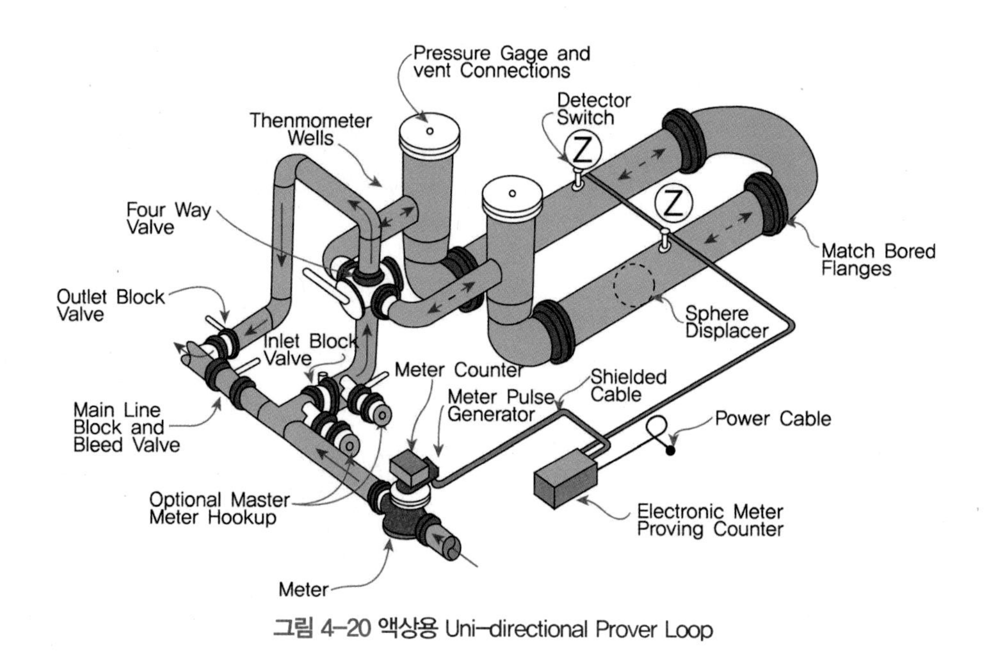

그림 4-20 액상용 Uni-directional Prover Loop

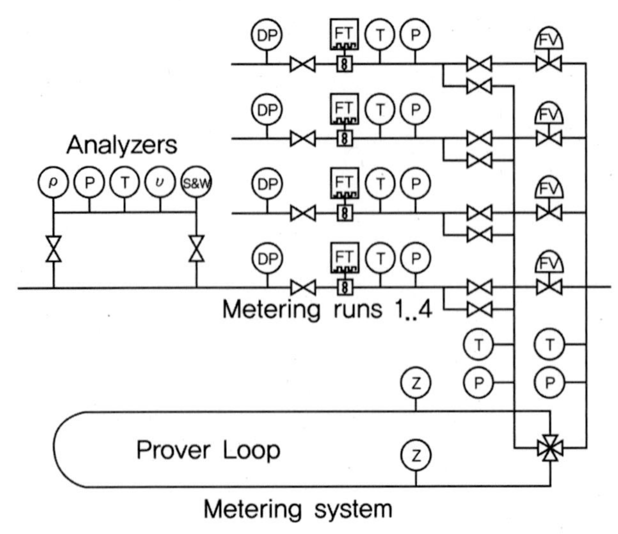

그림 4-21 액상용 계측 시스템의 구성과 검증루프

알려진 체적과 펄스의 수, 압력과 온도로부터 유량 컴퓨터는 계측 요소를 계산한다. 이는 API MPMS/ISO 5024와 같은 산업 표준의 계산식을 활용하여 흐름의 양을 정확한 유량으로 계산한다. 정확도는 일반적으로 표준 볼륨의 ±0.3%이다.

그림은 액체 탄화수소(석유 및 응축수)의 측정 시스템을 보여준다. 왼쪽의 분석장비(Analyzers)는 밀도, 점도와 수분의 양과 같은 데이터와 압력 및 온도 보상치가 포함된다.

4.4.2 Storage

대부분의 생산 설비는 오일과 가스를 정유 탱크 및 유조선 터미널까지 직접 관으로 보내진다. 가스는 지역적으로 임시 저장이 어렵지만 경우에 따라 지하 광산, 동굴이나 소금 보관 장소에 가스를 저장하는 데 사용될 수 있다. 육상의 경우는 저장 탱크를 운영하지만, 파이프라인이 가설되지 않은 플랫폼에서는 선상의 저장 탱크에 저장하거나, 셔틀 탱커를 운용하게 된다.

FPSO와 같은 부유식 생산 설비는 자체 저장탱크에, 콘크리트 중력식 플랫폼(GBS)은 부력 축의 측면에 분할 배치된 저장실(발라스트 기능 포함)에 저장한다.

그림 4-22 석유저장시설(탱크 팜)

이러한 부유체에 저장할 때에는 부유체의 균형을 맞추며 저장고의 역할을 병행하기 위한 발라스트 시스템이 되어야 할 것이다.

저장 시설에는 수위 측정, 압력 계정, 부표에 의한 계측기 등으로 저장 탱크, 저장실과 지하 저장고의 용적을 산정(스트레핑 테이블 활용)하며 수시로 변하는 보관량을 추적 관리하고 있으며, 측정된 수위로 용적 산출, 온도 보정을 통해 표준 용적으로 환산된다. 또한 질량 산정을 위한 밀도도 필히 고려되어야 한다.

석유 탱크 집합 지역(탱크 팜)은 1~50백만 배럴의 용량을 저장하기 위해 다양한 용적의 저장고들로 구성되어 있다. 일반적으로 생산량은 1주 보관을 기준으로 악천우를 고려하여 최대 2주일 분량을 보관토록하고 있다.

용적의 정확한 기록 관리는 수급과 배분 과정 등을 포함하여 문서화되고 기록되는 것이다.

여러 지역에서 수급되는 오일과 가스의 차이가 나는 품질이기에 제품의 혼합 여부도 필히 다뤄져야 할 사항이며, 또한 미래의 수급과 배분을 위한 계획 수립을 통하여 재고 관리와 운영을 위한 준비도 되어야 한다.

탱크 팜의 관리 시스템은 재고와 수불, 수불 예측까지의 움직임을 추적 관리하며 운송 작업 등을 기록 관리하고 있다.

4.4.3 Marine loading

선박에의 선적(로딩) 시스템은 하나 또는 하나 이상의 로딩암과 부교(또는 방파제), 각종 펌프와 계측 시스템과 안전 장치 등이 포함되어 있다(로딩암, 그림 4-23 참조).

로딩암을 통한 선박(탱커)에의 선적 작업은 선적량과 선적량에 따른 선박의 용적 변화가 연관되어 좀 더 복잡하다. 그렇기 때문에 선적 작업 시 로딩 암과 탱커의 발라스트 시스템은 상호 연관성을 가지고 선적 작업이 수행되어야 한다.

탱크에는 정해진 절차에 따라 선적되어야 한다. 그렇지 않으면 탱커의 구조는 불규칙한 변형 때문에 손상될 수 있다. 탱커의 발라스트 시스템과 로딩 시스템 간에 데이터 신호를 주고받으며 밸브를 작동시키며 선박은 탱크를 모니터링 하는 책임을 가지고 있다.

그림 4-23 로딩암(Loading Arm)

4.4.4 파이프라인 터미널

파이프라인을 통해 가스와 석유는 흐른다. 흐르는 힘의 원천은 가스는 고압 압축기(Compressor)로, 석유는 가압펌프(Booster)로 파이프라인을 통과시킨다.

먼 거리나 산맥 등을 횡단하는 원거리 파이프라인의 경우, 중간에 펌프나 압축기 스테이션을 두며, 차단 밸브 스테이션도 일정 간격으로 배치하여 파이프의 파열로 발생 가능한 잠재적인 누출량을 제한하기 위함이다. 파이프 라인의 내부를 검사하거나 청소를 위하여 감압 없이 흐를 수있는 피깅(Pigging) 시스템이 운영되어야 한다(Pigging의 Launcher, Receiver).

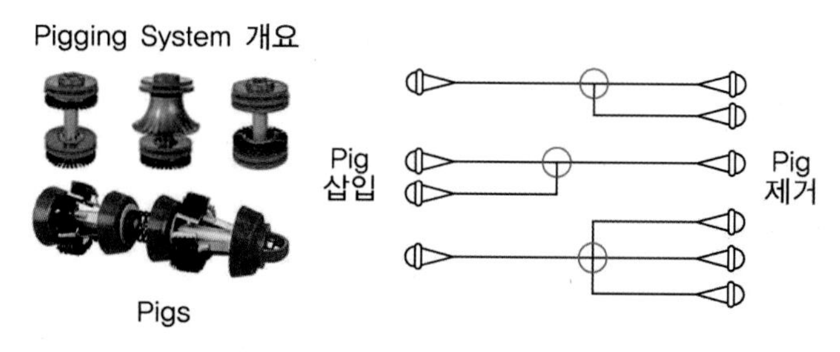

그림 4-24 Pigging System 개요

05

가스처리공정과 LNG

chapter 05

가스처리공정과 LNG

유정에서 나오는 원유와 천연가스는 탄소, 수소, 황, 질소, 산소 등으로 구성되어 있으며, 이 중 탄소와 수소의 비중이 매우 높고 나머지는 미미한 탄화수소 화합물이다. 2장에서 언급된 바와 같이 탄화수소 분자(CH) 내에 탄소분자가 4개 이하이면 천연가스 형태로, 탄소가 5개 이상이면 원유의 형태로 생산된다. 이를 천연원료가스(Raw Natural Gases)라 한다.

표 5-1 천연원료가스의 특성

성분	분자식	끓는점(°C) at 1atm	포화증기압 약 20°C
메탄	CH_4	−161.6	−82.6°C @4.6MPa
에탄	C_2H_6	−88.6	4200 kPa
프로판	C_3H_8	−42.1	890 kPa
부탄	n−C_4H_{10}	−0.5	210 kPa
중질 탄화수소 Alkenes Aromatics	C_nH_{2n} e.g C_6H_6		
산성가스 이산화탄소 황화수소 Mercaptan 등 메탄올 에탄올	CO_2 H_2S CH_3SH C_2H_5SH	−78 −60.2 5.95 35	5500 kPa
기타 질소 헬륨	N_2 He	−195.79 −268.93	
물	H_2O	0	

비고: 끓는점−증기압과 외부의 대기압이 같아지는 온도

이들 가스는 메탄을 주성분으로 하는 중질 탄화수소 등 다양한 성분들로 구성되어 있으며 표 5-1은 가스의 구성성분에 따른 여러 특성을 보여준다.

이런 특성을 이용하여 유용한 가스를 선별하고, 불필요한 성분을 걸러낼 수 있다.

1) Wet gas(습성가스): 정량적인 정의는 없으나 메탄보다 무거운 에탄, 프로판, 부탄 등 무거운 탄화수소화합물을 포함하고 있는 천연가스로, 저유지에서 액상에 용해된 상태에서 추출되면 무거운 탄화수소화합물은 천연가스액체(NGLs)로 구분된다. 소량의 액상이 포함된 가스로 흐르는 상태를 설명하기 위한 용어로, 포화상태에서 기체화한 액체가 전체 볼륨의 90% 이상으로 메탄의 함량이 85% 미만이다.

2) Dry gas(건성가스): 컨덴세이트 함량이 15% 이하로 응축된 형태의 천연가스로 에탄, 부탄과 같은 무거운 탄화수소물이 월등히 많다(미국: 컨덴세이트가 15 L 이하/1000 m^3(0.1 Gal/1000 scf).

3) Sour Gas(사워가스): 황화수소(H_2S) 성분이 유난히 많은 천연가스로, 인간이나 동물이 계란 썩은 냄새를 느낀다. 1 m^3당 5.7 mg 이상이라면 이 냄새를 느끼며, 이는 표준온도와 압력조건으로는 4 ppm 수준으로 임계조건은 국가와 기관마다 차이가 있다.

4) Acid gas(산성가스): 탄산가스, 황화수소(H_2S) 또는 유사한 산성분의 함량이 높은 천연가스를 지칭한다. 파이프라인을 흐르는 천연가스의 기준사양은 탄산가스 함량을 2% 미만으로 규정하고 있다. 유전지역에 따라 90% 이상도 있지만, 일반적인 황화가스는 탄산가스 성분 범위의 20~40% 수준이다.

* CO_2 가스는 산가스이며 Sour Gas는 아니다.

5) Gas Condensate(응축된 천연가스로 초경질원유): 응축된 천연가스로 기화 가능성이 무척 높은 저밀도의 탄화수소 화합물로 가스가 이슬점 이하의 온도/압력 조건에서 응축된 천연 액상 가스이다. 유정 내에서 원유에 용해 또는 가스지만 생산단계에 액화되어 나온다. 비등점이 가솔린보다 낮아 때로는 천연 가솔린이라고도 한다.

추출된 가스(원료가스)는 여러 가지 제품과 부산물을 분리하는 공정을 거치게 된다.

6) Natural Gas(천연가스): 시장 공급 형태의 천연가스는 탄화수소, 황과 산성 등의 분리공정을 거쳐 에너지 형태로 가공된다. 함량은 일반적으로 90%의 메탄과 10% 수준의 알켄 계열 탄화수소 화합물이다.

7) Natural Gas Liquids(NGL, 액화천연가스): 에탄, 프로판, 부탄과 고농도 알켄으로 구성되었

으며, 가공 정제 또는 혼합 형태의 제품이다. 주로 석유화학 산업의 원료로 사용되며 종종(액상 형태의) 천연가스로부터 처리·획득하기도 한다.

8) Liquefied Petroleum Gas(LPG, 액화석유가스): LPG는 프로판이나 부탄이나 실온(구성에 따라 200~900 kPa)에서 액체화 된 혼합물로 에너지 대비 용적비율은 가솔린의 74%이다. 에어로졸의 분사제(스프레이 캔) 및 냉매(예: 냉난방장치 내)로도 사용된다.

9) Liquefied Natural Gas(LNG, 액화천연가스): 메테인(methane, 비중 0.555)을 주성분으로 하는 천연가스로 CNG와는 '일란성 쌍둥이'로 가솔린이나 LPG에 비해 황과 수분이 적게 포함되어 있고 열량이 높은 청정에너지로 널리 사용되고 있다. 액화온도 −162°C 이하로, 표준 대기압에서의 저장압력은 125 kPa 이하로 실온에서 기체의 부피의 1/600을 차지하며, 에너지 대비의 용적 비는 가솔린의 66%이다. 운송·저장을 위한 가열/기화/압축과정 필요하다.

10) Compressed Natural Gas(CNG, 압축천연가스): 메테인(methane)을 주성분으로 하는 천연가스로 LNG와는 '일란성 쌍둥이'다. 운반해온 LNG를 상온에서 기화시킨 후 200기압 이상의 고압으로 압축하면 CNG가 만들어지는데, 부피가 늘어나 LNG의 3배가 된다. 연료탱크에 실을 때 CNG가 LNG의 1/3로 에너지 대비 용적 비율은 가솔린의 25% 수준이다.

5.1 가스처리공정

원료 천연가스는 많은 불순물이 포함되어 있다. 파이프라인의 통과, 거래조건을 충족할 수 있도록 가공처리되어야 한다. 정화과정을 거치면서 NGL과 같은 성분은 생성되고 오염물질을 추출한다.

다이어그램(그림 5-1)은 전처리 공정으로 전형적인 가스 플랜트의 개요를 보여준다. 유통제품들은 파란색으로 표시하였다.

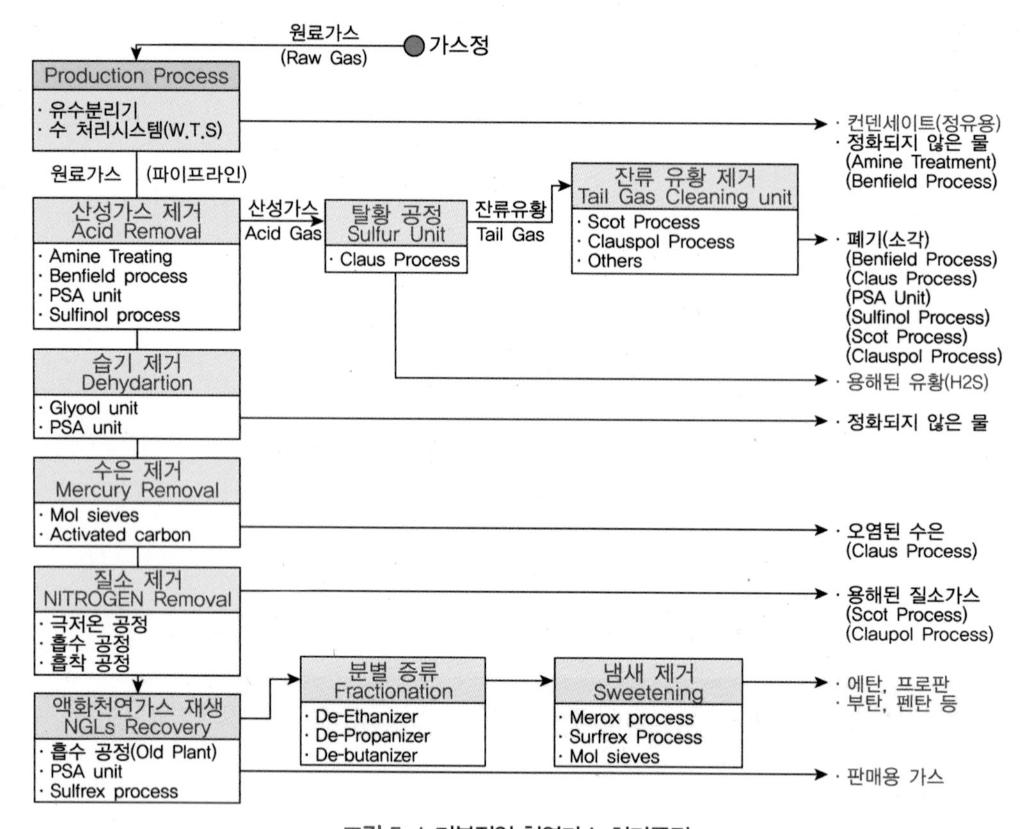

그림 5-1 기본적인 천연가스 처리공정

천연가스의 처리공정은 가스 각성분의 특성(표 5-1 참조)을 이용하여 분리·제거 과정을 거친다. 주요 처리과정의 용어를 이해하자.

1) 흡착(adsorption): 특성물질의 농도가 경계면에서 증가되는 현상 기체가 고체 표면에 접촉 시, 기체의 농도에 비해 고체 표면에서의 농도가 증가되는 현상(경계면은 액체-기체, 고체-액체, 고체-기체, 액체-액체)

2) 흡수(absorption): 농도의 증가가 경계면에 국한되지 않고 계내로 투과, 확산되는 현상으로 흡착과 흡수는 경계면에 국한되는 현상인가의 여부로 구분된다.

3) 수착(sorption): 흡착과 흡수가 동시 진행되어 구별이 어려울 경우의 용어이다.

4) 탈착(desorption): 경계면에 흡착된 특정 물질의 농도가 감소되는 현상으로 기체가 고체 표면에 흡착된 경우, 기체 분자가 표면으로부터 떨어져 나가는 과정이다.

5.1.1 산 성분의 제거(Acid Removal)

탄산가스와 황화수소와 같은 산 성분의 가스는 물과 반응하며 산을 형성하며, 이는 파이프 라인의 부식요인으로 부식 방지를 위해 반드시 제거해야 한다. 황화수소는 독성을 함유하고 있으며, 이 유황 성분도 정상적으로 조절되어야 한다. 주요 제거공정은 여러 원리들을 기초하여 이루어진다.

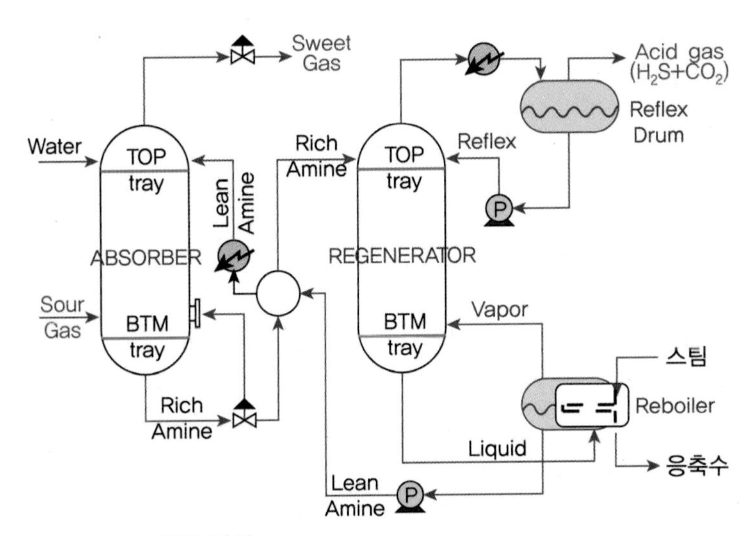

그림 5-2 아민 공정 cess Diagram

1) 흡수공정(Absorption)

용제 내에서 산성가스를 용해하고, 이후 단계에서 재생에 의해 가스를 방출한다. 특히 이산화탄소와 황화수소는 아민(Armine) 계열 흡수제를 이용하는 흡수공정을 통하여 제거한다.

가) Armine Treating: 아민류는 산성가스 제거를 위한 가장 일반적인 공정으로 여러 종류의 아민류-에탄올(MEA, DEA, TEA)은 흡습성이 있으며, 산과 반응하여 Ester Amide와 염을 생성하는 물리적 성질을 이용한 흡수공정으로 산성가스를 포집한다(Mono-, Di-, TriEthanolamine).
'Lean Armine' 수용액이 사워가스에서 H_2S, CO_2를 흡수하고, 수용액에 흡착된 산성가스가 함유된 'Rich Armine'은 재생기(Regenerator)의 스트리퍼로 보내져 재생된다.

나) 모노에탄올아민(MEA): CO_2 제거에 주로 사용되며, 암모니아에 기초한 무기 용매 솔루션으로 개발 중에 있다.

2) 흡착에 의한 분리 공정(Adsorption)

흡착작용에 의해 불용가스를 제거하는 공정으로, 액체 및 고체 표면에 분자들의 이온결합, 공유결합 등에 의한 표면 결합작용을 이용한다. 이들 공정은 흡착과 탈착(재생)과정을 반복하는 반복 사이클로 운전된다.

- Pressure Swing Adsorption(PSA, 압력 순환흡착)
- Temperature Swing adsorption(TSA, 온도 순환흡착분리)
- Electric Swing Adsorption(ESA, 전기 변동흡착) 등을 들 수 있다.

3) 극저온을 이용한 분별 증류(Cryogenic)

압축 팽창을 반복하며 가스온도를 극저온으로 낮춘 후 기체의 끓는 점(이슬점)이 다른 점을 이용하는 분별 증류 방식이다. 극저온에 의한 제거는 대개 산성가스의 함량이 50% 이상에서 종종 적용된다.

4) 여과방식(Membrane)

산화가스만 통과시켜 탄화수소성분과 분리한다. 이 방식은 단독으로 운용 가능하며 흡수 공정과 함께 적용할 수도 있다.

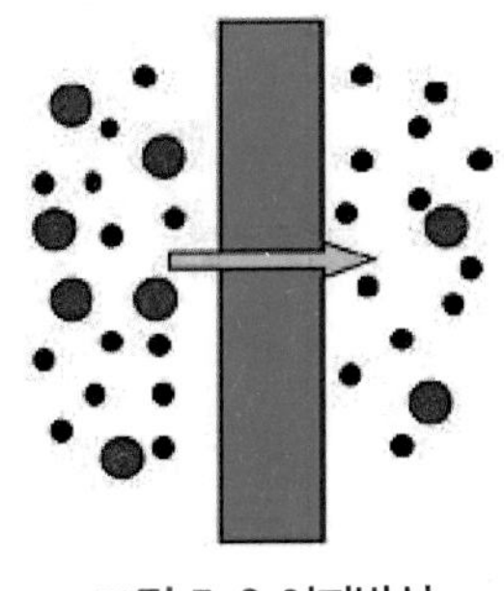

그림 5-3 여과방식

5) **탈황공정**(Sulfur Unit)

- 황화합물을 고온·고압 하에서 촉매작용에 의해 황이 존재하는 부분에서 수소와 작용하여 황 분자가 분열을 일으켜 탄화수소를 생성하고, 황은 황화수소가 되어 제거된다. 탄화수소의 수율도 행상된다(수소화 정제법).
- 상온 Claus 반응공정은 상온, 상압에서 H_2S와 SO_2에 동시 반응하여 황을 제조하고 미반응 H_2S는 상온습식탈황반응에 의해 제거하는 반응공정이다. 접촉수소화 공정 및 아민 흡수공정을 생략하고 배출되는 H_2S와 SO_2를 직접처리도 가능하다.

참고 H_2S의 일부를 연소시켜 SO_2로 만들고 H_2S와 SO_2를 2 : 1로 반응시켜 유황을 만드는 공정

〈반응식〉 $H_2S + 1/2O_2$ -----〉 $S + H_2O$

1차 반응 : $H_2S + 3/2O_2$ ----〉 $SO_2 + H_2O$

2차 반응 : $2H_2S + SO_2$ --------〉 $2H_22O + 3S$

$3H_2S + 3/2O_2$ ----〉 $3H_2O + 3S$

6) **잔류유황 제거 공정**(Tail Gas Treatment)

잔류유황 제거 공정은 유황 성분을 줄이는 장치로 유황 회수율 99.9%(250 ppm 이하)까지 된다. 좀 더 복합한 장치는 10 ppm 이하로 줄일 수도 있다. 일부 공정에서는 SO_2를 수소와 함께 연소를 시켜 H_2S와 물을 만든다. H_2S는 클라스 유니트로 재활용된다. 다른 방법으로는 아민 용매와 촉매를 이용한 Beavon 유황제거 공정도 사용된다.

5.1.2 수분제거(Dehydration) 공정

습성가스에서 수분을 제거하여 건성가스로 만드는 공정을 'Gas Dehydration'이라 하며, 이는 설비의 부식 또는 폭발을 야기할 수 있는 수분(H_2O, O_2, H_2)을 제거하는 것이다. 또 하나는 가스 주입정에 주입하는 경우 유정 내부에 미생물이 생장하지 못하도록 하는 것도 산소(O_2)를 제거해야 하는 이유이다.

수분을 제거하는 공정은 보편적으로 친수성이 좋으며, 재생(회수)하여 재사용이 가능한 글리콜(Glycol)로 대표적인 글리콜은 에틸렌 글리콜로 MEG, DEG, TEG(Mono-, Di-, Tri- Ethylen Glyco) 등으로 표기된다.

구성은 그림 5-4와 같이 Glycol Contact Tower(접촉공정)와 Glycol Regeneration Tower(재생공정)가 시스템을 이룬다.

하부에서 들어간 습성가스와 상부에서 내려오는 순수한 글리콜(Lean Glycol)이 접촉하여 가스에 포함된 수분을 흡수한 글리콜(Rich Glycol)은 재생공정으로 순환되는 구성이다.

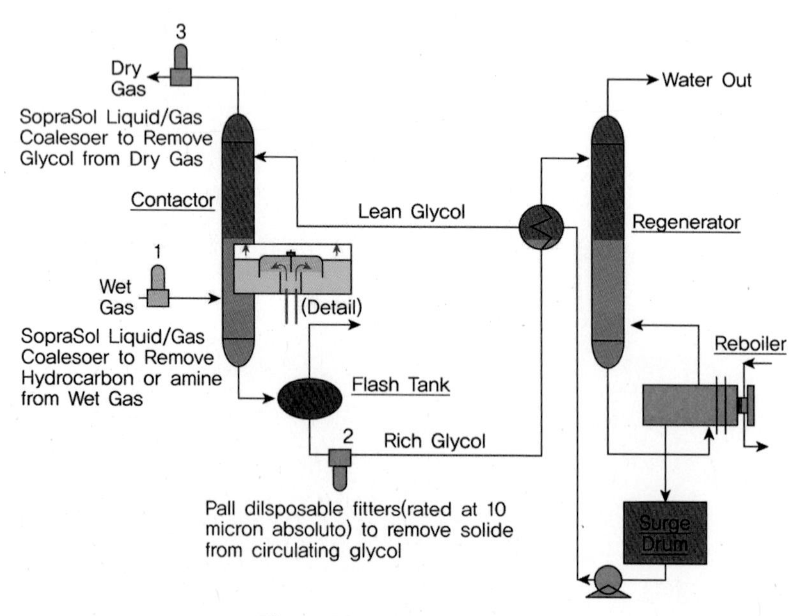

그림 5-4 Glycol Dehydration Flow

탈수는 4.3.2장 '스트러버(Scrubber)'에 설명한 바와 마찬가지로 글리콜 기반의 세척 또는 압력순환 흡착(PSA)에 기초하여 이루어지며, 새로운 공정으로 여과방식(membrane)도 적용하고 있다.

5.1.3 수은 및 독성 제거 공정

수은 제거(Mercury removal)는 일반적으로 흡착공정으로 이루어지고 있다. 흡착재료는 활성탄, 제오라이트와 같은 표면에 작은 구멍이 있는 물질로, 재료의 표면을 통해 특정 분자가 표면장력으로 결합하는 현상을 이용하여 별도로 추출하는 것이다.

5.1.4 질소성분 제거(Nitrogen rejection)

과도한 질소는 극저온을 통한 분별증류로 제거하고, 고농축된 질소는 농도가 희박한 오일이나 다른 특수용매를 통한 흡착에 의해 제거된다(두 원리는 산성가스 제거 부분 참조). 극저온에 의한 분별 증류법은 헬륨과 같은 가치 있는 부산물을 얻을 수 있다.

5.1.5 NGL 회수(NGL recovery and treatment)

가장 최근에 적용하는 극저온 분별증류와 농축공정을 거치면서 남아 있는 NGL 가스는 공정상에서 회수될 것이다. 이 공정은 증류탑을 통과하며 각각 에탄, 프로판 및 부탄을 추출하고 펜탄과 높은 농도의 탄화수소를 남기게 된다(NGL).

마지막 단계는 촉매 유형이 차이가 나는 메록스-메르캅탄 산화 또는 설프렉스와 같은 분자체 흡착 또는 촉매 산화에 기초로, 스위트닝 공정에 있어서 혹시 존재할 수 있는 메르캅탄(유기가스 냄새, 예: CH_3SH)을 제거하는 일이다.

5.1.6 공급가스의 요구사양들(Sales gas specifications)

정확한 판매용 가스의 사양은 파이프라인 사업자 및 배급자에 의해 결정된다. 일반적인 표준 판매용의 요구사양은 다음의 매개 변수들을 충족하도록 한다.

1) 용적(Volumn)은 주어진 온도와 압력을 기준으로 값을 SCM, SCF로 변환한다.

   - SCM: Standard Cubic Meter($N \cdot m^3$) at 0°C and 1 atm(101.325 kPa)
   - SCF: Standard Cubic Foot($N \cdot ft^3$) at 60°F(16°C) and 1 atm(14.73 psia)

표 5-2 가스 용적 변환식(압력, 온도)

V2/V1 =(Z2 / Z1) (P1 / P2) (T2 / T1)
Z1 and Z2=가스 압축비 V1 and V2=가스 체적비 P1 and P2=절대 압력 T1 and T2=절대 온도 °R: 화씨 절대온도=-459.67+°F °K: 섭씨 절대온도=-273.15+°C °F: 화씨온도=(1.8)(°C)+32 °C: 섭씨온도=(°F-32) / 1.8 * 항상 동일한 단위로 일관성을 가지고 사용할 것

2) 열량 값(Calorific value)은 가스연소 시 발생 단위당 에너지의 총량으로, 지역에 따른 다른 여러 값을 포함하여 제시하고 있다.

가) 총 열량 값 또는 총 연소열: 공기와 혼합된 상태의 연료를 일정량을 발화, 시험체가 초기 온도(보통 25°C)로 회귀 시 방출되는 열량을 측정한다.
EU 기준: 일반적으로 (N·m^3, scm)당 38.8 MJ(10.8 kWh) ±5% 미국 기준: (N·ft^3, scf)당 1,030 BTU에서 ±5%로 규정하고 있다.

나) 순 열량 값 또는 순 연소열 : 물질이 산소와 완전 연소될 때 열로 방출된 에너지(물이 수증기로 응축되지 않은 상태)로 총연소열의 90% 수준이다.
* 예: methane + oxygen ⇒ carbon dioxide + water vapor

$$CH_4 + 2O_2 \Rightarrow CO_2 + 2H_2O$$

- 연료의 몰당 에너지: KJ/mol, Btu/lb-mol
- 연료의 질량당 에너지: MJ/kg, Btu/lb
- 연료의 용적당 에너지: MJ/m^3, Btu/ft^3 등 다양하다.

3) Wobbe Index(WI)는 서로 다른 연소가스의 연소에너지 비교지수로 활용한다(Wobbe Index of common fuel gases 참조).

$$I_W = \frac{V_C}{G_S}$$

V_C: Higher Heating Value

G_S: Specific Gravity

표 5-3 Wobbe Index(WI)

Fuel gas	상위 상수	하위 상수	상위 상수	하위 상수
	Kcal/Nm³		MJ/Nm³	
Hydrogen	11,528	9,715	48.23	40.65
Methane	12,735	11,452	53.28	47.91
Ethane	16,298	14,931	68.19	62.47
Ethylene	15,253	14,344	63.82	60.01
Natural gas	12,837	11,597	53.71	48.52
Propane	19,376	17,817	81.07	74.54
Propylene	18,413	17,180	77.04	71.88
n-butane	22,066	20,336	92.32	85.08
Iso-butane	21,980	20,247	91.96	84.71
Butylene-1	21,142	19,728	88.46	82.54
LPG	20,755	19,106	86.84	79.94
Acetylene	14,655	14,141	61.32	59.16
Carbon monoxide	3,060	3,060	12.8	12.8

Note: 1Joule=2.3901×10^{-4} kcal
Kcal/Nm^3: 기체의 열에너지 단위, 기체의 밀도는 표준상태(0°C, 1 atm 상태)에 따라 변한다.

- 열량 값과 Wobbe 지수는 질소가스(N_2)를 추가, 제거하는 방식으로 혼합가스의 열량, 즉 품질을 조정할 수 있다.
- Kcal/Nm^{3}는 기체의 열에너지 단위로 표준상태는 0°C, 1 atm 상태를 의미한다.

4) 메탄가(MN, Methan Number): 가스를 내연기관의 연료(예: CNG)로 사용하는 경우, 메탄가는 표준조건 하에서 테스트 엔진 내 검사될 연료 가스와 노킹에 대한 동일한 경향을 갖는 메탄-수소 혼합물 내의 메탄의 부피 퍼센트를 표현한다.

예를 들면 메탄 80%, 수소 20%라면 MN 80이다.

5) 황화수소 및 전반적인 유황 함량은 가스에서 제외: H_2S는 황산(H_2SO_4)처럼 부식성이 높은 유독성 물질이므로 가능한 한 함량을 최소화해야 한다. 일반적인 H_2S의 최대함량은 5 mg/scm과 황의 성분은 10 mg/scm이다.

6) 수은(Mercury) 함량: 감지 한계 수준인 0.001 ppb(/10억) 이하로 공급되어야 한다. 이는 배출가스의 제한과 알루미늄 및 기타 금속 등이 탄성력을 떨어뜨리는 수은아말감에 의한 장비 및 파이프라인의 손상을 방지하기 위함이다.

7) 습기 제거: 철저히 제거되어야 한다. 탄화수소의 일부가 파이프라인의 내압조건, 이슬점 이하에서 액체 슬러지 형태가 되어 파이프라인을 손상시킬 수 있다. 가스처리공정이나 가스전송단계에 메탄수화물 형성을 방지하기 위함이다.

8) 작은 고체 입자와 기타 물질들은 제거되어야 한다. 파이프라인에 대한 침식, 부식 또는 기타 손상을 방지해야 하고, 이산화탄소, 질소, 메르캡탄 등이 제한치 이내에 있어야 한다.

9) 첨가제 사용: 천연가스를 국내에서 사용하고자 할 때, 냄새가 없는 천연가스의 가스 누출을 감지할 수 있도록 첨가제를 섞는다.

5.2 LNG

LNG는 주로 메탄(CH_4)이 주성분으로 저장과 수송이 용이하도록 액상화한 제품이다. LNG 액화 플랜트에서 액화 후, 초저온 상태에서 저장, 수송을 하며 인도 시에는 재기화하여 보관토록 하고 있다.

LNG 운송을 위한 액화비용은 총 에너지의 양으로 소요량 계산이 가능하다. 열효율로 계산하면 현대적 공정에서 약 6% 수준이며, 소형의 경우는 10% 수준으로 보면 된다.

그림 5-5는 채굴, 처리, 저장에서 하역까지의 과정이 표현되어 있다. 5.1절의 가스처리 공정(Gas Treatment)에서 정화과정과 오염물질이 제거된 가스는 판매용으로 기준이 통과된 LNG의 공급원료로 수송의 편의성(부피 1/600)을 위한 액화과정을 거치게 된다.

메탄의 농도가 대부분 90% 이상으로 냉각 온도 영하 약 162°C 수준에서 안정적인 LNG 상태로 만들게 된다. LNG의 일부인 에탄, 프로판 및 부탄의 동결점은 모두 −180°C 이하로 일부 NGLs는 극저온 공정의 냉매로 사용하게 된다.

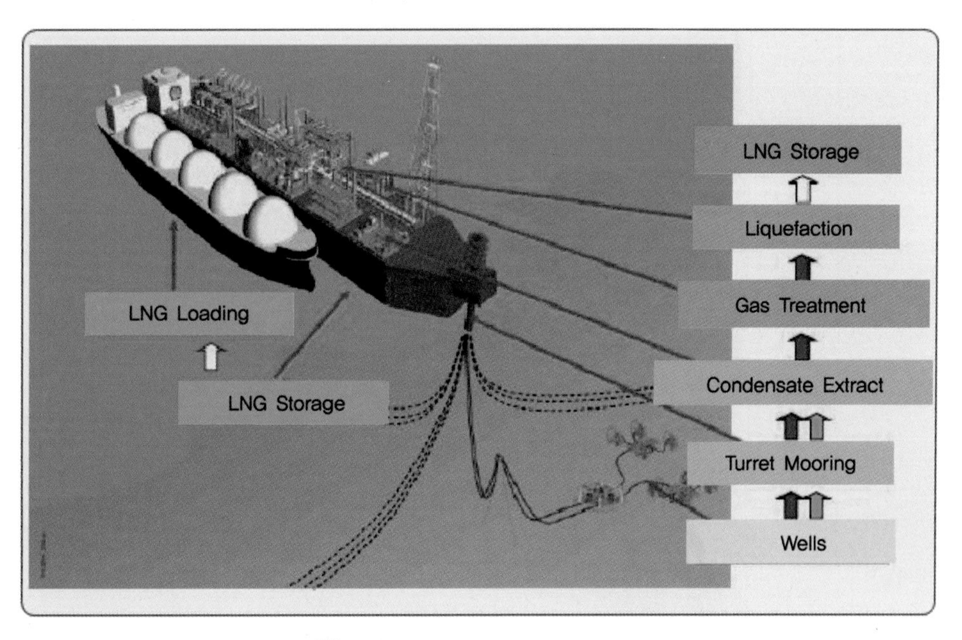

그림 5-5 LNG Development Process

5.2.1 LNG 액화공정(Liquefaction)

액화공정은 일반적으로 대형 엔지니어링, 석유 및 가스 회사들이 특허권을 보유하고 있으며 액화공정의 에너지 절감을 위한 다양한 다이아그램이 만들어지고 있다.

특히 냉각공정은 기존의 3단계 공정을 2단계, 1단계의 액화공정으로 개발이 활발하지만, 현재의 보편적인 기술수준은 3단계 액화기술이 주를 이루고 있다. 냉매로는 N_2(질소), 에탄, 프로판 등을 이용하여 단계별 압력 수준에서 증발하며 천연가스는 단계에 따라 액화할 수 있다. 그림 5-6으로 표현한 3단계 액화공정은 입증된 기술이며 에너지 소비도 낮다. 실제로는 공정에 따라 상당 부분 차이가 있지만 가장 결정적 요소는 최적의 냉각효율을 나타내는 Cold Box로 불리는 열교환 단계이다. 열교환 단계를 각각 분리 운영할 것인가? 또는 두 단계를 하나의 열교환기로 통합 운용할 것인가?

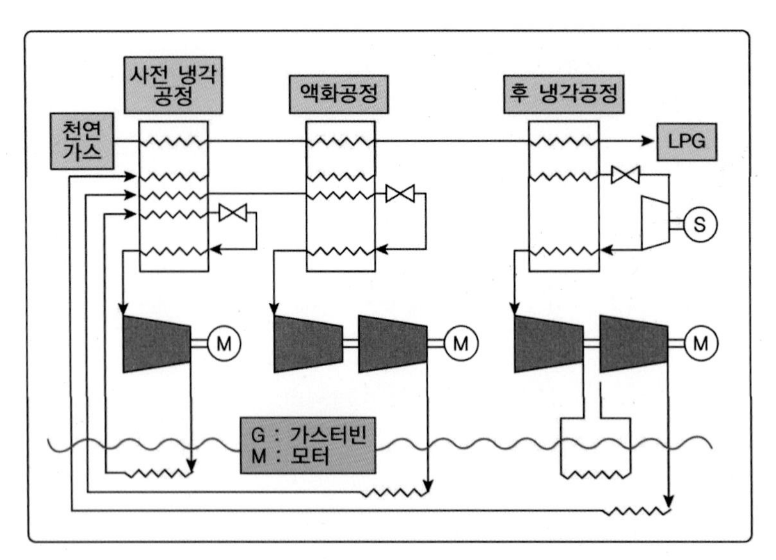

그림 5-6 LNG 생성을 위한 3단계 냉각공정 모사도

대부분의 공정은 질소, 에탄, 프로판, 부탄 등의 혼합 냉매(MR, Mixed Refrigerant)를 적용한다. 냉매가스로 사용되는 혼합 냉매의 냉각곡선(Q-T Curve)에서 열부하(Q)와 온도(T)의 상관관계에서 안정성과 효율성에서 일치되는 운전조건이 있다는 것이 이유로, 그림 5-6과 같이 해당 곡선은 사전냉각, 액화 및 후냉각공정이 거의 일치하는 경향을 볼 수 있다. 냉매가스의 조성은 가장 기본적인 설계 조건으로, 각 단계별 전력 요구량, 생산되는 냉매가스의 특성을 조합해서 압축비의 선택과 냉매의 팽창압 등을 LNG 생산공정과 결합시켜야 한다.

일반적으로 LNG 생산공정의 전력 사용은 LNG 100만 톤(MPTA)당 28 MW가 소요된다. 가장 큰 공정의 생산량 7.2 MPTA에는 약 200 MW가 소요된다. 3단계의 액화공정이므로 단계별로는 약 65 MW 수준이며, 가스처리와 사전압축작업 등을 추가하면 MPTA당 약 35~40 MW에 이른다 [MPTA: Million Ton Per Annum(연간 100만 톤)].

각 train당, 냉각수단은 냉각용 압축기로부터 시작된다.

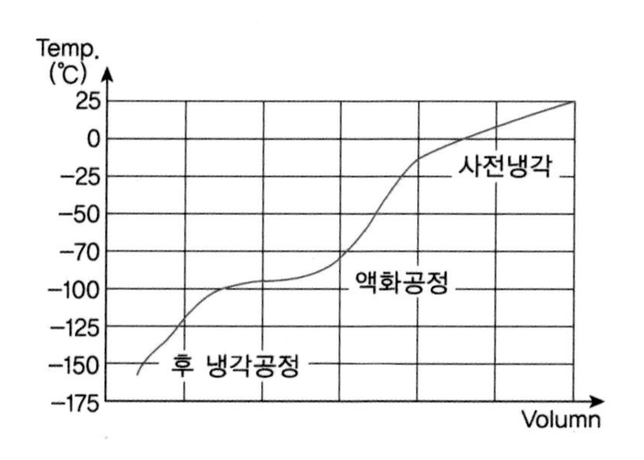

PV/T=상수(P: 압력, V: 용적, T: 온도)

상기와 같이 P, V, T의 상관관계가 일정하므로 빼앗긴 냉열만큼의 상승된 온도(방출된 열)는 일반적으로 해수를 이용한 열교환(그림에서 빨간선)으로 이루어진다. 이러한 해수를 이용한 열교환은 열교환기나 냉각박스를 통해 이루어진다.

사전냉각(Pre-Cooling)은 Cold Box에서 약 -30에서 -50°C까지 가스온도를 냉각시킨다. 냉매로는 일반적으로 프로판 또는 프로판과 에탄과 소량의 기타 가스 혼합물을 사용한다. 선행냉각용 Cold Box는 액화공정과 후냉각 공정용 냉매를 냉각시키게 된다.

액화공정(Liquefaction)은 -30°C 수준에서 약 -100에서 -125°C까지 가스온도를 떨어뜨린다. 사용 냉매는 메탄과 에탄 그리고 기타 혼합된 가스를 이용한다. 이 공정에서는 LNG 스트림뿐만 아니라 최종 단계의 냉매도 냉각시킨다.

후 냉각공정(Sub-Cooling)은 약 -162°C 수준에서 최종 안정적인 LNG 상태로 만든다. 냉매는 일반적으로 메탄 또는 메탄과 질소를 사용한다.

5.2.2 저장, 운송과 재가스화

가스 터미널 및 LNG 운반선은 대기압 조건에서 극저온탱크(125 kPa 이하)를 운용하고 있다. 저장탱크는 단열처리가 되어 있지만 증발을 방지할 수 있을 만큼 냉각상태를 유지하지는 못한다. 열유출은 LNG의 증발손실을 발생시킨다.

LNG는 극저온 비등(boiling cryogenic) 상태로 저장되는데, 이는 액체가 저장압력 조건에서 비등점(-162°C)에 저장하고 있음을 의미한다. 증기의 증발손실에 따라 기화열이 흡수되며 잔여 액체를 냉각시키게 된다. 이 효과를 자동냉동이라 한다. 효율적인 단열처리로, 상대적으로 적은 양의 증기증발은 온도 유지를 위해 필요하다.

지상의 LNG 저장탱크에서 획득한 증기 증발가스는 압축공정을 통해 파이프라인으로 공급된다. LNG 선상에서의 증기 증발가스는 연료로 사용할 수 있다.

인수기지 또는 터미널에서는 지역의 극저온 탱크에 재기화되어 저장된다. 재기화는 주로 해수열교환기에서 이루어진다.

06

심해저(Subsea) 오일/가스 개발

chapter 06

심해저(Subsea) 오일/가스 개발

6.1 심해 오일/가스 산업

6.1.1 개요

해양에서 오일과 가스를 채굴, 생산하는 해양석유플랜트 산업의 발전과정은 해양의 부존자원을 찾아가며, 주어진 환경과 이를 극복하기 위해 도전하는 거대 석유자본이 중심이 되어, 깊은 바다에서 석유를 취득하고 있다. 이들의 탐사 및 생산에 대한 지출이 연간 3,500억 달러 수준으로, 이 중 해양 부문이 약 80%에 달하며, 이 산업군에 우리가 강점을 가지는 해양플랜트 건조 부분도 포함되어 있다.

미국 멕시코 만 얕은 바다에서 시작된 해양개발은 점차 발전하여 근래에는 심해 3,000 m 수준에서 채굴·생산되고 있다. 최근 발견되는 큰 유전의 대부분은 매우 깊은 심해의 천연가스이다. 해저의 매장량은 발견된 총 매장량에서 석유는 20%, 가스는 45% 수준으로 추정하고 있다. 특히 멕시코 만에서 브라질(동부)과 아프리카 서부를 잇는 심해 골든 삼각주(Deepwater Golden triangle)와 오스트레일리아의 해저유전을 포함하여, 지난 10여 년간 심해에서 생산되는 원유의 비중도 급속도로 증가하여, 세계의 원유공급량 중에서 심해유정의 공급비율은 2000년 2%, 2010년 8.5%에서 2025년에는 13%에 이를 것이라 전문가들은 예상한다.

얕은 바다에서의 유전 발견은 육상의 처리설비를 공유하며 수익 요건을 갖추게 된다. 기술적으로 육상용 생산설비를 해저용으로의 개발과 해저 파이프라인 설치로 해결되었다.

해저유전의 잠재적 이익을 인식하며, 점점 깊어지며 극한 심해로 발전하고 범위도 광활하게 넓어졌다. 이런 발전은 '해저개발은 경제성이 확인되어야 한다.'는 투자원칙이, 개발자들의 도전에 따른 수익이 심해로의 전진을 부추킨 원동력이었다.

지금은 전체 개발유정 중 심해유정의 비율이 80% 수준까지 확대되었다. 해양 석유의 탐사 및 생산 활동의 비용 상승은 해양산업에 대한 가장 큰 도전이 될 것으로 예상된다.

6.1.2 발전과정은 도전의 연속이며 프로세스 개발이다.

처음 개발된 해저유전은 육상용 생산장비(해저용 웰헤드와 크리스마스트리)를 해저용으로 변경, 설치하고 Jacket 형태의 고정식 플랫폼에 이송용 설비(펌프)를 설치, 해저 파이프라인을 통해 육상의 처리설비로 보내진다. 표 6-1에서 Upstream의 처리공정을 육상에서 수행하는 수준이다.

표 6-1 오일/가스의 가치사슬

Upstream	Midstream	Downstream
탐사	운송	가공(정유공장)
시추	처리공정	석유화학산업
생산, 처리	저장, 배분	소비시장

이후 육지에서 깊지는 않지만 점차 멀리 떨어지고 해저의 길어진 파이프라인의 원활한 흐름을 위해 플랫폼의 설비(펌프)의 용량을 키웠다(참고로 80년대에는 원유에 포함된 모든 가스는 Flare에서 태워버렸음).

해저에 설치된 채굴 및 생산 장비와 해상의 플랫폼에 설치된 처리장치를 이용하여 해저 파이프라인을 통하여 육상에서 처리하는 시스템이었다.

버려지던 가스를 수익이 되는 에너지원으로 만들기 위해 플랫폼에 컴프레셔를 설치하여 가스의 액화공정을 추가하고, 액화된 가스를 육상으로 이송하는 단계로 발전하고, 플랫폼에서 유수분리를 하여 이송용 파이프라인의 로드도 줄이고, 설비의 가동효율도 높이는 등, 처리 프로세스도 여러 방향으로 진전되었다.

석유를 찾아 좀 더 깊은 바다로 향하며, Jacket 같은 고정식 플랫폼으로는 대응할 수 없어, 각종 설비를 설치하여 해상에서 운용할 수 있는 부유체를 활용하는 방법을 모색하며, 대형 유조선의 탱크부위를 원유 저장고로 활용하고, 상부(Topside)에는 처리공정 장치들을 장착한다. 이 부유체를 앵커링으로 정위치에 정박시켰지만 동적인 환경에 대응하는 위치제어의 필요성이 확인된다. 넓어지는 해저유전을 파이프라인으로 묶고(Tie-Back), 한 부유체에서 처리도록 하자. 깊어지고 넓어진 해저유전에서의 분출물이 해저의 온도로 원유의 상이 파이프라인 내부에서 변한다. 부유체에 설치된 처리장치의 성능 부족이 확인된다. 다이버 없이 심해설치를 할 수 있는 방법이 모색

되어야 한다. 이런 과정을 거치며 부족함을 필요성으로 도출하고, 가능성은 기술적으로 실증하며 투자가 된다. 진전될수록 가야 할 방향은 정해지고, 기술적으로 풀어야 할 난제는 생긴다. 누적된 경험을 바탕으로, 수익을 만들려는 노력들이 변화의 커다란 원동력이다. 심해 공정의 개발과 설치에 대한 기술적 문제와 신뢰성을 확보하기까지의 투입비용과 이익에 대한 명확한 이해 성립이 되지 않아 진척이 매우 늦었지만, 오일메이저는 유전개발과 생산활동이 좀 더 깊은 곳으로 이동하며, 공통적으로 해저처리공정에 대해 다각도로 모색하게 되었다.

6.1.3 경제성 확보를 위한 확실한 방법은 있는가?

1) 자연 상태의 유전에서 채굴 가능량은 총저유량의 30~35% 수준이다. 심해에서도 저류지의 내부 압력을 높여 회수율을 높일 수 있을까?

   - 기존 장치류의 성능으로 가능할까?
   - 처리장치의 용량을 대폭 키울 수 있다면 엄빌리컬을 통한 동력원의 공급은 가능할까?
   - 처리장치를 심해용으로 개발하면 설치와 유지보수는 가능한가?
   - 심해처리장치의 동력원을 원활히 공급할 수 있는가? 기대효율은 달성될 수 있는가?

2) 심해 환경, 멀리 떨어져 있는 유전지대를 서로 묶어(Tie-Back), 해상의 처리공정(예: FSO)을 공유하여 통합유지할 수 없을까?

   - 길어진 파이프라인과 플로우라인의 상변화에 대한 대응은 가능한가?
   - 원거리로 묶여진 파이프라인의 이송 능력은 충분한가?

3) 다이버 없는 심해에서의 설치와 유지보수 작업을 원활하게 수행할 수 있는가?

   - ROV(Remotely Operated underwater Vehicle)로 심해에 설치되는 장치류의 설치와 장치류 간의 연결은 가능한가?
   - 엄빌리칼과 ROV에 의한 운영과 유지보수 작업은 가능한가?

6.1.4 심해저에 해저처리공정을 운영함이 최선이다.

분리기에서 분리되는 가스/물을 해저에서 가스압축기와 펌프(부스터)류를 유정 가까이 설치하여 직접 재주입하는 방법으로 저류층의 내부압력을 높여 유정의 분출물을 대폭 증산(Enhanced

Oil Recovery, EOR, 3.5장 참조)하며, 처리장치의 해저설치는 심해유전 개발을 위한 핵심으로 자리매김하고 있다. 유정 근처에 처리공정을 근접시켜, 노후한 해저유전의 회수율을 대폭 높이며 작은 유전의 경제성이 가시화되고, 대형유전은 좀 더 많은 수익을 낼 수 있게 되면서, 해상 플랫폼(Topside)에서 운용하던 장비들이 해저로 들어가며 플랫폼 또는 육상까지 연결되던 고압의 파이프라인들의 설치길이가 감소하는 효과도 얻는다. 해상의 처리공정과 비교하면 동일한 동력원으로도 처리 속도는 물론 저류지의 내압 상승에도 훨씬 유리하여 유전의 증산효과를 볼 수 있음도 확인되고 있다.

표 6-2 해저유전의 발전 방향(처리설비의 심해 설치)

심해 개발: 처리설비의 해저 설치로 이익 극대화

<table>
<tr><th rowspan="2">구분</th><th rowspan="2">주요설비</th><th colspan="4">해저 유전 개발 및 확대</th></tr>
<tr><th>저해</th><th>심해</th><th>극심해 1</th><th>극심해 2</th></tr>
<tr><td rowspan="2">생산설비
(Production)</td><td>트리/매니폴드</td><td>저해</td><td>심해</td><td>극심해</td><td>극심해</td></tr>
<tr><td>묶음(Bundle)</td><td>×</td><td>×</td><td>○</td><td>○</td></tr>
<tr><td rowspan="3">처리설비</td><td>유수분리</td><td rowspan="3">육상
or
고정식</td><td rowspan="3">해상 부유체
(topside)</td><td rowspan="3">해상 부유체
(topside)
심해 설치</td><td rowspan="3">심해 설치</td></tr>
<tr><td>펌프</td></tr>
<tr><td>콤프레셔</td></tr>
<tr><td rowspan="3">동원력, 제어
(Power, Control,
Monitoring)</td><td>제어 라인</td><td rowspan="2">엄빌리컬</td><td rowspan="2">엄빌리컬</td><td rowspan="2">엄빌리컬</td><td>엄빌리컬</td></tr>
<tr><td>전력 공급</td><td>전력선(별도)</td></tr>
<tr><td>전력 생산</td><td colspan="3">Topside 발전</td><td>부표 발전</td></tr>
<tr><td rowspan="2">이송라인 연결</td><td colspan="2">Pipeline tie-back</td><td>육상과 연결</td><td>대형 유전(필드)</td><td>광대역 유전</td></tr>
<tr><td colspan="2">Flowline tie-in</td><td>유정간 연결</td><td>처리설비
설치(생산↑)</td><td>처리설비
재배치(효율↑)</td></tr>
<tr><td colspan="2">저장 및 선적</td><td>육상</td><td>topside or
육상</td><td colspan="2">topside & Buoyance</td></tr>
<tr><td colspan="2">Buoy 활용</td><td>고정식 플랫폼</td><td>부유체의
Moving
보완 측면</td><td colspan="2">- 선적용
- 해저 전력 생산 및 공급
- chemical 해저 공급</td></tr>
<tr><td rowspan="2">설치 및
유지보수 작업</td><td>작업 도구</td><td rowspan="2">Diver</td><td colspan="3">diver-less, ROV</td></tr>
<tr><td>작업 지원 도구</td><td colspan="3">Jumper, PLET, Template
Clamping, Connectors etc.</td></tr>
<tr><td>비고</td><td colspan="5">1. 설비 개발-비표준폼으로 매우 비싸다.
2. 소요 전력량 비대화-해저 전력 공급이 난제-엄빌리컬, AC or DC</td></tr>
</table>

이 외의 장점으로 좀 더 깊은 해저와 좀 더 먼 거리간의 Tie-Back이 가능하여, 유전지역을 더욱 넓혀 연결하는 것도 해저 처리장치의 압력을 키우면 가능하고, 심해에서의 전처리공정이 가능하여, 다상유체의 상변화 현상이 감소하며 배관의 흐름 보정이 훨씬 용이해지고, 해상 플랫폼의 처리장치의 활용률도 높아진다.

심해 개발 방향과 필요요건은 표 6-2로 요약이 가능하다. 처리설비들이 심해로 설치하면서 적용시의 난제가 도출된다. 처리설비의 용량 증가와 엄빌리컬을 통한 대용량 동력원의 엄빌리컬을 이용한 공급은 가능한가? 대용량 펌프와 콤프레셔 같은 설비를 가동하는 터빈과 전기 모터의 용량은 더욱 키울 수 있을 것인가? 등의 어려움이 극복되어야 할 것이며, 또한 비표준 상태의 설비들을 규격화하여 설치비용을 줄여나가야 하는 것이 향후의 과제가 될 것이다.

6.1.5 심해유전 개발의 발전 동향

심해 유전의 확대는 대형 유전에서 광대역 유전으로 발전하고 있으며, 표 6-2와 같이 기존에 운용되는 해저생산설비에 FPS와 같은 해상에서 운영되는 유수분리장치, 펌프, 컴프레셔 등의 처리설비를 심해용으로 개발, 설치하며 다상의 분출물을 다상 펌프(Multi phase pump)로 해상으로 보내던 것을 심해에서 오일, 가스, 물, 모래 등을 개별로 분리하여 해저용 펌프, 컴프레셔 등으로 플로우라인을 통해 해상으로 이송하며 분출물의 상변화(6.3장 참조, '심해의 환경과 대응요소')에 대응하기가 쉽게 되었다. 또한 해저에서 분리된 물, 가스 등으로 저류지층의 압력을 높이며, 기존 유정에서의 증산과 폐쇄 유정의 생산재개도 가능하게 되었다(6.5.4 EOR 참조).

이러한 장점에도 불구하고 유전의 광대역화는 파이프라인과 플로우라인의 단순화를 지향하며, 해저용 처리설비의 대형화를 추구하여 설비의 용량도 대폭 커지게 된다. 또한 설치 확산은 해저에서의 전력 소요량도 대폭 증대되지만, 엄빌리컬의 전원 공급 능력의 한계로 별도의 전력선이 요구되고 있다. 또한 기존의 전원공급도 안전성, 편의성 등을 고려하여 교류보다 직류(DC)의 장점을 이용하는 노력도 전개되는 현실이다. 그림 6-1은 해저용 생산설비 위주의 심해유전에 심해용 처리설비를 추가 설치하며 생기는 변화됨을 요약한다. 유전의 증산은 물론 상변화의 개연성이 높은 플로우라인과 라이저의 단순화(6.7.1장 참조)로 얻어지는 이익 등을 예측할 수 있다. 하지만 해저처리설비의 설치와 수명 기간 동안 반복되는 유지보수와 검사 같은 각 작업과정별로 ROV에 의해(Diver-less) 수행되어야 한다.

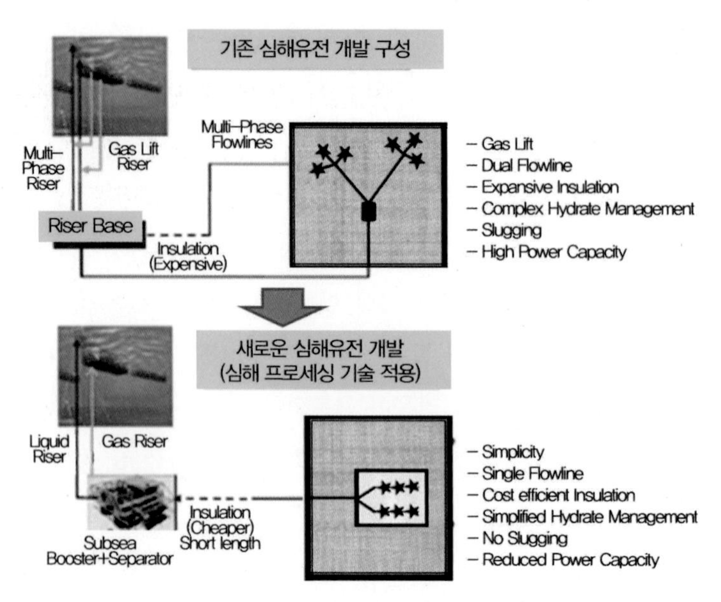

그림 6-1 심해용 처리설비의 설치에 따른 변화(기대 이익)

6.2 해저개발 플랜트 구성

6.2.1 심해저 운용 시스템 개요

1) 해저시스템은 해저에 설치되는 심해저생산설비(Subsea production Facilities), 해상의 플랫폼에 설치된 유수분리기, 부스터 펌프와 컴프레셔 등의 처리설비(Process Facilities)가 심해용으로 개발되어, 심해에서 처리공정을 거치며 생산효율을 증대시키고 있다. 유수분리장치에서 만들어지는 물/가스를 주입정을 통해 저류층의 회수율을 높이기 위해 컴프레셔, 펌프 등이 어우러져 운용생산성을 높이게 된다.

2) 해상으로 운송하기 위한 라이저 파이프와 해저 설비에 필요한 전원과 신호, 유압과 화학물질 등을 상부구조와 연결하는 엄빌리컬(케이블), 해저설비 간에 원유 운송통로로 사용되는 파이프라인과 플로우라인(Flowline) 등의 설치작업을 SURF(Subsea Umbilical, Riser & Flowline)로 부르며, 이러한 설치작업을 위한 무인작업차량(ROV, Remotely Operated Vehicle)과 해양지원선(OSV, Offshore Service Vessel) 등이 동원되어야 할 것이다.

3) 이 외에도 해저유전의 탐사, 채굴에서 생산과정의 유지보수까지 장비공급기업, 설치기업, 유지보수 기업 등 전문기업 위주로 운용되고 있다. 그림 6-2는 생산설비로 해저용 유수분리기와 매니폴드를 설치하여 부스터 펌프로 채굴된 원유를 라이저를 통하여 해상플랜트의 생산설비

로 이송하는 모사도이다. 해저에 설치된 시스템을 콘트롤, 모니터링하기 위한 엄빌리컬 케이블과 설치작업을 위한 ROV가 보인다. 근래에 개발되어 심해에 설치되는 주요 시스템을 정리하면 표 6-3과 같다.

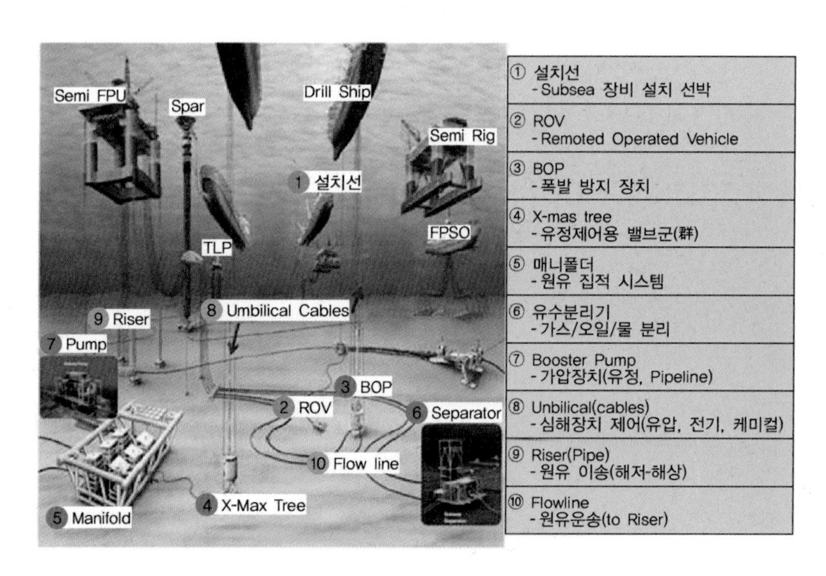

그림 6-2 심해저 운용 시스템 개요

표 6-3 해저 시스템의 공정별 주요 장비류

구분		주요장비	설명
생산공정 Production		X-Tree	유정의 헤드에 부착되어 원유의 압력 및 송출 제어 (Vertical tree, Horizontal Tree)
		BOP	Blow Out 방지장치(Blow Out Preventer)
		Manifold	여러 유정에서 나온 원유를 모아서 송유하는 장치
처리공정 Process		Separator	해저에서 생산되는 원유/물/가스등을 분리하는 장치
		Booster station	생산량 증대 목적의 유정 및 운송과정에 증폭, 가압(加壓) 장치로 주로 ESP(Electrical Submersible Pump)를 사용한다.
		Compression station	가스를 압축하여 파이프라인을 통하여 운송하는 설비
		Injection pump	유정의 붕괴방지와 압력유지를 위하여 유정에 물/가스 주입장치
해저 설치작업 (SURF)	제어	Control	Subsea에 설치된 Tree, Manifold를 제어하는 장치
		Umbilical	심해장비 제어용(전기, 유압 등), 케미칼도 수송하는 복합 케이블
	이송	Riser	생산된 원유를 플랫폼으로 이송하는 파이프라인
		Flowline	Subsea에서 생산된 원유를 Riser 파이프와 연결장치
		PipeLine	Subsea에서 생산된 원유를 상호 연결, 송유하는 파이프라인
	설치용	R.O.V	Remotely Operated Vehicle(해저원격제어차량)
		Template	해저에 설치목적용(Sea-bed)
		Jumper/plet	해저용 장비를 연결하는 배관라인(U,M,J type 등)

6.2.2 해저장비의 분류

장치의 개발은 설치, 운용까지 요구기능의 구현과 함께 장치의 신뢰성 확보를 위하여 해양플랜트 공정설계, SURF 설치기술, 신뢰성 확보를 위한 검증 시설과 불확실한 운용환경에 대한 실험환경 등이 개발을 위한 선행조건으로 예상된다. 그림 6-3과 같은 분류에서 기본 장비는 펌프와 전기모터, 콤프레셔와 같은 기본 장비와 엄빌리컬을 중심으로 해상과 해저의 연결과 ROV를 조종하고 모니터링하기 위한 장치로 구성된다.

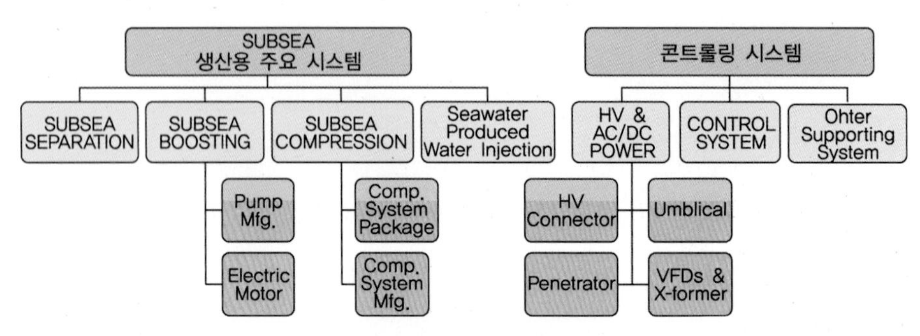

그림 6-3 주요 해저장치의 구성

표 6-4 해저 시스템을 구성하는 주요 요소장치의 공급자

<table>
<tr><th>기본 장비</th><th>Sub Maker</th><th colspan="3">Major Equipments</th></tr>
<tr><td rowspan="6">Pump</td><td>BAKER HUGHES</td><td rowspan="17">⇒
Packaging</td><td rowspan="2">AKER
Solutions</td><td rowspan="17">1) Pump Package
2) Compression Package
3) Separation System
4) Injection System
5) Controlling System</td></tr>
<tr><td>BORNEMANN</td></tr>
<tr><td>FLOWSERVE</td><td rowspan="3">CAMERON</td></tr>
<tr><td>LEISTRITZ</td></tr>
<tr><td>SCHLUMBERGER</td></tr>
<tr><td>SULZER</td><td rowspan="3">FMC
Technology</td></tr>
<tr><td rowspan="5">Motor</td><td>ANDRITZ</td></tr>
<tr><td>CURTISS WRIGHT</td></tr>
<tr><td>DIRECT DRIVE SYSTEM</td><td rowspan="3">FRAMO</td></tr>
<tr><td>HAYWARD</td></tr>
<tr><td>LOHER</td></tr>
<tr><td rowspan="6">Umbilical</td><td>DRAKA</td><td rowspan="3">GE OIL & GAS</td></tr>
<tr><td>DUCO</td></tr>
<tr><td>JDR</td></tr>
<tr><td>NEXANS</td><td rowspan="3">SAIPEM</td></tr>
<tr><td>PARKER</td></tr>
<tr><td>OCEANEERING</td></tr>
</table>

6.3 심해의 환경과 대응 요소

6.3.1 심해의 환경

깊은 수심에서 원거리 수송에 필히 고려되어야 할 사항은 심해의 압력과 수온이다. 그림 6-4에서와 같이 심해의 수온은 2°C 수준으로 유정에서 분출되는 오일/가스(모래, 수화물 포함)는 처리장비까지의 이송거리에 해당하는 파이프라인을 흐르는 동안 심해의 압력과 수온변화에 의한 상변화를 심각하게 고려해야 한다.

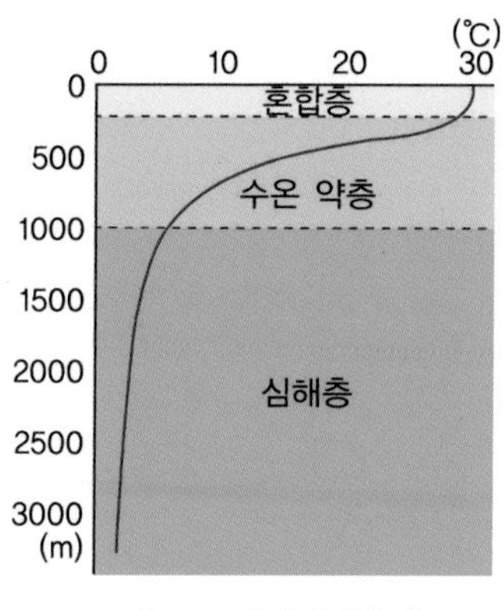

그림 6-4 해저 수온(°C)

해저의 낮은 수온과 파이프라인의 높은 압력조건에서 오일/가스에 포함된 왁스, 입자성분, 모래 등이 물 분자와 결합하여 그림 6-5와 같은 형태의 하이드레이트, 겔 상태의 왁스로 변하거나 또는 파이프 내부에 스케일 형태로 침전되어, 파이프라인을 손상시키거나 흐름을 차단시킬 수 있다. 이를 방지하기 위한 대책으로 파이프라인을 인슐레이션, 히팅을 하거나, 감압이나 수분흡착제로 사용하는 메탄올, 스케일억제제 등을 적용하는 화학적처리(7.9장 참조)와 강제로 밀어내기 위한 Pigging 시스템(4.4.4장, 6.6.4장 참조) 등을 적용하여 파이프라인의 흐름을 도와야 한다.

6.3.2 심해 유체의 성질

탄화수소 화합물을 뽑아 올린 원유는 구성성분이 다양하게 혼합된 다상유체로 환경에 따라 물리적 성질이 크게 변한다. 심해의 환경조건은 해상과 비교하여 극적으로 열악하여 해저 처리공정은 단순하지 않다. 특히 차가운 온도와 압력 조건은 매우 길게 형성된 파이프라인과 처리공정장치 내에서의 빠른 열손실로 그림 6-5와 같이 혼합된 성분들이 빠르게 상변화를 일으키며 유체의 흐름을 방해하게 된다.

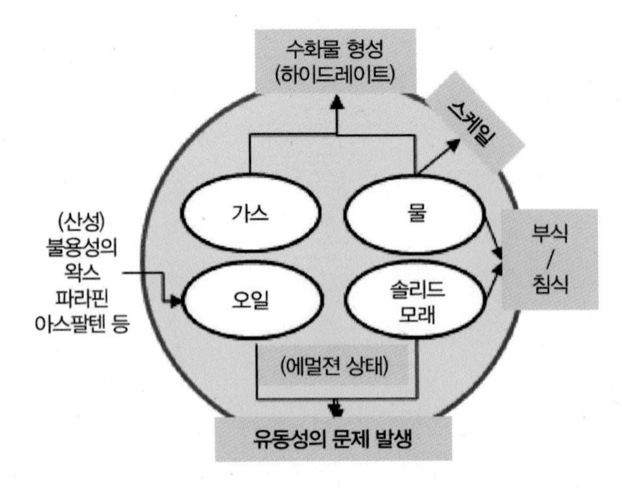

그림 6-5 다상유체의 물성변화

이에 파이프라인을 비롯한 해저(특히 심해) 처리공정의 유체흐름을 확보하기 위한 대비가 되어야 한다. 생산 유체를 분리·처리하는 개별 공정에 따른 매개 변수의 명확한 이해가 성공적 디자인을 위한 첫걸음이다.

1) 파라핀과 왁스 성분

저류지의 조건에 따라 높은 농도의 파라핀과 왁스는 차가운 해수환경에 노출되면 포함된 성분들이 배관 벽에 침착된다. 이는 파이프라인 내 유압의 유효성을 줄이며, 심각한 상황까지 흐름을 방해한다. 경질의 탄화수소(메탄, 에탄, 프로판 등)가 오일 내의 왁스 용해도를 높이고, 기포점 이하가 되면 오일과 격리되어 기체가 된다. 유체가 냉각되면 용해도는 감소하여, 왁스가 과포화상태로 차가운 배관 벽에 달라붙어, 시간이 지남에 따라 두꺼운 층의 플러그로 축적된다. 왁스 침전에 대한 억제제가 있지만, 오일에서 발견되는 복잡하고 다양한 왁스 성분 때문에 효과적인 억제제의 개발을 보장할 수는 없다. 왁스 침전물을 없애는 확실한 방법은 융점 온도 이상으로 유지하는 것으로 해저 파이프라인을 가열·보온으로 해결은 되겠지만, 매우 긴 심해의 파이프라인에의 적용은 비실용적이다. 왁스성분은 관리차원에서 정기적으로, 기계적으로 자주 긁어주는 것이 효과적이다.

2) 하이드레이트 형성

경질의 탄화수소 계열(메탄, 에탄, 프로판)과 물분자의 느슨한 결합으로 이루어진 하이드레이트는 저온, 고압의 격한 난류 상태에서 형성된다. 해저 파이프라인에 들어가는 가스는 포화상태의 수증기로, 심해 환경이 가스를 냉각시키듯 물이 파이프라인의 길이를 따라 응축되며. 내부 압력에 의해 그림 6-6과 같이 하이드레이트나 스케일 등이 파이프 내부에 형성되며 문제를 발생시킨다.

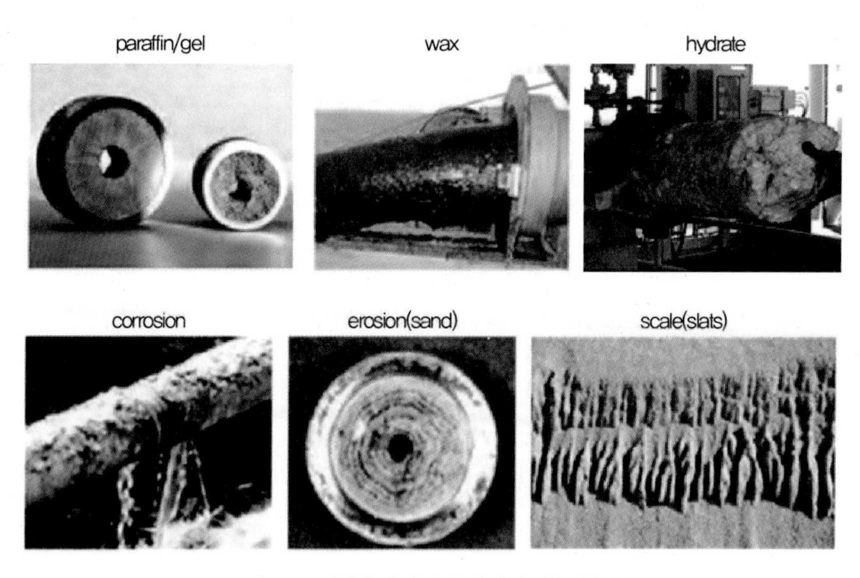

그림 6-6 다상유체의 물성변화에 따른 현상들

3) 다상유체의 충격 현상

다상이 흐르는 파이프라인에서의 흐름 충격(Surge)은 어쩔 수없는 현상이다. 유체의 흐름 속도와 파이프라인의 길이와 고도 차이에 의한 수두 변화에 의해 격렬한 충격이 발생할 수 있다. 전체 수명을 견디며 충격도 피할 수 있는 파이프라인을 설계한다는 것은 불가능한 일이다. 생산량이 감소하며 낮은 속도로 흐르면 충격은 약화된다.

슬러그가 끼는 것은 해양 파이프 라인에 매우 해롭다. 가스압에 의해 흐르는 유체에 커다란 슬러그는 라이저에서, 분리기의 입구 부분에서 컴프레셔에의 압축 흐름을 방해하는 현상도 종종 발생한다. 지금까지는 대형(유/수/기) 분리기나 슬러그 케쳐에 의존하는 것이 가능한 해법이며, 처리공정에서 단상 파이프라인들과 함께 여러 단계로 처리하는 것도 선택 가능한 해결책이다.

4) 탄화수소의 이슬점 제어(Dewpoint Control)

파이프라인에는 포화가스, 수증기뿐 아니라 이슬점에 이른 탄화수소도 포함되어 있다. 수분과 마찬가지로, 탄화수소 화합물도 파이프라인의 냉각에 따라 응축되면, 에너지 평형을 이루며, 액상은 많아지고 파이프라인의 압력이 떨어져 유체운동은 적어진다. 이에 이 가스를 이슬점에서 파이프라인으로 들어가기 전에 팽창-냉각 사이클로 액화하여 분리기의 유체 스트림에 주입해서 오일로 운반할 수 있는 장치가 개발되었다. 등엔트로피 팽창(Isentropic expansion)의 원리를 기반으로 하는 혁신적인 기술로 ① 팽창 냉각 사이클, ② 응축수 분리, ③ 재압축(가스압력회복) 과정을 거치며 가스에 포함된 물과 탄화수소의 이슬점을 낮추는 기능을 가지고, 하나의 장치에서 물과 탄화수소 응축수를 회수하는 능력도 갖는다.

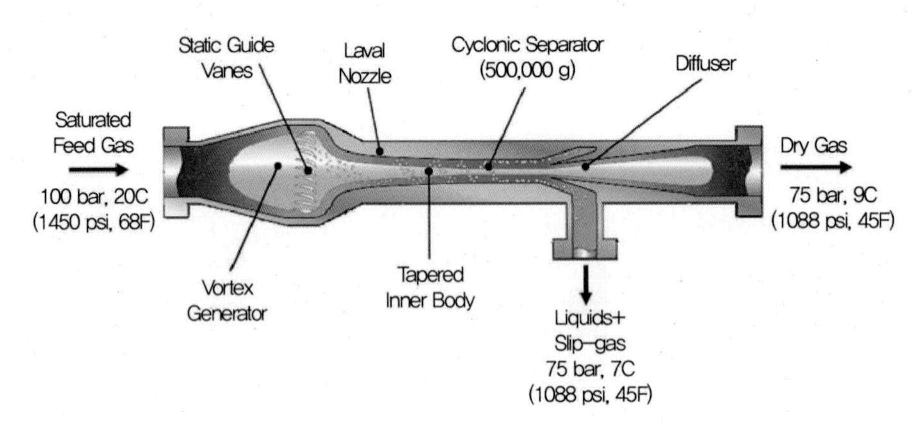

그림 6-7 Twister®Supersonic Separator

특히 콤팩트 한 설계와 동적 부품이 없기 때문에 해저 서비스에 매우 적합하다. 가스 컨디셔닝 패키지로 불리는 이 장치는 Twister와 전처리용과 파이프라인을 통한 운송 및 폐기를 위한 회수한 유체를 주입할 수 있다.

표 6-5 Twister®Supersonic Separator(참조: http://www.twisterbv.com)

Twister®Supersonic Separator
작동 원리는 소형의 관 장치로 아래 과정이 반복, 결합하여 터보팽창기와 유사한 열역학 작용을 한다. (1) 팽창 (2) (사이클론) 기액 분리 (3) 재압축 터보 팽창기가 압력을 힘으로 전환하듯, Twister는 압력이 운동에너지로 변환되는 것에 의해 유사 온도 강하가 일어난다(일명, Supersonic velocity, 초음속 속도). 다단의 Inlet guide vane이 높은 소용돌이, 동심 소용돌이(500,000 g까지)를 만든다. Laval nozzle이 포화가스를 팽창하여 저온저압의 초음속으로 팽창시킨다. 이 결과는 물, 탄화수소의 물방울을 안개처럼 만든다. 높은 와도의 소용돌이는 벽에 방울로 원심 분리(≃사이클론 분리기)되며 가스화된다. 분리된 스트림은 Separate diffusers에서 둔화되며 초기압력의 70~75%로 회복된다. 액상 스트림은 건조가스화하고 건조가스 스트림과 재결합된다.

6.4 해저 오일/가스 생산공정

해저 생산설비(Production Facilities)는 웰헤드 및 트리와 머드라인으로 완성된 유정과 매니폴드, 이를 연결하는 플로우라인과 엄빌리컬로 구성된다. 검사와 유지보수가 ROV(유압으로 밀고 당기고 회전력 등 단순작업)에 의해 수행되므로 결합/분해가 용이해야 한다. 해저에 설치되는 장치류의 보호를 위한 보호기구(템플레이트, Template)를 포함된다.

표 6-6 표준 사양

참고자료	자료명	국제표준
API spec 6A	Wellhead and Christmas tree equipment(기본)	ISO 104123
API spec 17D	Spec. for subsea Wellhead and Christmas tree equipment	ISO 13628 Part 4
API RP 17G	RP for Design and Operation of Completion / Workover Riser Systems	ISO 13628 Part 5

6.4.1 해저 웰헤드

유정의 기본구조인 케이싱 헤드와 튜빙 행거로 구성되며, 분출압력을 조절하는 머드시스템이 포함된다.

6.4.2 해저 트리시스템

해저 유정의 최상부에 장착되어, 원유의 생산기능과 저류지층에 물/가스를 주입시킬 수 있다. 이를 조절하는 각종 벨브와 센서 등의 안전시스템이 보완되어 있다. 석유나 가스가 유정에서 누출되는 것을 막고, 높은 압력으로 인한 블로우 아웃을 방지하는 것이 주목적(5.5.1항 참조)으로 해저설치를 위한 신뢰성 확보, 통신기능의 조합과 설치와 운영에 따른 부가적인 사항들도 고려되어 제작되어야 한다(제작 및 설치 사양은 표 6-6 참조). 육상과 동일 기능을 하지만 원격제어와 수중 서비스가 가능하도록 추가되었다. 기본적으로 2가지 형식으로 Subsea Tree Vertical type(VXT)과 Subsea Tree Horizontal type(HXT)로 대별(3.4.1장 참조)한다. 6,000피트까지 적용 가능한 작업압력 15,000 psi(1,034 bar), 350°F(177°C)가 표준형이며, 그림 6-8은 크리스마스트리로 상부구조에서 엄빌리칼을 통해 제어 및 운용을 위한 파워소스(전기, 유압)로 작동되며 유정 상태를 모니터링과 설치 및 유지를 위한 ROV의 접근이 가능하도록 되어 있다. 또한 트리 자체의 상태도 체크하여 상부구조에서 확인이 가능하다.

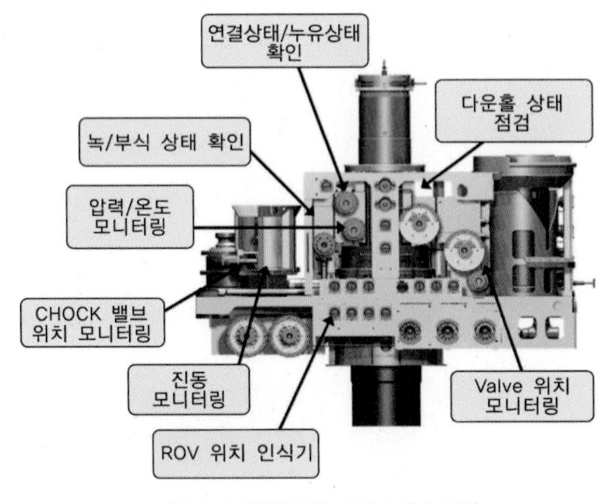

그림 6-8 웰헤드와 크리스마스트리

6.4.3 해저 매니폴드와 템플레이트

유정 상부의 트리와 연결되어 유정의 분출물을 모아 Riser를 통해 처리시설로 보내는 것이 기본역할이다. 해저의 유정과 매니폴드 간에 플로우라인으로 연결되고, 엄빌리컬과 플로우라인이 해상으로 연결되어, 분출물의 이송과 해저장치에 대한 제어와 모니터링 등을 가능하게 한다.

그림 6-9는 해저유정의 매니폴드의 구성 형식이다. 통상 4~10개의 유정을 연결하여 오일과 가스를 모으고 그 흐름을 조절하기도 한다.

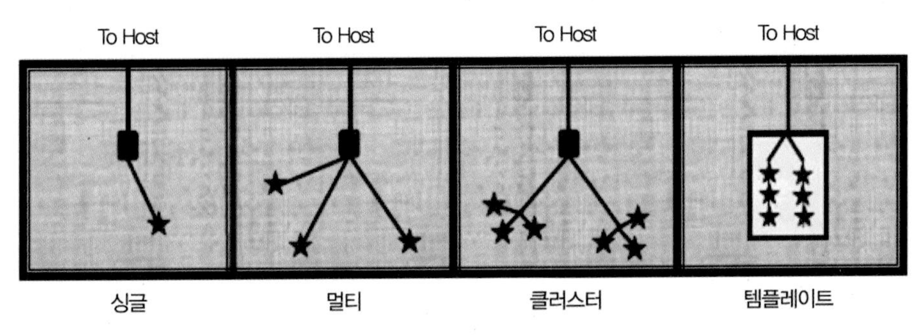

그림 6-9 해저유정의 형식(웰헤드, 매니폴드)

그림 6-10과 같이 다상의 유체를 모아 보내는 심해저의 매니폴드는 ROV에 의한 설치와 유지보수가 되어야 하므로 다음과 같은 기능이 항상 함께 해야 한다.

- 내부 또는 외부에 Pigging Loop 장착
- Pipeline을 연결하는 수직/수평식 점퍼(Jumper) 장착
- Riser, PLEM(Pipeline End Manifolds), PLET(Pipeline End Terminations), Multi-bore Connection 또는 ROV Jumper의 기능도 추가할 수 있다.

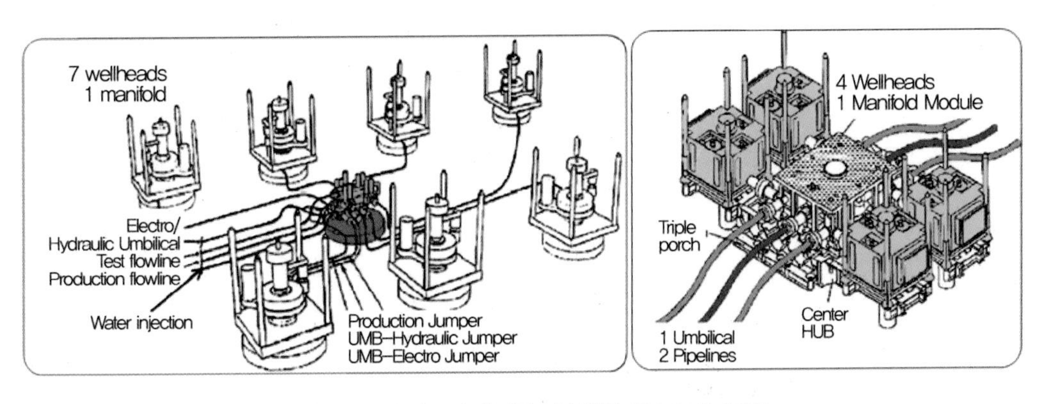

그림 6-10 클러스터 매니폴드와 템플레이트 메니폴드

6.4.4 플로우라인과 파이프라인

근거리의 개별 유정들을 연결한 해저용 매니폴드의 적용을 시작으로 광범위한 범위의 매니폴드들을 플로우라인(Flow Line)으로 엮는 작업이 요구된다.

멕시코 만의 Tobago 유전지역에서 해저 수심 2,934 m에서 오일/가스를 생산하고, 기존의 해저 파이프라인에 추가된 처리시설까지의 통합거리가 143 km에 달한다. 멕시코만의 Tobago와 Silvertip 필드(유전지역)이 통합하여 휴스톤까지 연결된 파이프라인과 해저생산 시스템은 수평으로 약 200마일까지 분포되어 있다. 이처럼 플로우라인과 파이프라인(표 6-7 참조)은 특정 지점에서 다른 곳으로 유체를 전달하는 배관으로, 해저의 저온환경과 압력조건, 설치장소와 방법, 그리고 흐르는 유체의 종류에 따라 선택 요건이 매우 다양하다.

1) 플로우라인(Flowline)

분출상태의 자연 유체(원유)의 흐름관으로, 오일/가스/물/모래 이외에 파라핀, 왁스 등의 고형물이 섞여 있는 다상의 유체가 흐르는 관으로, 매니폴드 같은 생산공정과 연결되며, 심해의 플로우라인은 고온고압(HP/HT, High Pressure and temperature)이 흐르는 관이다.

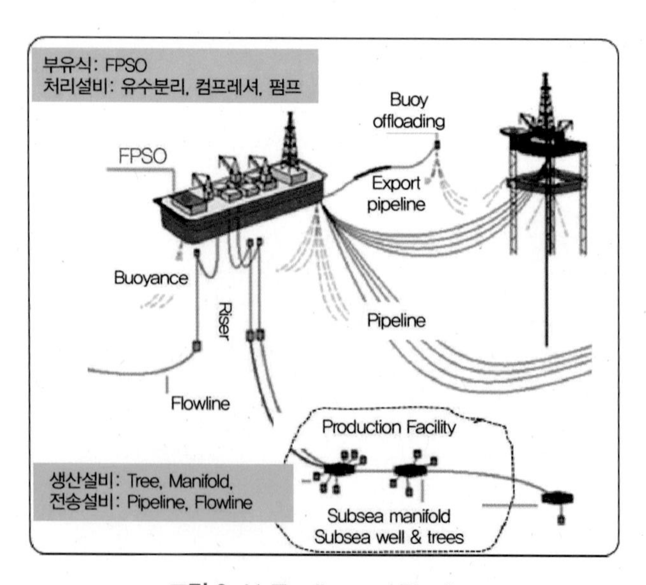

그림 6-11 Flowline and Pipeline

2) 파이프라인(Pipeline)

처리공정을 거친 유체를 운송하는 관으로 오일, 가스, 물과 기타 고형물을 분리한 단상 유체가 흐르는 관으로 저온(LT, Low Temperature)에 목적지까지 보내줄 정도의 충분한 압력의 저압(LP, Low Pressure)이 흐른다. 일반적으로 파이프라인의 크기는 플로우라인보다 크며, 요구되는 설계코드가 다르므로 파이프라인과 플로우라인은 구분하는 것이 매우 중요하다.

표 6-7 미국표준 – 파이프라인과 플로우라인

구분	규격	약어
Flowline	Department of Interior (DOI 30 CFR Part 250: Code of Federal Regulations)	OI line
Pipeline	Department of Transportation (DOT 49 CFR Part 195 for oil and Part 192 for gas).	OT line

3) 라이저

해저에서의 웰헤드, 템플레이트에서 채굴되는 오일/가스를 전달하는 플로우라인과 연결되는 라인으로 깊이에 따라 해상구조물이나 부력체(Buoyance)를 거쳐 FPS의 장비와 연결된 파이프라인으로 해저의 깊이와 상부 구조물에 따라 형태와 선택이 다양하다. 개략적으로 표 6-8과 같이 구분한다. 그림 6-12와 같이 분출물 이외에 작은 구경의 서비스라인(예: 가스 리프트, 화학제품 주입 등과 유압, 전기, 제어 라인 등)을 포함하여 라이저 타워에 포함하기도 한다. 덧붙여 라이저 타워는 온도 손실에 의한 하이드레이트나 왁스에 의한 흐름을 보정하기 위해 보온이 필요할 수 있다.

표 6-8 Riser pipe의 종류

용도	Drilling Riser	유정 굴착용, 대구경 (24"~ 30") 용접관
	Production Riser (Flowline Riser)	생산 원유를 Topside로 보내는 파이프라인 외경 5"~12" Seamless Pipe
	Pipeline Riser	1차 정제 원유, Topside로 보내는 파이프라인 6"~36" 용접관
설치 형태	Rigid Riser	낮은 해역의 설치 형태(고정식)
	Catenary Riser	심해 지역에 설치 형태(부유식)
	Flexible Riser	고정식/부유식

그림 6-13과 같이 강성 구조의 라이저(Rigid Riser)에서 심해 유전의 경우 FPS의 움직임과 넓은 유전 지역의 플로우 라인들을 집적하기 위한 설치형태로 FPS와의 중간에 부력체를 거치는 라이저도 있다.

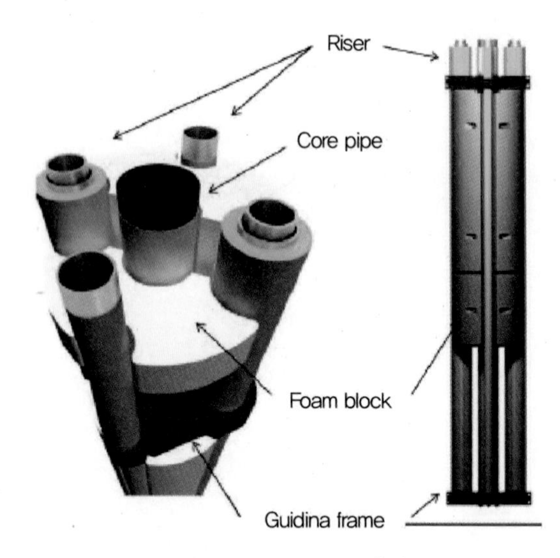

그림 6-12 라이저 타워(예)

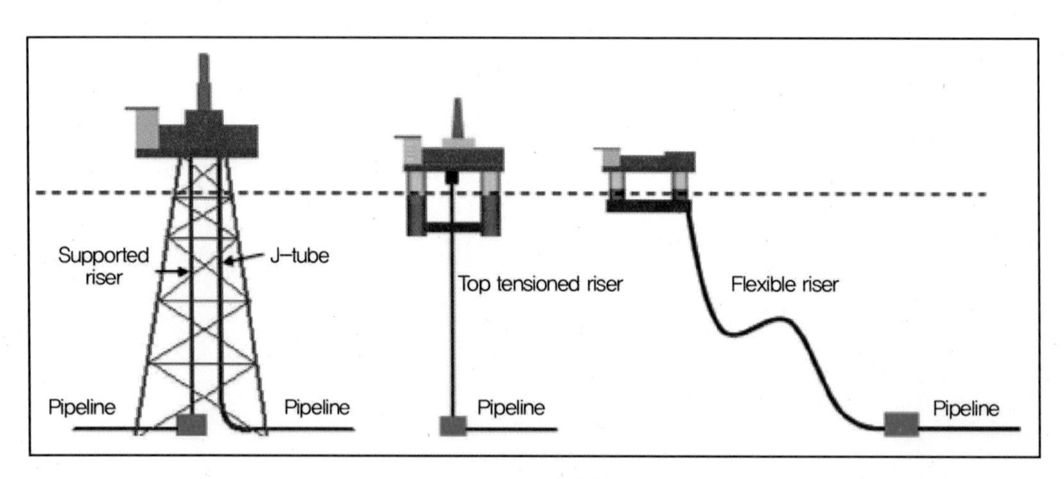

그림 6-13 설치 형태

6.5 해저 처리공정

유전의 수명은 생산량과 함께 유정의 GOR(Gas Oil Rate), 물함유율(Water cut)의 증가와 저류지의 압력감소와 같은 요소로 추정한다. 해저처리공정(Subsea Processing System)은 지금까지 해상(Topside)에 설치되어 있던 유수분리장치와 함께 저류지층의 내압을 높이는 설비들로 해저에 설치하여 해저 유전의 생산량과 회수율을 향상시키기 위한 해저용 설비들로 최근에는 노후 유전의 생산량 향상과 심해 및 극지 유전(Field) 개발을 위한 핵심 기술로도 적용되고 있다.

해상의 설비는 작업자에 의한 접근이 가능하지만, 해저 시스템은 ROV, 중량물 설치 선박, 지정된 도구나 계측설비 등의 특수한 장비들이 동원된다. 경우에 따라, 생산지연, 처리비용의 대폭 증가 등은 프로젝트의 경제성을 좌우하기도 한다. 모든 생산설비는 기대 수명 이상의 기능을 해야 하지만, 정확하게 필드 성능을 예측하는 것은 불가능하고 종종 설계 범위를 벗어난다. 한계 수명의 추정 실수는 비용 지불이 엄청 많아진다. 이에 해저처리 시스템은 각 장치류의 가동 신뢰성을 바탕으로 운용상의 유지보수와 필요시 교체 가능성까지 운용능력에 개발력까지 고려하여 천천히 보수적으로 진행하는 것이 좋다. 복잡함보다는 간단한 시스템으로 장비의 개발, 시운전, 심해 설치, 장치의 운영 및 유지보수에 대한 자신감과 더 큰 노하우를 얻을 때까지는 관련된 위험이 매우 높다.

6.5.1 해저(기/유/수)분리 시스템

해저처리 시스템의 핵심은 분리장치(separator)이다. 기능적으로 해저의 분리장치는 Topside 장치와 다르지 않지만, 중력식 분리장치는 상대적으로 크며 Topside에서는 크게 문제가 없지만, 해저에서의 설치와 유지보수를 위해 높은 비용을 지불하더라도 좀 더 소형화되어야 한다.

- 가스/유체 (기액)분리장치
- 오일/물 (유수)분리장치
- 모래 분리장치

해저에서의 분리방법은 여러 가지가 있으며, 가장 적합한 선택은 설치 위치, 유체의 종류와 성질에 따른 입자의 흐름 형태와 조건에 따라 달라진다. 상 분리 속도를 빠르게 하기 위하여 원심가속 방법을 채택하고 있다. 특히 사이클론 분리장치는 가스와 동반된 액상 간의 높은 박리력에서 생기는 흐름 에너지를 사용하기에 압력용기의 크기를 획기적으로 줄일 수 있고, 운영과 유지보수도 쉬워 심해용으로 매력적이다.

1) 기액(가스/액상) 분리장치

해저처리공정에서 유체에서의 기액(가스/액상)분리는 시스템을 단순화하는 최선의 선택이다. 이는 각 유정의 배압 감소와 다상유체와 연관된 문제들을 제거할 것이다. 수화물에서 산(Acid)가스 제거로 부식의 문제를, 하이드로카본 가스 분리로 하이드레이트 생성요소를 줄인다. 콤팩트한 디자인의 좀 더 가볍고 작은 유닛으로 유정/라이저 근처에 위치시킬 수 있다. 전형적으로 용기 내에서 유체흐름과 함께 1분 이내로 가스와 액체는 평형상태가 되지만, 대조적으로 유수분리(오일－물)는 5분 이상이 걸린다. 해저의 기액분리 시스템은 주로 분리장치의 액상수위 제어에 사용되는 액상 펌핑 시스템과 함께 개발되어왔다.

일반적으로, 성능의 최적화와 비용의 최소화는 항상 양면성이 있다. 심해용 해저작업선에 설치되는 장비의 무게와 비용도 크게 줄일 수 있으며, 설치에서 유지보수비용까지 줄일 수 있다. 최적의 성능은 저류지 근처에 위치시키면 최적이지만, 최저 비용은 Topside에 배치시키는 것으로, 위치 선정은 생산용 시스템의 특성과 성능에 의존한다. 심해에의 적용에 관해서는 압력강하와 슬러지 같은 문제가 고려되어야 한다. 대부분 낮은 온도조건의 라이저에서 발생하므로, 분리장치는 라이저의 밑단에 위치하는 것이 바람직한 방향이다. 추가적으로 운용비용상의 장단점을 고려해도, 설치 선박을 부르지 않고 주 설비에서 유지보수 작업이 가능해진다는 사실이다.

2) 유수(오일/물) 분리장치

설치공간에 한계에 있는 Topside에 유수분리장치의 확장이 기술적으로 어려운 경우, 해저에서의 유수분리와 함께 분리된 물을 주입정으로 주입하는 것도 매력적인 해결책이다. 노르웨이 Troll Pilot에서는 분리된 물을 전기구동형의 해저펌프로 폐기된 유전에 주입하고, 오일과 가스는 혼합하여 파이프라인을 타고 플랫폼으로 보내졌다.

웰스트림에 포함된 물의 대부분을 유수분리장치에서 분리하여, 생성된 물은 해저로 배출하거나 저류지에 재주입하며 아래와 같은 상당한 경제적 이득을 얻을 수 있다.

- 유정의 배압 감소로 유전의 생산율 증가와 또는 총회수율을 높일 수 있다.
- Topside로 보내는 유체의 볼륨 감소로 직경이 작은 플로우라인의 적용이 가능하며
- 생산유체의 감소는 Topside의 시설용량 감축으로 추가 생산능력의 확보가 가능했고
- 생산유체에서 다량의 물을 제거하는 것은 유체 흐름의 문제들을 축소시키는 것으로 특히 부식과 하이드레이트 형성을 경감하는 데 도움이 되며, 이는 화학적 주입과 또는 라이저와 플로우

라인의 단열 필요성도 감소시킬 수 있다.

해저유수분리장치는 종래의 중력식 유수분리 방식으로도 실현이 가능하며, 분리된 오일과 가스는 혼합하여 단일 배관이나, 소형 유수분리장치로 전달된다. 보통은 그림 6-14와 같이 가스와 액상(기액)을 분리하는 첫 단계와 오일에서 물(유수)을 분리하는 두번째 단계로 처리되고 있다. 단순한 유수분리장치는 보통 사이클론 또는 원심분리방식의 디자인이 기본이며, 일부는 물의 높이를 제한하거나, 다량의 오일을 먼저 분리하는 방식으로는 유체를 연속으로 흘리기에 한계가 있다. 일반적으로 분리된 물에 포함된 오일의 허용기준은 20% 수준이다. 일반적으로 이 수준의 물은 높은 점도의 에멀젼을 형성하지 않고 오일이 연속으로 흐를 수 있어 부식 억제제의 요구량을 감소시킨다. 그렇지만 유수분리장치의 목적이 하이드레이트 억제제의 비용을 줄이는 것보다 분리된 탄화수소 속에 포함된 물을 인상적으로 낮은 수준으로 요구된다면 좀 더 엄격한 사양이 되어야 할 것이다.

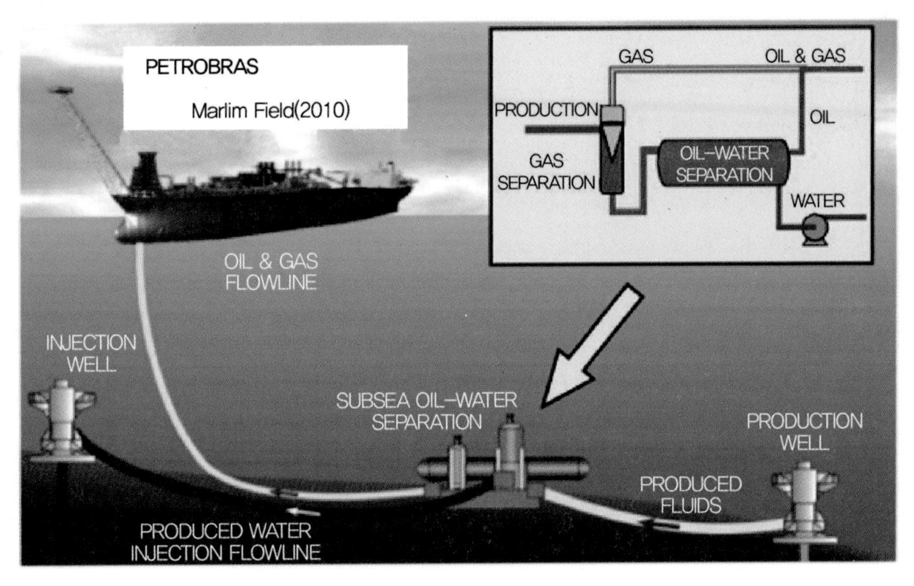

그림 6-14 해저 유수 분리 후 Water Injection

3) 기액수(가스/오일/물) 분리장치

해저 처리의 궁극적 목표인 가스, 오일과 물의 분리는 기술적으로 가능하지만, 각 시스템에 신뢰성 있는 성능을 얻기 위해서는 몇 가지 중요한 도전이 필요하다.

- 분리장치의 용기 내에 물, 에멀젼, 기름, 거품 및 가스 접촉 수위를 정확하게 측정
- 내부에 에멀젼, 거품의 양을 최소화하기 위한 가변 용량의 화학분사장치의 장착
- 여러 유체의 흐름비율을 조절할 수 있는 신뢰성 높은 수위 조절 밸브의 장착
- 분리된 물의 오일 함유량의 계측과 용기 내 모래, 고형물 등의 제거 등이 정확히 제어 관리가 되어야 한다.

4) Sand handling

모래의 분리는 석유산업에서는 공통적 과제로 분출되는 웰스트림에서 기름, 가스, 물과 함께 다상의 유체상태로 다상유동펌프(Multiphase pumps)를 활용하여 topside의 생산공정 시스템으로 이송되면, Topside의 처리공정과 플로우라인의 침식에 심각한 문제가 발생할 수 있어, 해저공정 시스템에서 모래와 모래입자를 제거하는 것은 매우 좋은 방법이다.

종종 적은 양의 미세입자 형태로 오일/가스와 섞여, 현탁 고형물로 유지되며 생산설비까지 도달한다면 이는 나쁘지 않지만, 모래는 고밀도의 분리장치의 바닥에 침전되며 결국 성능에 영향을 미치기에, 이를 피하기 위해 제거되어야 한다.

모래는 분리된 모래의 농도와 입자크기는 해저장비를 설계할 때 가장 적합한 모래 핸들링 시스템은 필히 고려되어야 할 매개 변수이다. 모래는 다양한 기술과 방법으로 필요시점에 처리될 수 있어야 한다.

- 기본적으로 분출되는 웰스트림에서 최대 입자는 제거되어야 하며, 이는 수직형 사이클론 분리장치의 사용이 좋은 방책으로, 미세입자의 크기와 형태에 따라 내식성이 검토된 재료를 선택해야 한다.
- 중력식 분리장치에 침전된 고체를 제거하기 위해 작은 입자의 모래 분사장치를 적용하기도 한다. 이는 특별히 설계된 노즐을 통해 가압된 물과 함께 고체를 유동화하여 배출하거나 고체화하여 용기의 하단에 위치한 모래 배출구를 통해 배출되기도 한다.
- 또한 여러 단계에서 누적되는 슬러지와 함께 상류로 지속적으로 보내지기 전, 이젝터 또는 특정 펌프를 사용하여 해저에 저장하기도 한다.
- 특히 해저용으로 개발되는 모듈의 설계 시에는 모래층이 형성되는 경우에도 필요한 요구 성능을 보장하기 위해 모듈의 교체 시기까지의 모래 침전량을 고려하여 설계에 반영한다.
- 탄화수소 성분을 머금은 모래는 수질사양을 달성하는 범위에서의 농도와 입자크기, 양이 체크되어야 한다.

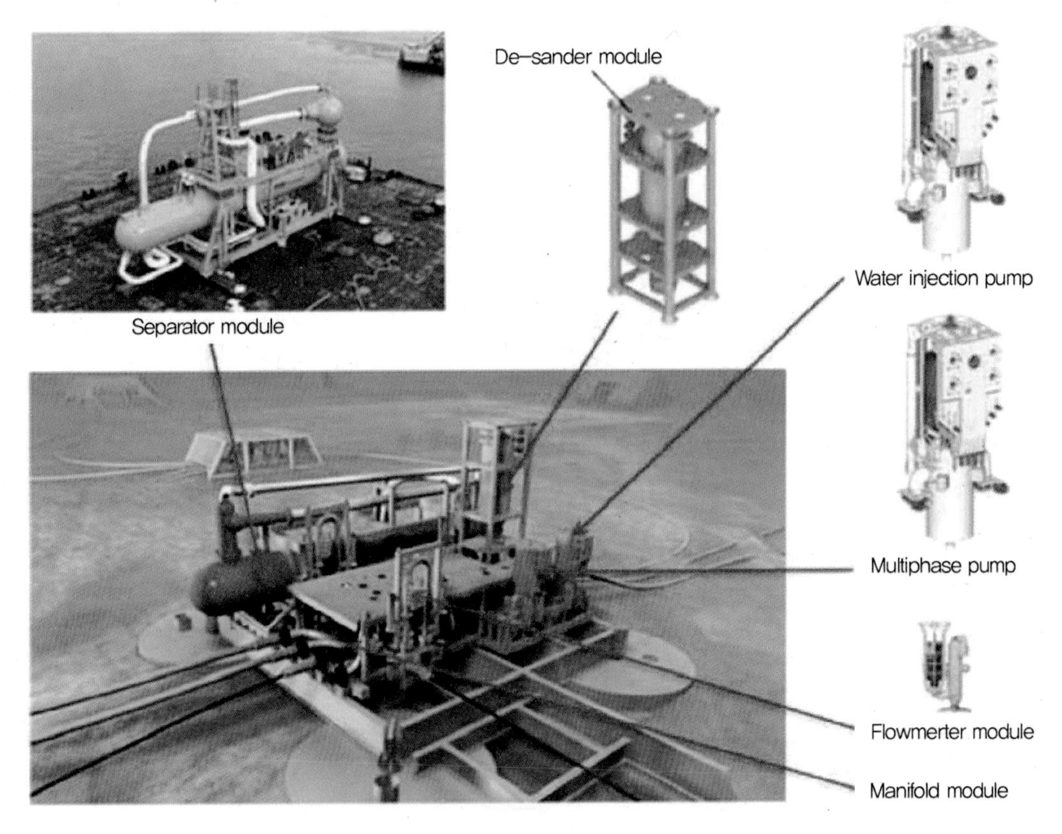

그림 6–15 매니폴드와 결합한 유수분리 시스템 구성 모듈들

6.5.2 펌프시스템 – 액상처리용

해저에서 상분리가 수행되면, 액상을 처리설비로 운송하거나, 주입정에 주입하기 위해 압력을 승압해야 한다. 해저에서 동적으로 움직이는 펌프는 규칙적인 윤활 및 유지보수가 필요하여, 원격으로 해저 설치와 운용을 위한 펌프의 선택은 수명과 해저 처리공정의 성공요건이다.

1) 다단 원심펌프(Multistage centrifugal pump)

해저 유체의 이송은 높은 유동과 높은 수두를 모두 충족시킬 수 있는 다단 원심펌프를 활용한다. 원심펌프의 씰은 해수환경에서보다 안정적이고 생산된 유체에 포함된 모래에 의해 발생할 수 있는 마모에 좀 더 유연하다.

2) ESP(Electrical Submersible Pump)

ESP는 DC모터와 다단의 임펠러 등으로 구성되어, 많은 체적의 유체를 생산정에서 처리시설까지의 장거리를 보내기 위해 필요한 압력 증폭 기능을 한다. 전기로 구동되어 시스템이 매우 단순하다. 높은 체적을 보낼 수 있는 능력과 폭넓은 적용 분야는,

- 주로 다운홀(유정의 튜빙)에 설치하여 Topside로 보내는 역할과
- 해저 시스템에서는 주입정에서 저류지층의 내압을 높여 원유, 가스의 생산량 증대(=회수율 증대) 목적으로 Seabed 상의 Boosting 펌프로도 적용된다.

3) 다상 유동펌프(Multi phase pumps)

해저에서 채굴되는 웰스트림 상의 모든 생산물(가스, 액상, 모래 등을 포함)을 선행처리도 없이 플로우라인과 라이저를 통해 바로 해상의 처리시설로 보낼 수 있다. 이를 Water Injection 용으로도 활용된다.

4) 단상펌프(Single phase pump)

기액, 유수분리장치로부터 추출된 유체를 이송하거나, 가스체적분율(GVF, Gas Volumn Fraction)이 낮은 유체를 이송한다.

5) 물의 주입(Water injection)

채굴되는 웰스트림에는 채굴 경과시간이 지남에 따라 탄화수소의 양은 점차 줄어들고 물의 양이 증가된다. 만약 저류지층에서 소량의 잔류 오일이 포함된 물이 발견되면 물을 주입하는 것이 비용 대비 효과적인 옵션이 될 수 있다. 처리공정을 거쳐 생성되는 물도 커다란 유체의 흐름이다. 폐기할 것인가? 주입할 것인가?를 포함하는 선택의 문제이다. 이때 외부설비(water injection용 pump)를 이용하여 주입정을 통해 물을 주입한다. 유수분리기에서 추출되는 물의 잔류 오일의 양에 따라 폐기도 가능하지만, 단순 처리(폐기)하지 않고, 다단 원심펌프로 유정에 주입할 필요가 있다.

6) 펌프의 동력원

펌프는 표 6-9와 같이 사용용도에 따라 선택을 하지만, 대부분 전기모터로 구동하는 펌프는 가변속 모터로 흐름을 제어하여 운전과 조작이 비교적 편리하여 수압(터빈) 펌프보다 선호한다. 하지만 고전력의 전원을 필요로 하여, 근래에 고압의 해수압 동력으로 구동되는 모터(Water Hydraulic Motor)로 펌프시스템을 구성하여 주입용 펌프로 사용하기도 한다.

표 6-9 펌프의 형식과 용도

펌프 형식	구성	해저 압력 증폭 시 적용 분야
Centrifugal (원심)	HOR / VER	매우 낮은 GVF < 15% 적용
		펌프 중 차압능력이 최상의 종류
Hybrid (원삼+축류)	VER	GVF < 30%, 원심형과 축나선형 조합
		GVF 30% 미만의 낮은 GOR에서 기액분리에 최적
ESP (전기구동형 해저)	HOR / VER	GVF < 50%,
		압력 증폭용(Well, Flowline & Riser, Caisson)
Helico-axial (축류)	VER	GVF < 35%~95%, 가스, 액체를 동시 이송 가능 GVF 증폭에 활용(Mudline, Well, Flowline & Riser)
TwinScrew (이축스크류)	HOR / VER	GVF < 98%까지 증폭 가능
		점성이 높은 유체
범례	HORIZONTAL VERTIAL	GVF: Gas Volumn fraction(가스체적분율) GOR: Gas-Oil Rate

6.5.3 컴프레셔 스테이션 – 가스 처리용

해저에서 기액 분리된 가스(Wet Gas)는 아마 낮은 압력에 물과 탄화수소의 이슬점(액화 현상, 주울-톰슨 효과)에 있을 것이다. 따라서 기액 분리된 가스는 적당온도의 낮은 압력으로 파이프라인을 통과하게 된다. 이를 Topside 또는 원거리의 Tie-back(통합처리 시설까지의 거리)까지의 공정시설까지 보내기 위하여 압력을 올릴 필요성이 있으며, 이는 해저 처리공정의 첫걸음이다. 가스를 이송하는 파이프라인은 40~100마일 간격으로 지속적으로 가압할 필요성이 있다. 지형(고도 변화)와 주변 가스정에 의해 좀 더 많은 컴프레셔 스테이션이 요구된다. 컴프레셔는 터빈이나 모터, 엔진 등으로 가압을 하며, 펌프 스테이션으로도 불리는 해저의 컴프레셔 스테이션은 분리된 탄화수소 가스의 압축 설비로 가스와 액상의 비율에 관계없이 운용이 가능하지만, 일반적으로 가스와 가스-컨덴세이트가 나오는 유전지역에서 주로 사용된다. 또한 Wet/Dry 가스를 가압하여 주입정을 통하여 저류지에 주입하여 회수율을 높이기도 한다. 이는 가스압축 기술의 기본 요소(컴프레셔의 성능과 모터의 선택 등)에 해저환경에 따른 콘트롤 및 전력 배분조건과 다상의 분리기능과 냉각과 펌핑 등의 공정요소도 함께 고려되어야 한다.

1) 압축능력 확보

해저의 파이프라인이 점점 길어지면서 압축능력 부족으로 해저 파이프라인으로의 가스운송은 불가능하였다. 1999년 DEMO2000(5MW)을 노르웨이 해역에서 해저용 가스 컴프레셔를 처음으로 시운전을 했지만, 저압상태의 가스를 수송하기 위한 가스 컴프레셔와 이를 운전하기 위한 전력 요구량을 충족시키기에는 난관에 부딪쳤으며, 이는 기술의 도전이었다.

2) 하이드레이트(수화물) 제거

압축 여부에 관계없이, 해저 파이프라인을 흐르는 가스는 수증기로 포화상태가 된다. 심해환경이 가스를 냉각시키듯 물의 응축이 파이프라인을 따라 일어나며, 저온고압 조건에서 형성되는 하이드레이트는 제거되어야 한다. 파이프라인이 하이드레이트 형성조건(저온고압)이라면 적절한 양의 메탄올(MeOH), 에틸렌 글리콜(MEG)으로 수분을 흡착하면 형성되지 않으며 억제제로 일반적으로 사용된다. 높은 증기압을 가지는 MeOH는 이미 형성된 하이드레이트의 결정을 깨는데 효과적이다. MeOH와 MEG 어느 것이 유리한가 하는 판단은 유정 분출물의 물성에 따라 결정해야 한다. 이 외에도 Pigging system을 채택하여 물리적으로 제거할 필요도 있다.

6.5.4 (증산)처리(EOR, Enhanced Oil Recovery) 공정의 활용

이미 언급한 바와 같이 기존 유정에서의 증산과 폐쇄 유정의 생산재개는 오일생산의 핵심이다. 세계 평균 채굴량은 저류지층에 부존하는 탄화수소의 30% 중반대 수준이다. EOR 기술은 도전이며 기회요소이다. 해를 거듭하며 발전하며, 그림 6-16에서 언급되는 1,2차 증산법 이외에도 높은 점성으로 생산이 매우 어려웠던 것도 가능하도록 하기 위해 열을 주입하여 점성을 낮추거나, 용매를 주입하여 암반 속의 탄화수소를 녹여 추출하기까지 화학적·전기적인 방법까지 동원하며 50%에서 80% 수준까지 추출하는 수준으로 발전했다.

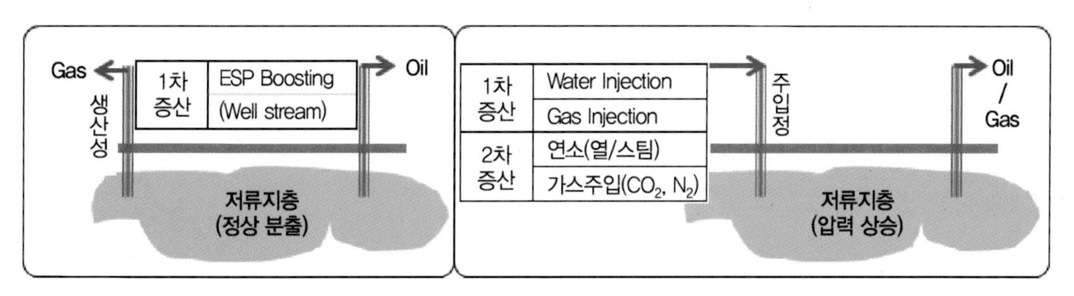

그림 6-16 유정의 증산방법

1) Pressure Booster

- Seabed 부스터는 ESP를 적극 활용하는 설비군으로 유정 내에 별도의 투자없이 생산량을 늘릴 수 있다는 개념에서 출발했다. 대부분의 유정은 일정시점까지는 자연적으로 흐르지만, 유정압이 떨어지면, 그림 6-17과 같이 생산 증대를 위해 유정 내에 작은 ESP를 설치하여 유정의 운전 기간을 늘릴 수 있다. 이후 저류지에 충분한 압력을 가하여 생산이 가능하지만 경제성이 떨어지면 이 유정은 생산 종료가 된다. 그림 6-18은 생산량 확대를 위한 부스터시스템의 설치 사례를 보여준다.

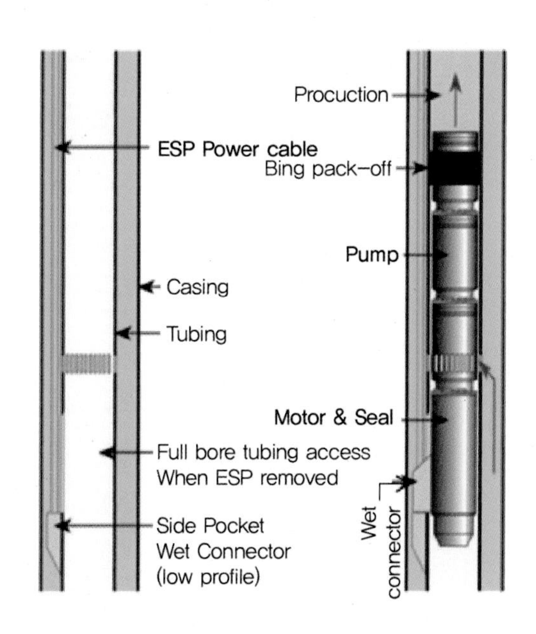

그림 6-17 Electrical Submersible Pump

(1)은 Cassion (튜빙) 내에 Vertical ESP로 유정의 흐름을 도와준다.

* ESP 부스팅에 가스와 오일을 분리하는 기능도 개발되고 있다(FMC).

(2)는 Seabed 상의 Horizontal ESP 부스팅

(3)은 Flowline 라이저에 설치 사례

- 이동 가능한 해저용 다상펌프 시스템(Multi-phase Pumping System)이 개발되어 생산정에서 나오는 오일/가스/물/모래 등이 혼합된 액상상태로 가압하여 송출하는 장치도 개발되었지만, 시스템이 복잡하고 비용도 비싸며 정기적인 윤활유 공급과 씰링 등이 문제점으로 상존한다.

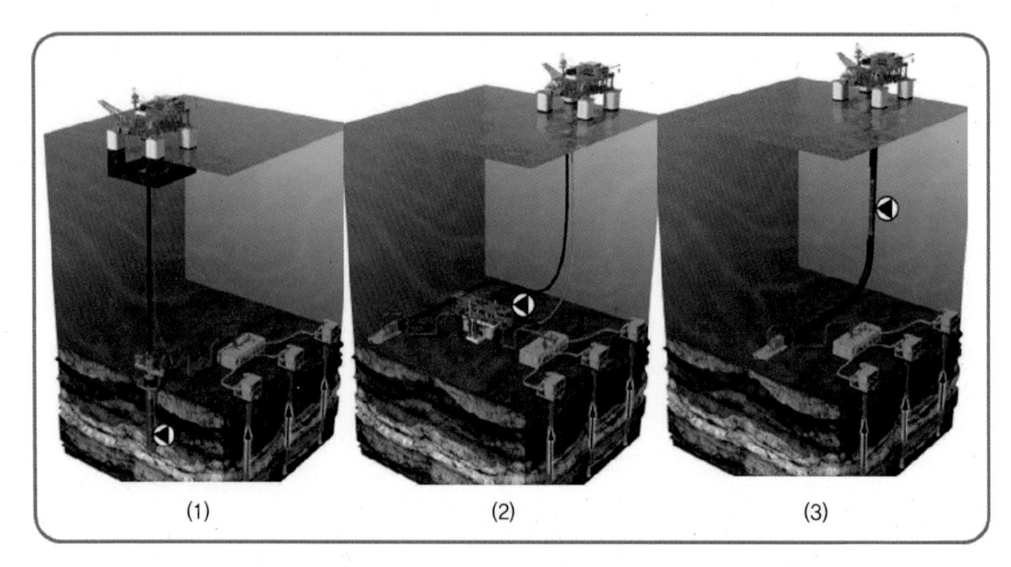

그림 6-18 Boosting System 설치 예(@fmctechnologies.com)

2) Water Disposal

분리장치에서 생성 된 물은 일반적으로 지역의 규제사항, 허용 범위와 일치된 상태에서 주입하거나 배출하게 된다. 바다에 직접 방류하는 것은 배출되는 물줄기 내의 오일 함유량이 허용치 이내임을 정확하게 온라인으로 측정/확인이 요구된다. 생성된 물을 재주입하기 위해서는,

- 주입하고자하는 물은 저류층과 화학적 호환성이 있어야 하며,
- 오일의 함유율과 고형분 수준이 장기간 재주입에 적절하도록 제어되어야 한다.

저류지층의 압력을 유지할 필요가 있다면 해저에서 분리, 생성되는 물을 주입할 필요성이 생기며, 분리된 물을 저류지층에 투입하는 것이 상부의 설비에서 작업조건을 감소시킬 수 있다. 하지만 분리된 물의 재 주입만으로 생산되는 가스/오일량을 대체하지 못하듯, 모든 공극을 채우지 못하여, 시추와 유정의 추가를 필요로 하게 된다.

최근에는 해저 부스팅 기슬의 발전으로 Water Injection 설비를 해저 유정의 근처에 직접 배치하는 시설(SWIT, Subsea Water Injection & Treatment)을 통해 전체적인 비용 감소와 생산량 증가효과를 얻기도 한다(그림 6-19 참조).

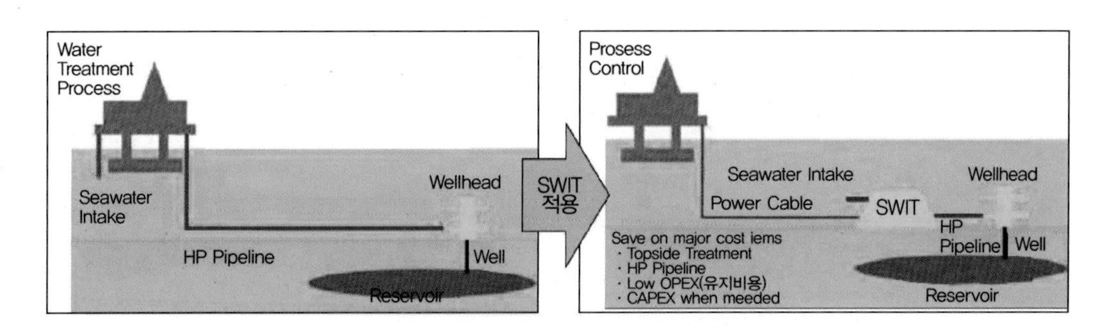

그림 6-19 Subsea Water Injection & Treatment 적용

3) Chemical EOR

화학 EOR은 적게 선택하는 방법이지만, 다루기 쉽지 않은 저류지의 오일을 녹이는 데 사용된다. 폴리머로 불리는 화학물질로 막힌 흐름을 뚫거나 표면장력을 낮추는 데 사용된다.

이 외에도 분리된 가스를 주입하거나 해상에 매우 풍부한 이산화탄소, 질소가스 등을 유정에 주입하여 저류지층의 내압을 높이는 방법도 동원된다.

6.6 SURF – 해저 설치 요소

해저설비의 운용을 위해서는 해저장치와 관련 기자재들이 설치된다. 이를 통칭하여 SURF(Subsea infrastructure, Umbilical, Riser and Flowline)로 칭하며, 주요 작업 구분은 표 6-10과 같다.

표 6-10 SURF의 주요 작업 구분

SURF(Subsea infrastructure, Umbilical, Riser and Flowline)	
Subsea Structure installation	Rigid Pipeline installation
Flexible Pipeline Installation	Installation of Umbilicals &Cables
Rigid &Flexible spool Installations	Rigid &Flexible Riser Installations
Shore Approach &Coastal Works	Subsea Stabilization &Protection

이런 작업들은 해저(특히 심해)에서 이루어지는 작업들로, 심해에서의 악조건에 견디며 제한된 기능의 ROV에 의해 수행되어야 하므로 이러한 환경이 고려된 작업조건이 개발되어야 할 것이다.

6.6.1 설치작업: 심해 작업용 무인자동차(ROV) – Diverless

많은 해저처리장치가 잠수사가 보조할 수없는 깊이에 있거나, 또는 매우 위험한 지역에 장비를 설치하고 연결해야 할 필요성이 제기된다. 심해에 설치되는 장치들은 해양지원선(OSV, Offshore Support Vessel)에 의한 하역과 ROV에 의한 조립작업으로 이루어진다. 전기와 통신선이 연결되어 해상에서 원격조정이 가능한 ROV는 현재 5,000여 대 이상이 해저에서 운용되고 있으며, 이는 카메라와 로봇팔을 이용한 단순 작업으로 장치 간의 배관과 엄빌리컬 케이블 등을 상호 결합하거나, 밸브를 열고 닫는 등 수중에서 설치, 유지 및 보수작업을 수행한다. 이 외에 무선으로 스스로 해저를 스케닝할 수 있는 AUV(Autonomous Underwater Vehicle)도 있다. 표 6-11은 API에서 정의된 ROV의 작업효율성 확보를 위한 규약이다. ROV의 운용과 조작이 용이하도록 흡착패드나 고정점(ROV Burket or Guide)이 반영되어야 하며, ROV의 동력원과 제어는 엄빌리컬을 통해 해상에서 이루어진다.

그림 6-20

표 6-11 API-ROV interface 관련 규약

코드	제 목
RP 17H	ROV Interface & ROT Intervention systems
RP 17N	Subsea Reliability & Technical Risk management
RP 17O	High Integrity Pressure Protection Systems(HIPPS)
RP 17P	Templates and Manifolds
RP 17Q	Subsea Qualification Forms
RP 17R	Flowline Connection Systems
RP 17S	Subsea Metering
RP 17U	Insulation & Buoyancy
RP 17V	Subsea Safety Systems

6.6.2 해저결합 시스템

1) Remote clamping connection

파이프라인, 엄빌리컬 및 심해 장비 등의 모든 연결부위의 결합과 보호 작업이 실시되어야 한다. 지금까지 개발, 적용되는 주요 결합시스템은 표 6-12와 그림 6-21과 같다.

ROV에 의한 작업이므로 수밀성 이외에 작업의 용이성, 편의성과 작업 시간 등을 감안하여 다양하게 개발되고 있다.

표 6-12 결합 시스템

구분	Flange	Clamp	Collect
적용 인정	o	o	o
조립특징	Bolts	1 or 2 bolt	No Bolt
여유치		±5°	±2°
조립시간	16~20 hrs(12" 기준)	Quick	Quick
가격비교	Flange < Clamp < Collect		

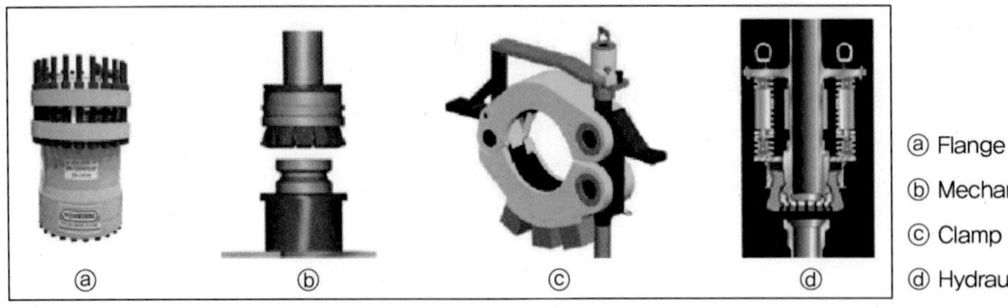

그림 6-21 주요 원격 클램핑 시스템

2) Jumper & PLEM(Terminator)

간단하게 연결되는 구조다. 그림 6-22를 보며 장비 간의 연결을 쉽게 마무리할 수 있는 점퍼(Jumper spool), 엄빌리컬도 연결구간은 설치작업이 단순해야 하므로(Umbilical) Jumper라 하며, 이는 Umbilical Terminator에서 Umbilical distribution Unit 간을 연결한다.

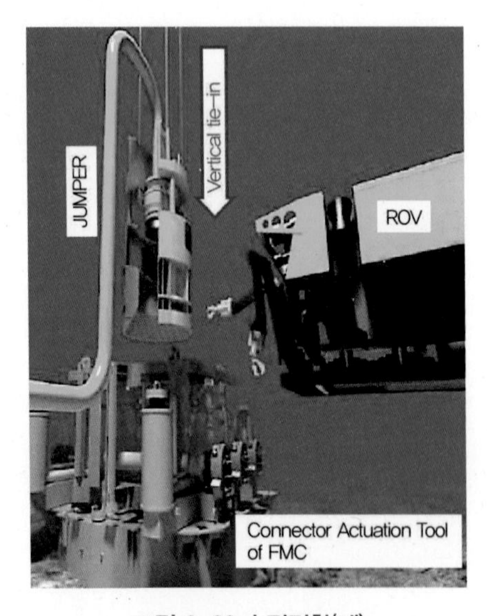

그림 6-22 수직결합(예)

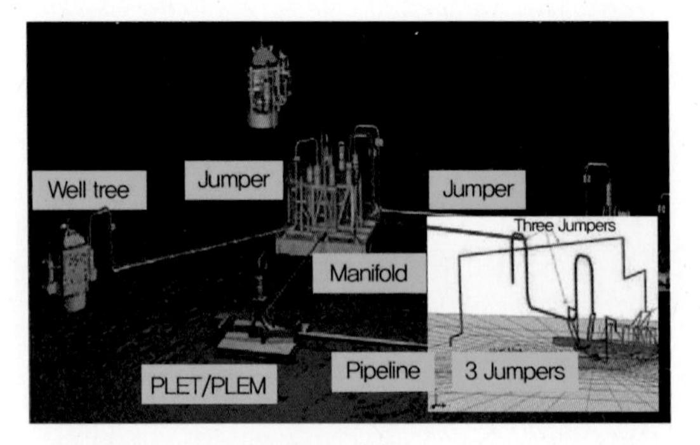

그림 6-23 해저 연결 용어(Jumper, PLET/PLEM)

파이프라인의 끝부분을 PLET(Pipeline End Terminator), PLEM(Pipeline End Manifold)라 하여 다른 장비(파이프라인, 매니폴드, 케이블 등)와 쉽게 결합할 수 있게 되어 있는 연결구조이다. 특히 PLET/PLEM은 확장성을 고려하여 연결구를 여유 있게 준비하여 설치되기도 한다. 심해에서 ROV에 의한 조립은 그림 6-22와 같이 수행되므로 해상에서 미리 작업공정을 예측하여 조립체를 '수직

결합(Horizontal Tie-In)'과 '수평결합(Vertical Tie-In)'과 같이 공정이 단순해야 한다.

6.6.3 템플레이트

해저의 설치장비를 보호, 장착이 가능한 템플레이트(Template or Guide frame)로 그림 6-24와 같이 무거운 구조물 내에 고정시키게 된다. 해저바닥은 Mud-mat, Suction Piles 등으로 고정시키며, 다른 모듈과의 결합이 용이하도록 Guide Cone, ROV의 접근성과 작업성을 위한 ROV Buckets(작업용 Mounting Point)와 엄빌리컬 연결구와 장비 콘트롤 모듈이 포함되며, 일반적으로 해양지원선(OSV), Moon Pool 등을 통해 해상에서 설치/회수가 가능하다.

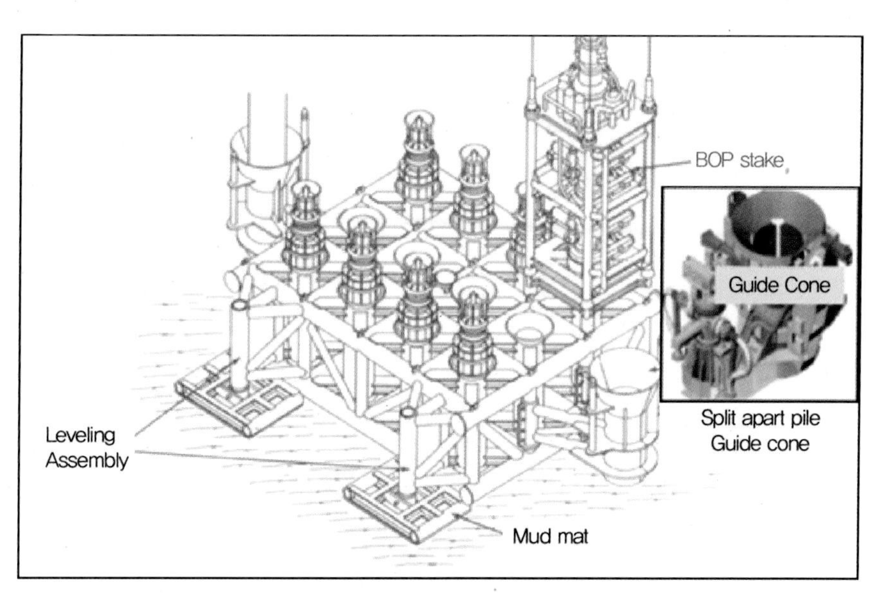

그림 6-24 템플레이트 구성 요소

1) 삽입/해체 가능형 모듈

기계장치는 마모되고 공정 조건과 시간이 지남에 따라 수정하거나 교체가 필요하여, 대부분 삽입/해체가 가능한 모듈로 설계되어, 모듈별로 유지보수가 가능하도록 한다(그림 6-25 참조).

2) Protective cover

해저장비는 정상 작동과 유지보수 시점까지 외부 충격으로부터 보호되어야 하며, 민감한 해저처리설비에 특히 중요하다. 재장착이 되도록 모듈설계를 해야 하기에 보호 커버는 개별 모듈별로 설치된다. 강한 경량 복합재료를 적용하여 보호 커버가 지나치게 복잡하지 않은 것이 효과적이다.

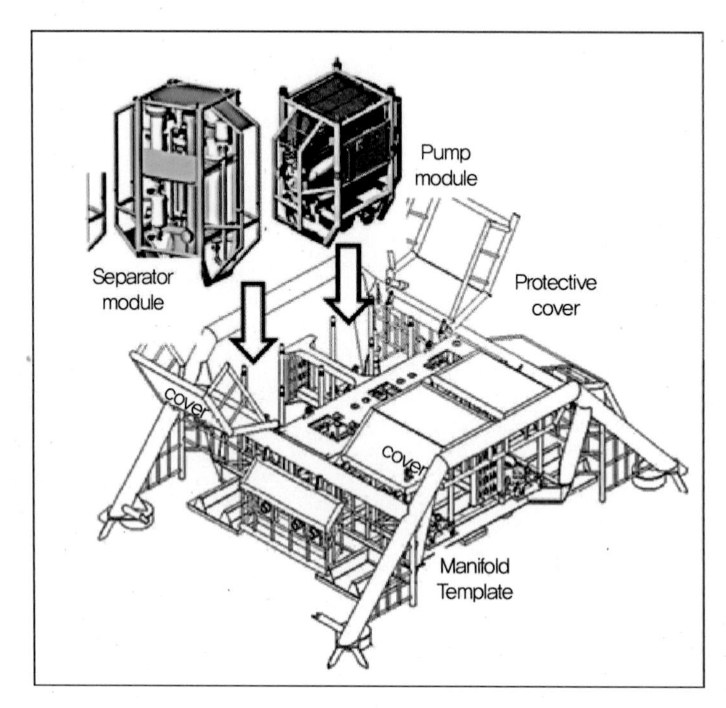

그림 6-25 템플레이트- 모듈과 보호커버

3) 매니폴드와 구조물

해저처리 장치류의 기초구조물과 매니폴드는 매우 큰 크기에 더 많은 기능을 포함할 수도 있지만, 기본구조에는 소형 유정용의 기존 처리장치를 채택하여, 처리공정을 동일 요소로 재구성하여 제작한다. 다만 차이점이라면 기존의 유수분리장치, 펌프, 전기장치와 조정시스템을 한 구조물에 묶은 것이다.

6.6.4 Subsea pig 시스템

1) 주요 역할

해저 라인에서 피그 런처와 리시버(Pig Launch/ Receiver)로 구성되는 피깅시스템은 시운전 절차에 포함되어 파이프라인의 서비스 지속에 대한 적합성 검사와 함께

- 파이프라인 내에 쌓인 이물질(모래, 왁스 침전물 등) 제거
- 왁스나 다른 광물질로부터 잠재된 치명적인 플러그를 제거
- 다상 라인에서 액상 슬러그 제거
- 화학 억제제와 함께 연동되어 각종 침전물 등을 제거한다.

2) 설치

- 한 방향으로만 보내는 왕복 배치(Round-Trip) 방식은 호스트에서 해저 설비로 피그를 보내고, 해저설비에서 호스트로는 유사 규격의 다른 라인을 통해 보내진다.
- 양방향 피그(Bi-Directional Pig)는 동일 라인에서 왕복한다.
- 단 방향 피그는 호스트에서 펌핑으로 해저로 발사하고 유정의 흐름압력으로 다른 라인을 통해 밀려 나온다.

일반적으로 피그는 플로우라인의 직경 변화와 굽힘 반경에 따라 설계되겠지만, 피그가 고착되거나 부서지는 위험성이 있어 운영을 제한하기도 한다.

상술한 위험성도 고려하여 설계 전에 고려해야 할 사항으로

- 라인 내에서 허용 가능한 직경 변화
- 라인의 급격한 방향 전환에 적절한 굽힘 반경
- 라인의 접합부에서 피그를 바르게 보낼 수 있는 배열
- 필요에 의하여 해상/해저에서 피그를 보내고 받을 수 있는 설치 공간의 확보 등

라인의 부식을 제거하지 못하는 위험요소를 줄이는 결정도 필요하고, 선택적으로 부식방지 시스템과 여러 가지 부식 모니터링 하는 시스템과 결합하는 것도 허용 가능한 방법이다. 이외에 라인의 직경이, 굽힘 반경이 바뀌어도 기능을 할 수 있는 겔(Gel)타입의 피그도 개발되고 있다.

6.7 SURF – 이송 라인의 설치

6.7.1 해저용 파이프라인의 선택

해양용 자재는 부식성에 있어 육상용과 확연히 다르며, 특히 해저용 파이프라인은 필히 단열이 되어 파이프라인의 안팎의 온도 차이를 극복해야 한다. 단열이 안되면 탄화수소는 냉각되고, 하이드레이트와 왁스가 생성되며, 파이프라인이 막히면 막대한 비용이 지불된다.

해양용 파이프의 자재 선택은 다음을 참조하기 바란다.

표 6-13 라인 파이프의 규격

API 5L	Specification for Line Pipe
API RP 17B	Recommended practice for flexible pipe
ASME B31.3	Chemical plant and petroleum refinery piping
ASTM D 2992	Practice for obtaining hydrostatic or pressure design basis for fiberglass pipe and fittings
DnV RP B201	Metallic materials in drilling, production, and process systems

1) 파이프라인의 단열 필요성

해저의 낮은 온도(내부는 뜨거운 유체; 생산 원유)에서 운용되는 파이프는 근본적으로 파이프의 표면에 물이 응축되며 표면을 부식시키게 된다. 또한 흐름 중 과도한 냉각(특히 심해)은 높은 분자량의 왁스와 아스팔트가 발생하고 흐름을 차단시킬 수 있다.

2) 파이프라인의 단열 방법

냉각 스풀(Cooling Spool)이나 적절한 파이프의 선택이나 PIP(Pipe In Pipe)와 같은 방법으로 단열을 시킬 수 있다.

- 냉각 스풀의 활용: 매우 높은 온도의 생산원유를 냉각하며 열팽창을 최소화하고, 단열이 잘된 파이프라인을 통하여 낮은 온도로 유지가 되며 전통적인 재료나 분석기술로 접근이 가능하여 인상적인 비용 절감을 할 수 있다.
- 자재 선택: 파이프 단열은 요구 응력, 외부 압력, 포화 시, 설치 후에도 충분히 견딜 수 있어야

하며, 파이프에 부하가 없는 경우 암면 같은 것보다는 해저에 적용 할 수 있는 열전도율이 낮은 폴리프로필렌, 폴리우레탄, 에폭시와 고무, 에어로젤 등의 비전통적 자재를 적용 할 수 있다.

- Pipe In Pipe(PIP): 해수가 맞닿는 주변을 이중으로 감싼 향상된 단열기술로 파이프라인으로 주변을 건조 챔버로 만들어준다. 용도에 따라 개발되고 있다(그림 6-26 참조).

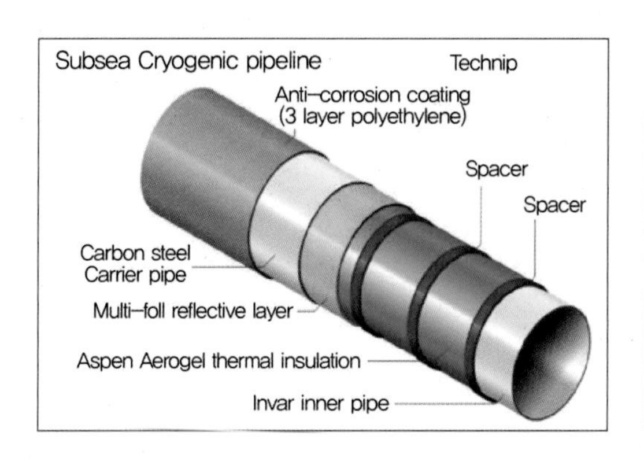

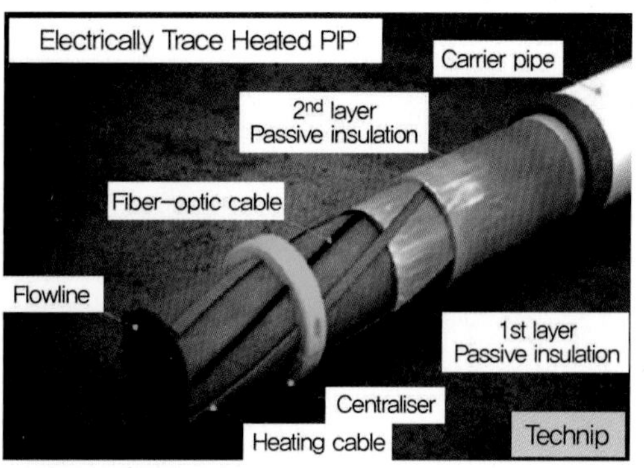

그림 6-26 PIP(Pipe in Pipe)의 저온파이프(ⓐ)와 히팅파이프(ⓑ)

3) OFFSHORE FLEXIBLE PIPE

기술의 진보 속에 오일과 가스 산업은 육상에서 깊은 심해로 커져가며, 좀 더 많은 압력을 견딜 수 있는 안전한 플렉시블 파이프를 고안하게 되었다. 플렉시블 파이프는 여러 층으로 구성된다. 주요 요소는 누설방지용 열가소성 플라스틱의 외피와 내식성 스틸와이어의 채용이다. 나선형 스틸와이어는 고압에 견디며 우수한 굽힘 특성을 가지는 구조로 유연성을 제공한다.

주요 특성

- 유연성, 효율적이며 운송을 쉽게 할 수 있게 파이프를 스풀로 만들 수 있다.
- 설치의 용이성, 모듈화, 특정 요구에 맞는 제품으로 공급이 가능한 유연한 구조로 부식 방지와 내식성이 강하다.
- 고압 대응, 설치 환경(압력)에 견딜 수 있도록 두께, 형상, 강선층을 조절할 수 있다.

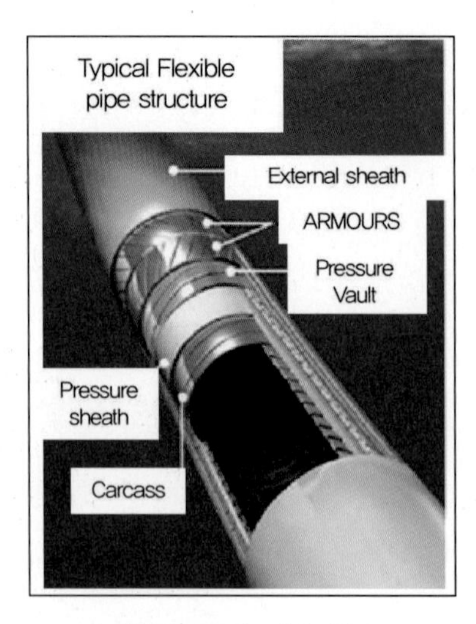

그림 6-27 Flexible Pipe

6.7.2 해저 파이프라인의 설치

1) 설치 전 검토

① 안전제일

해양의 파이프라인을 설치하기 전에 계획 및 설계가 첫 번째이다. 최선의 계획은 안전과 최저 비용과 친환경적인 부분으로 이것이 경로 선택이다. 안전제일, 이것은 파이프라인 제조 전체 공정에서 아마도 가장 중요한 일이 될 것이다. 가장 안전한 경로는 인간과 주변환경에 위험 요소와 충격을 최소화하도록 고려되어야 한다. 더구나 기존 환경이 필히 검토되어야 한다. 골짜기, 화산, 급경사, 다른 극단적 환경은 파이프 경로의 선택은 피해야 한다.

② 최소 경로

가장 짧은 경로란 가장 효율적이고 효과적인 경로 선택을 의미하며, 설치 위험의 최소화와 압력 손실의 최소화다. 긴 파이프라인은 압력 손실이 가장 민감할 것이다. 만일 긴 파이프라인의 경로가 설치된다면, 파이프라인을 따라 컴프레셔를 추가할 필요가 있다.

③ 쉬운 설치

해양의 파이프라인 설치는 쉬운 요소가 아니며, 가장 쉬운 길을 찾아야 한다.

④ 파이프라인의 자재

파이프라인의 설치 전에 파이프 자재는 주어진 환경과 운영조건에서 양립되어야 한다.

2) 해저 파이프라인의 설치

해저 생산 시스템에 대한 플로우라인과 엄빌리컬(이하 '해저라인') 설치 시 고려해야 할 많은 요소들이 있다. 해저의 깊이, 해저면의 굴곡, 설치라인의 길이와 무게, 결합 요소 등 이런 요소들이 파이프라인의 수명과 비용 등이 결정될 것이다. 해저라인은 포설선(Lay Vessel)에 의해 설치하며, 포설방법에 따른 종류는 표 6-14과 같다.

표 6-14 파이프라인과 엄빌리컬의 설치방법

종류	주요 특징
S-lay	포설선에서 연속 용접 심해로 갈수록 굽힘응력(곡률반경) 증대
J-lay	포설선에서 연속 용접 심해용으로 주로 활용
Reel	스풀에 감겨진 배관을 육상에서 제작, 설치 작은 직경의 배관(200~600 mm)
Tow	스풀의 축은 수평/수직으로 위치 부이로 높낮이를 조절

① S-lay

해저라인이 수평 또는 수평 가까운 위치에서 만들어진다. 파이프에 작용하는 굽힘응력을 감소시키기 위해 파이프는 스팅거에 의해 지지되며, 파이프의 버클링을 방지하기 위하여 텐셔너가 인장력을 확보한다. 스팅거의 곡률반경은 파이프의 최대허용응력을 고려하여 설계된다. 수심이 깊어질수록 곡률반경을 키워야 한다. 포설선의 진행방향으로 S형상으로 길어지며 해저면으로 하강한다.

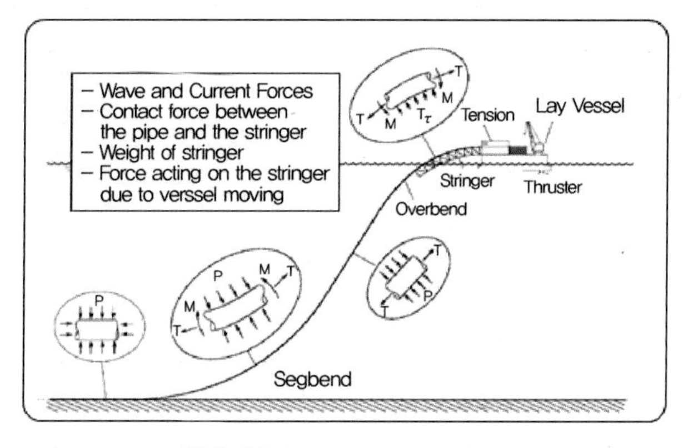

그림 6-28 Buckling during S-Lay

② J-Lay

해저라인이 포설선에서 수직 또는 수직에 가깝게 설치된 타워에서 접합된 파이프는 램프를 통과하며 스팅거에 의해 조정된 각도에 따라 미리 결정된 인장력으로 잡아준다. 이 방법은 S-Lay의 Over-bending 지점을 제거할 수 있으며, 매우 깊은 심해로의 포설도 가능하다. 특히 해수면에 인접 구역의 굽힘응력이 적다는 것이 가장 큰 장점으로 수심 3,500 m에도 적용이 가능하다. 다만 S-Lay에 비해 시공속도가 늦은 단점이 있다.

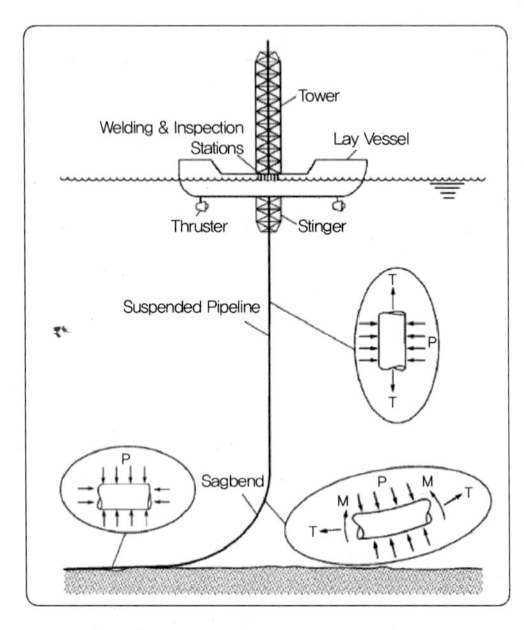

그림 6-29 Buckling during J-Lay

③ Reel-Lay

작은 직경의 케이블과 엄빌리컬을 설치하는 가장 효율적인 설치 방법의 하나이다. 수마일의 해저라인을 육상에서 조립(제작, 검사, 코팅, Anode 포함)하여, 20 m×6 m 크기의 스풀 상태로 설치지점까지 운반하여 해상에서 풀어가며 설치한다. 비교적 직경이 작은 배관으로 스풀에 감길 때와 설치시에 풀어 직선으로 만들 때의 버클링과 굽힘응력 등을 평가해야한다. 배관 코팅의 박리현상과 균열 여부가 관건이다. 포설선에는 스풀에 감겨져 있던 파이프를 직선화하는 스트레이너와 스풀을 교체하며 연결하기 위한 용접 및 검사 설비 등이 갖추어진다. 파이프를 연장 시에는 파이프의 끝 부위에 부이를 달아 표시해둔다. 이 방식은 수심 1,000 m 이상도 가능하며 비교적 적은 직경의 파이프 설치 시에 경제적인 방법이다. 시간당 2마일, 포설비용이 싸다.

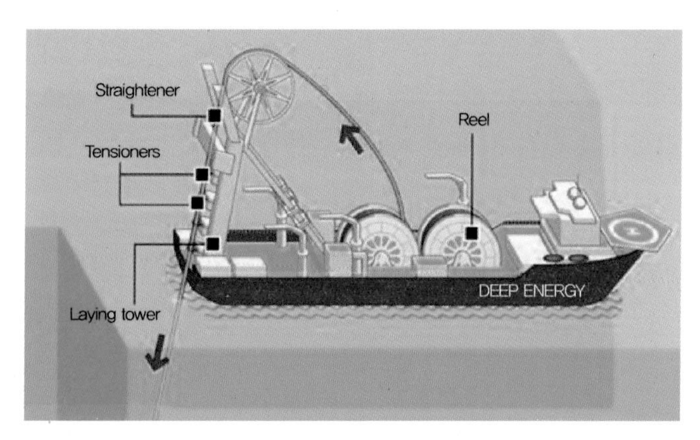

그림 6-30 Reel-lay

④ The Tow Lay

견인 방법은 릴 방식과 같이 육상에서 준비하여 설치위치까지 견인하므로 육상에서 시험과 검사를 수행할 수 있다는 점이고, 해저라인 설치는 기술적으로 확실하며 경제적인 방법이다. 설치 시 터그보트의 도움을 필요로 하며 4가지 방법이 있다. 설치방법도 그림 6-31과 같이 해상에서 해저면까지 깊이에 따라 안전하게 업이 가능하다.

- Surface Tow
- Mid depth Tow
- Off-bottom Tow
- Bottom Tow

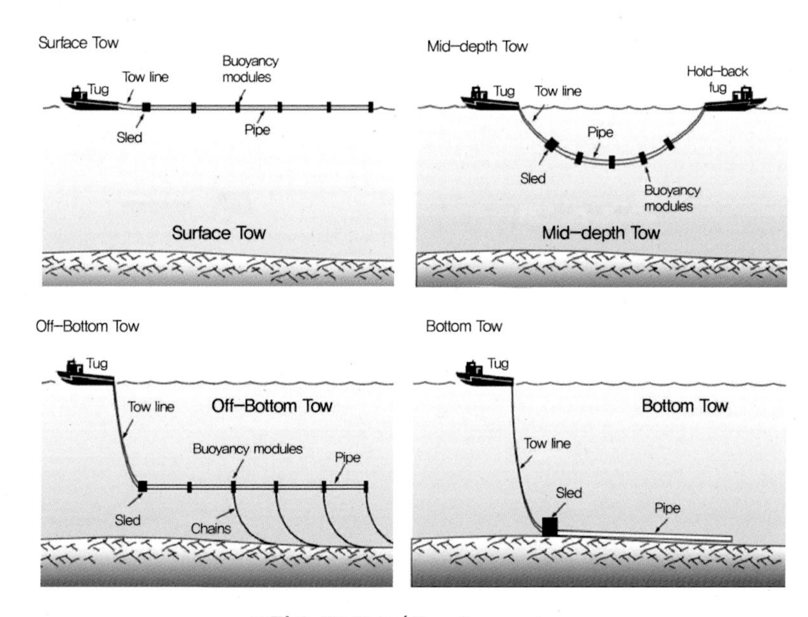

그림 6-31 Pull / Tow Lay system

해저의 심도가 깊어지고, 해저 유전은 넓어지며 해저라인은 깊어지고 길어지며 설치 작업은 점점 복잡해진다. 주요 장점으로, 깊이나 파이프의 규격에 관계없이 설치가 쉽고 안전하며, 다른 방식에 비해 설치 중에 굽힘이나 변형이 적은 편이다. 또한 낮은 수심에서도 가능하며 매우 빠르다.

다만 견인 중에는 파이프의 허용 가능한 벤딩 범위를 유지하는 것이고, 심해에 설치 시에는 심해의 외압을 견딜 수 있도록 내압을 유지해야 한다.

6.8 SURF – 제어장치

6.8.1 해저장치의 생명선 엄빌리컬(Umbilical)

해저의 생산설비는 전기와 유압에 의해 움직여지고, Topside에서 제어모듈(SCM, Subsea Control Module)을 이용하여 장치들을 제어한다. 가혹한 환경(Diver-less)에서 정확한 제어와 모니터링은 상부구조에서 공급되는 전기, 유압 등의 공급으로 가능하며, 이는 엄빌리컬을 통하여 각 설비들과 연결되며 실행하게 된다.

- 고전압 전력
- 원격 제어 및 모니터링 신호
- 화학 억제제 투여

그림 6-32는 FMC Technologies의 엄빌리컬을 통한 해저 콘트롤 시스템의 구성 사례로 플랫폼의 상부에는 유압과 전기공급장치(HPU & UPS), 화학약품 주입 유니트(CIU)와 해저와의 통신용 시스템(SPCU)으로 해저 시스템을 조정하고 모니터링을 하고 있다. 해저에는 통신증폭장치(SRM)와 각 장치에 결합되어 있는 유압 콘트롤 유니트와 센서 등이 엄빌리컬과 연결되어 있다.

통합된 엄빌리컬의 서비스는 상업적으로 잘 입증되었지만, 전원공급의 한계가 있어, 제어기능과 케미컬 주입기능이 주력이 되어야 할 것이다. 또한 케미컬은 사용률에 따라 부표의 선체 또는 해저 분리장치 내에 저장될 수 있으며, 보트에 선적하여 보충도 가능하다.

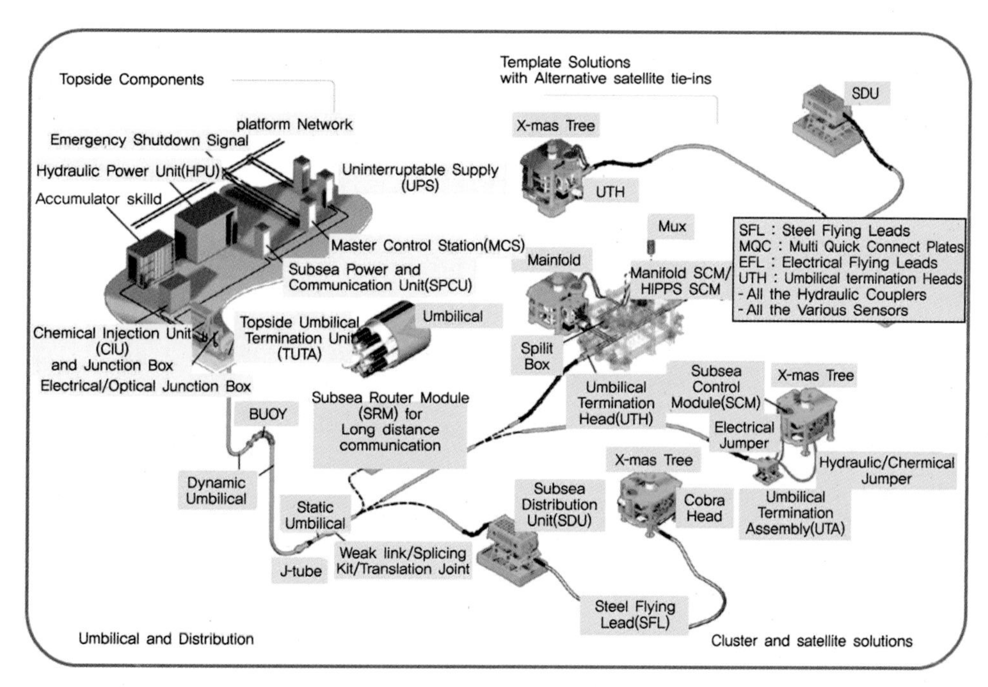

그림 6-32 해저 콘트롤링 시스템의 예(@FMC Technology)

6.8.2 원격 제어

해저장비의 운영은 원격조종에 의해 시스템이 움직이도록 높은 수준의 자동화로 설계되어 있으며, 운영자가 수선할 기회가 적기 때문에 매우 안정되어 있다. 운영자에 의한 조작 실수는 적지만, 계측 실수의 결과는 매우 심각해진다. 시스템의 신뢰성은 설치과정에서 계측장치와 QA/QC의 견고함에 의존한다.

이러한 시스템이 실패하는 경우, 필연적으로 잘 설계된 모니터링 시스템은 문제를 빠르게 식별할 것이다. 적절한 제어 시스템 설계, 기기 선택 및 설치의 중요성은 아무리 강조해도 지나치지 않다. 불가피하게 문제가 생겼을 때, 설계가 잘된 모니터링 시스템은 매우 빠르게 문제를 식별할 것이다. 적절한 제어 시스템 설계, 기기 선택 및 설치의 중요성은 아무리 강조해도 지나치지 않다.

해저용 처리공정설비의 제어는 육해상 모두 동일하게 적용하고 있지만, 해저에 들어가는 모든 것이 원격 조정의 대상이며, 정밀제어와 안정성 확보, 운영 및 유지보수 비용도 도전이다. 이에 기술적으로 해저 설비를 위한 제어 시스템은 구체적으로 장비의 제어와 감시에 대한 신뢰성 있는 통제 절차가 있어야 하며, 밸브와 펌프 등의 운용절차, 위험 감지, 위험 상황에 따른 대체 절차, 개별 구성품에 대한 내부 시스템의 통합 감시와 제어 시스템 등이 실시간으로 감지되어야 한다.

1) ESP 펌프의 정밀 제어

해저유정에 설치된 ESP 펌프(ESP)는 해상에서 고전압 AC 모터를 가변속하여 제어하지만 차가운 해저환경이 만드는 무한의 방열이 정밀제어를 어렵게한다.

2) Electric valve actuator

해저의 Water Injection 펌프, 파이프 라인 이송 펌프는 전기/유압 시스템으로 밸브를 제어하지만, 밸브 작동장치가 본질적으로 물 깊이가 고려되지 않고, 해저용의 복잡성을 피해가고 있다.

6.8.3 Electric Power Management

해저처리공정은 많은 계측장치와 제어와 압력을 크게 높이기 위해 매우 큰 전력까지 요구되며, 처리공정의 성공을 위한 핵심의 하나이다. 현재 해저생산 시스템은 상류(Topside)에서 고압과 저압의 전원을 공급하는 통합 엄빌리컬에 의존한다. 각각의 최종 사용자는 번들(묶음)의 전기 케이블에서 분기하여 운용하고 있다. 모터를 제어하는 분배 센터는 상류에 위치하기에 적은 전류를 사용하려해도 대기 상태로, 상대적으로 사용이 제한된다. 유수분리기, 펌프, 계기장치는 상류나 해저에 설치되겠지만, 처리공정 장비는 이미 해저용으로 가능하기에, 의도하는 깊이의 해저환경에 대한 설비들의 외부얼개와 원격처리에 의한 설치와 유지보수 측면에서 깊은 고심이 필요했으며, 많은 부분은 해저 생산장치에서 이미 증빙이 되었다. 이에 고전압 해저 송신과 배전 시스템의 개발은 좀 더 복잡해지는 해저 처리공정설비에 의한 많은 요구(전원 케이블과 엄빌리컬)를 줄이며, 유연하고 최적화한 설계를 할 수 있을 것이다.

1) 초고압 커넥터(High-voltage connector)

신뢰성, 해저용으로 확실하게 쓸 수 있는 고전압 커넥터의 개발은 지속적인 도전이 될 것이다. 원거리의 해저처리공정 장치들의 매우 큰 부하도 지지할 수 있는 11 kVA용 커넥터까지 요구된다. 이는 해저 설치 및 유지보수의 유연성을 위해 매우 중요하다. 여러 기업에서 시제품이 출시되고 있으며, 더욱 야심 찬 36 kVA 용량도 시도되고 있다. 그림 6-33은 GE에서 개발하는 심해용 전기 커넥터로 물을 접지로 활용하고 오일을 절연체로 사용하고 있다. 심해의 높은 압력과 커넥터 내부의 배압을 동일하게 유지하며, 심해 환경에 적용한다는 개념을 기본으로 유수 기업들에서 개발되고 있다.

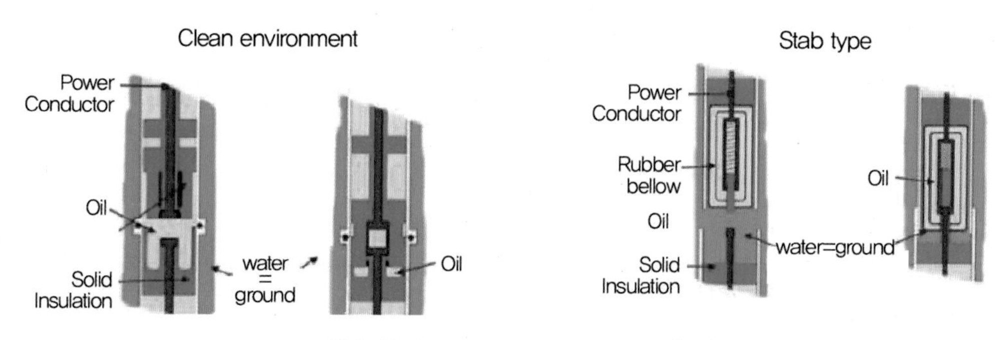

그림 6-33 Subsea Voltage Connector(GE)

2) 심해 초고압용 절연개폐장치와 변압기

고전압 전원 케이블, 절연개폐장치(Switchgear)와 변압기의 해저배전 시스템이 요구된다. 육해상용 전기부품을 해저에서 무인설치 할 수 있는 제품들은 이미 시험되었다. 통합된 엄빌리컬의 서비스는 상업적으로 잘 입증되었지만, 전원공급의 한계가 있다. 해저 처리시스템에서 가장 필요한 고전압 전원의 많은 양을 공급하기 위해서는 별도의 전원 케이블이 필요하며, 엄빌리컬은 제어기능과 케미컬 주입기능이 주력이 되어야 할 것이다.

3) 근접지역(부표)에서의 전력공급

엄빌리컬을 통한 긴 전력 케이블은 비용과 함께 표 6-15와 같은 물리적 한계도 가진다.

표 6-15 엄빌리컬(전력공급)의 물리적 한계

- 케이블 크기	- 최대 전압
- 전압 손실	- AC 라인의 노이즈

엄빌리컬은 해저처리공정의 제어와 케미컬의 저장과 주입 부문에 주력하고, 고전압의 발전기를 무인부표에서 제공하는 것도 해법의 하나이다. 전형적인 해저 처리설비는 1 MW급 수준이다. 유

정을 제어하고 케미컬을 주입하는 부표는 현재 적용 가능한 기술로, Western Mining Corp.'s East Spar well-control buoy in Australia의 전력 수요는 약 5 kW로, 부표의 갑판에 4대의 7 kW급 디젤발전기 세트(실행 1대, 대기 3대)를 설치하여 공급하고, 해안에서 공급선이 1년 단위로 연료를 충전시키고 있다. 해저분리장치에서 얻어지는 가스를 연료로 활용하는 1~3 MW 수준 사례도 있다(사례: Ocean Resource Ltd., designer of the East Spar and Mossgas(Indian Ocean, offshore South Africa). 해저 처리용의 요구 전력을 공급하기 위해서는 기술의 한계가 있으며, 유정을 제어하는 것보다 훨씬 더 고심해야 한다.

4) DC 발전

해저처리공정의 전력 요구량은 몇 Mega Watt(MW)수준의 상당한 양의 전기를 필요로 한다. 일반적으로 펌프 작동, 물을 유정에 주입하거나, 생산속도를 증가시키기 위해 생산 유체의 압력을 증가 등이며, 추가적인 해저 전력은 습식 가스 컴프레서, 원심분리기등이 포함되며, 분배, 연결, 조정 등의 기능을 하는 해저용 케이블, 케이블 커넥터, AC 변압기(압력 보상), DC 변환장치 이외에도 전기 모터, 변압기, 고전압 습식 meteable 커넥터, 주파수 변환기 등을 포함히여 시스템으로 공급되어야 하는 전력까지 필요로 한다.

DC 전력 전송 시스템은 장거리 이송이 편리한 AC 전력 전송시스템에 비해 많은 이점을 가진다.

- DC 시스템으로의 변환 손실이 작다.
- DC 시스템은 구성과 부하 모드에서의 변화에 본질적으로 덜 복잡하고 유연하다.
- 전송방법이 AC는 3상, DC는 3상으로 전송이 가능하다.
- DC는 전압만 동기화하지만, AC의 위상, 주파수 및 전압에 대한 동기화가 필요하다.
- DC용 모터의 비용이 AC에 비해 고가이다.

전반적으로 직류 전원이 교류 전원에 비해 장점이 많지만, DC 모터는 AC 모터에 비해 여러 요소들의 유지보수에 대한 요구가 좀 더 많다는 것을 유의해야 하며, 높은 전압에서 DC를 AC로의 변환은 아직은 해저설치가 안된다. 주어진 환경에 의한 시스템의 선택은 생명주기 비용의 평가에 기초할 것이다.

07

유전 운용을 위한 유틸리티 시스템

chapter 07 유전 운용을 위한 유틸리티 시스템

본 장에서는 주요 생산 및 처리공정에 대한 유틸리티와 지원을 제공하는 다양한 시스템에 관해 개략적으로 설명한다.

7.1 공정제어 시스템

공정제어 시스템(Process Control Systems)은 생산설비를 실시간으로 제어하고 감시하며 공정관리 정보의 일원화를 위한 핵심수단이다.

규모가 매우 작은 경우에는 전기, 유압과 공압에 의한 제어로 가능하지만, 공정을 전후로 최대 25만 개 이상의 신호가 장착된 대형 플랜트의 경우는 특성화된 분산제어 시스템(DCS, Distributed Control Systems)이 요구된다.

이 시스템의 목적은 많은 수의 감지기(센서)로부터 값을 읽고, 공정을 제어하기 위한 제어밸브, 계측장치, 스위치 등을 감지하기 위한 프로그램을 작동시키며 공정을 제어한다. 현장설비의 상태값, 알람, 보고서에 이르기까지 제어용 정보를 취득하고 조작자에 의해 이를 수행토록 한다. 이들 공정제어 시스템은 다음의 요소들로 구성된다.

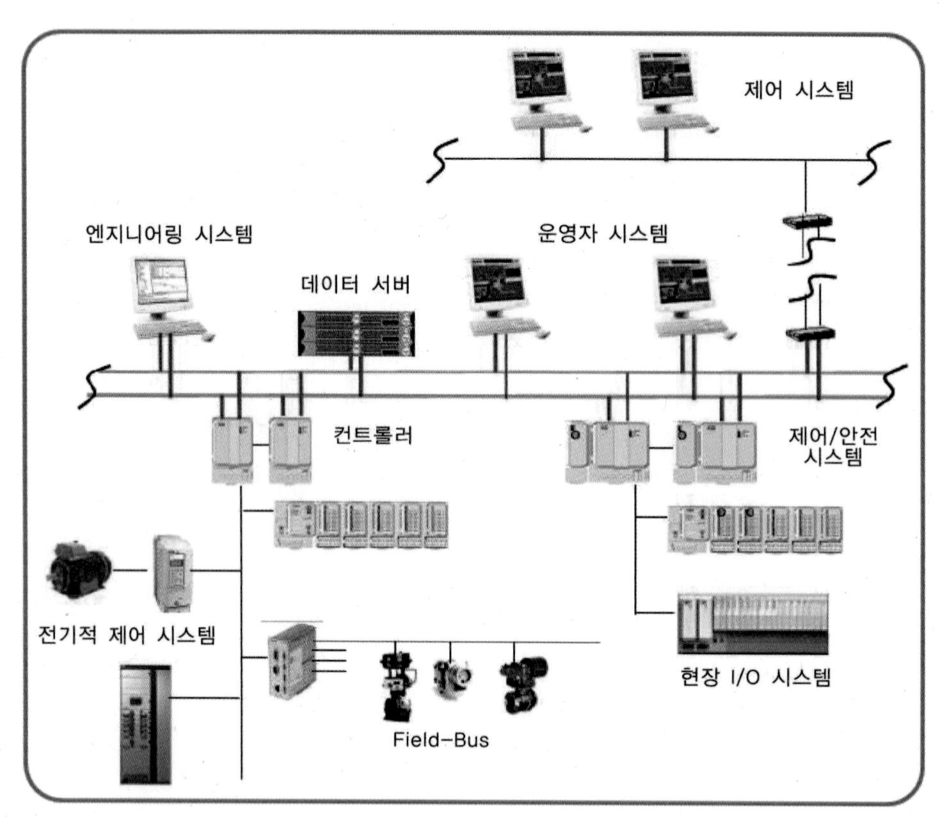

그림 7-1 분산형 공정제어 시스템(Basic Process Control System)

7.1.1 구성요소

- 현장계측장치: 온도, 압력, 흐름과 같은 공정 상태를 감지하는 감지기와 스위치는 다중의 전력 케이블(hardwired)과 필드버스(Field-bus)로 불리는 통신 네트워크와 결합되어야 한다.
- 원격제어기기: 밸브 작동기(액튜에이터), 전기스위치 기어와 조작장치, 감지장치와 같은 제어기기기 등도 전력 케이블과 통신 네트워크에 결합되어야 한다.
- 제어기능의 수행: 알람의 경보를 근간으로 현장의 상태변화, 알람 조건, 조작자의 준비된 자료와 정보 시스템 등으로 주어진 현상을 준비된 제어 알고리즘에 따라 조종된다.
- 실시간 공정관리정보를 위한 핵심장치(서버, Server): 실시간 현장 확인과 경보신호처리, 누적된 자료와 설계변경상태 등을 종합적으로 사고하여 판단할 수 있다.
- 사용자 친화적 환경(Human Interface)이 제공되어야 한다.
- 커뮤니케이션의 유지: 시설관리, 원격조작과 운영지원 등을 위한 다양하고 복잡한 시스템 구성도 불구하고 지속 유지되어야 한다.

7.1.2 주요 기능

제어 시스템의 주요기능은 설계의 제한조건과 알람의 한계 범위에서 생산활동과 처리공정의 유지, 유틸리티 시스템들이 효과적으로 조작됨이 확실해야 한다. 이 시스템은 제어논리와 제어조건(AND, ADD, PID)이 결합된 프로그램으로 명시되어야 한다.

수위조작회로(Level Control Loop), 모터 조작단위(Motor Control Blocks)와 같은 해법은 표준 라이브러리로 정의되어 있다. 이 라이브러리는 시스템 내에서 특정 표준회로와 여러 입력장치, 공정회로 및 출력장치와 조합되어 프로그램 내에서 구사할 수 있다. 이는 일반적인 프로그래밍 기법보다 엔지니어링 데이터베이스와 라이브러리를 기본으로 제어 시스템을 개발, 운용하게 된다. 구체적으로 라이브러리는 작업절차(Work Procedure), 입출력장치와 기능 단위(Function Block)의 IPO(Input-Process-Output) 등을 정의하게 된다.

시스템은 중앙관리실(CCR)에서 운영되며, 그래픽에 의한 공정표식, 알람 목록, 보고자료와 누적되는 데이터커브 등을 참고하며 조작, 운영하게 된다. 개인 스크린이 대규모 벽면 스크린과 결합되어 사용되어야 하며, 동일한 정보가 육지의 기업운영 지원센터와 같은 원거리에서도 이용 가능해야 한다.

그림 7-2 방폭 심볼

용어
- 자동제어조건(AND, ADD, PID) - PID: 자동제어 알고리즘의 한 종류로 '비례미적분제어' 방식이라고도 한다. 모터의 속도, 수위, 온도 등의 변화되는 값을 되돌림 받아가며 정상상태의 오차범위 이내에서 제어되도록 한다(Proportional, Integral, Differential).

7.1.3 위험지역 등급

오일과 가스 생산구역은 점화 가능성이 있는 농도의 가연성가스 또는 증기의 양이 포함될 가능성이 항상 상존하고 있다.

이에 가연성 물질의 존재 가능한 지역을 표 7-1과 같이 위험지역 등급(Zone)으로 구분하고 있다. 가연성 물질이 점화원에 노출될 때 화염 전파가 가능한 최소농도(Low Explosive Limit, LEL) 이상이면 화염은 전파된다. 이에 IEC는 위험지역에서 사용되는 조명과 전기장비류는 기본적으로 탄화수소의 누출가능성에 따른 점화장치가 되지 않아야 한다.

이에 위험지역의 등급에 따른 사용 가능한 방폭 장비를 사용하여야 한다(표 7-2 참조).

표 7-1 위험지역의 등급기준 I

위험지역		노출시간(연간)	적용 기준
DIV.	ZONE		
1	0	1,000H 이상	(지속적 위험) 폭발성 가스와 공기혼합물이 지속적 또는 장시간 존재한다.
	1	10H~1,000H 미만	(간헐적 위험) 통상적인 가동 중에 폭발성 가스와 공기혼합물의 발생 가능성이 높다.
2	2	10H 미만	(발생 가능한 위험) 통상적 가동 중 폭발성 가스와 공기 혼합물의 발생 가능성이 낮다.
관련 규약		1) DIVision은 주로 북미(NEC 500)에서 적용 2) ZONE은 유럽(IEC), 북미(NEC 505)	

표 7-2 위험지역의 등급기준 II

위험지역		방폭 기호	적용 기준	노출시간(연간)
DIV.	ZONE			
1	0	Ex ia	본질적 안전 방폭(Intrinsically Safe)	1,000H 이상
		Ex s	특수 방폭(Special, Specially Certified)	
	1	Ex d	내압 방폭(Flameproof), 용기 내부 폭발	10H~1,000H 미만
		Ex ib	본질적 안전 방폭(Intrinsically Safe)	
		Ex p	가압 방폭(Pressurized/Continuous dilution)	
		Ex e	안전 증방폭(Increased safety)	
		Ex m	몰드 방폭(Encapsulation)	
2	2	Ex n	비점화 방폭(Non sparking, Non-incentive)	10H 미만
		Ex o	유입 방폭(Oil)	
		Ex q	충전 방폭(Powder/ Sand Filled)	

7.1.4 추가 기능

기본기능 외에도 제어 시스템은 향상된 수준의 제어와 최적화 기능이 요구된다. 몇 가지 예를 보면 다음과 같다.

- 유정제어: 단위 유정, 유정의 집합단위로 자동적인 시동과 정지 명령이 포함된다. 유정 내 펌프의 On/Off와 증산을 위한 인공 리프팅용 장치의 안정적 운용과 최적화를 제어하게 된다.
- 흐름보증: 유정과 파이프라인, 라이저 내에서의 흐름은 다양한 압력, 온도변화와 파이프 내의 하이드레이트, 슬러지, 플러그 등의 변화 등에 따른 불안정한 흐름을 안정적으로 극대화되어야 한다.
- 다양한 공정의 최적화를 통해 생산역량을 높이거나 에너지 비용을 줄인다.
- 파이프라인 관리를 위한 모델링을 통하여 누수 감지와 Pig 시스템을 이용한 파이프라인 청소작업 등
- 원격제어 기능으로 시설의 실시간 상황을 중앙지원센터에서 지원이 가능하게 된다.
- 전체 시설에 인력이 없거나 지역별 작업자가 없는 경우에도 원격제어 위치에서 조정, 제어되어야 한다.

7.2 안전 시스템과 기능안전

안전에 관한 정의는 직접적이든 혹은 간접적이든 사람들의 건강에 미치는 물리적 피해나 상처로부터 '용납할 수 없는 위험으로부터의 자유'이다. 이를 위해서는 용납할 수 있는 위험은 무엇이며 용납할 수 있는 위험 수준에 대한 정의를 누가 내려야 하는지에 관한 정의가 요구된다. 이러한 정의와 관련하여 아래와 같이 여러 가지 개념이 수반된다.

- 안전 시스템의 기능이란 공정과 시설이 정상적 작동조건에서 작동하지 않는 공정과 시설을 통제하며 사고를 예방하는 것이라고 할 수 있다.
- 기능별 안전은 전반적인 안전의 일부분으로 다음 사항을 포함한다. 작업자의 실수, 하드웨어 장애 및 오작동, 화재와 번개 같은 환경변화에 대한 안전한 취급을 포함하여 입력조건에 대한 안전시스템의 정확한 반응 등

7.2.1 접근방법

1) 요구되는 안전기능이 무엇인가를 확인하는 것으로 위험과 안전기능을 알아야 한다. 잠재위험을 예측하여 예방하는 과정으로 위험과 실패 모드를 확인하는 것이다.

   - 공식적인 위험식별 연구(Hazard Identification, HAZID)
   - 위험 및 운전성 연구(Hazard Operability Review, HAZOP)
   - 사고검토 등

2) 안전기능에 의해 요구되는 위험감소(risk-reduction)에 대해 평가(IEC 61508)
   안전무결성수준(Safety Integrity Level, SIL)의 결정법: 수반 안전과 관련한 시스템 말단 간의 안전 기능에 적용하는 것으로 안전 시스템의 특정 요소나 부품이 아닌, 안전 관련 시스템이 갖추어야 할 사항을 규정한 등급에 따라야 한다.

3) 작업자의 부정확한 입력과 오작동 모드 상황 하에서 안전기능을 보장하는 방법은 설계 의도에 따라 안전기능이 수행되어야 한다. 기능에 대한 안전관리는 안전 시스템의 수명기간 중 모든 기술적인 관리활동으로 정의한다. 안전 수명주기는 기능안전을 달성하는 데 필요한 모든 활동을 확실히 수행하고 그러한 활동이 올바른 순서로 수행되었음을 보여주기 위한 체계적인 방식이다. 안전은 다른 엔지니어링 분야에 정보를 전달할 수 있도록 서류로 문서화해야 한다.

7.2.2 공정제어를 위한 기능안전

석유와 가스플랜트는 막대한 자본이 투입된 공정제어산업으로 인간과 환경에 직접적인 영향을 미칠 수 있는 안전성 확보는 우선적으로 고려되어야 한다. 이는 플랜트의 사고발생 빈도와 피해규모 등을 고려하여 발생가능 빈도에 대한 분석으로 정도를 예측할 수 있다.

이와 관련한 안전표준으로 기업, 국가, 국제법 및 표준과 가이드라인으로 구성되어 있다. '절대적 안전(고유안전)은 존재할 수 없다.'는 철학에 기초한 확률론적 접근으로 위험요소를 경감시켜 일정 수준의 안전을 확보하는 '기능안전'에 의미를 부여하였으며 IEC(국제전기표준회의)는 IEC 61508에서 다음과 같은 하부규격으로 지침을 정립하였다.

- IEC 61508: Functional safety of electrical/electronic/programmable electronic safety related system(예: Shut-Down System)
  - IEC 61511: Process & Plant(석유화학, 가스플랜트 규격)

- IEC 62061: Machinery(기계)
- IEC 61513: Nuclear(원자력)
- IEC 60601: Medical(의료장비)
- IEC 62278: Railway(철도)

IEC 61508은 안전 시스템의 제조자, 공급자를 위한 안전규격으로 장치산업에서 활용되는 제어시스템의 신뢰도 확보를 위한 전기/전자/소프트웨어(E/E/PE)의 기능 안전성을 요구하는 포괄적 규약으로, 설계기준을 네 단계의 '안전무결성등급(Safety integrity Level, SIL)'으로 분류하고 위험감소인자(RFF)와 작동 시 고장확률(PFD)에 대해 대응하는 요건은 다음과 같다.

- 적용되는 하위 시스템과 구성요소들이 안전기능 구현을 목적으로 결합될 때, 관련기능의 SIL 목표를 충족시키기 위해 필요한 안전계장 시스템(Safety Instrumented System, SIS)을 구성하는 말단의 센서와 컨트롤러 등에 적용된다.
- 전기/전자/소프트웨어(E/E/PE)를 적용하는 안전 시스템에 사용될 제품의 공급자는 관련 시스템이 IEC 61508 규정에 의한 충분한 정보를 제공해야 한다. 이를 위해 시스템의 기능안전을 개별적으로 인증할 필요가 있다.

표 7-3 안전무결성 등급(SIL)

안전무결성 등급(SIL)		Low Demand	High Demand
		고장확률(PFD)	실패율/시간(λ)
1	Low	$10^{-2} \leq PFD < 10^{-1}$	$10^{-6} \leq \lambda < 10^{-5}$
2	Medium	$10^{-3} \leq PFD < 10^{-2}$	$10^{-7} \leq \lambda < 10^{-6}$
3	High	$10^{-4} \leq PFD < 10^{-3}$	$10^{-8} \leq \lambda < 10^{-7}$
4	Very High	$10^{-5} \leq PFD < 10^{-4}$	$10^{-9} \leq \lambda < 10^{-8}$

상기 표 7-3에서 안전무결성 등급(SIL) 3은 제어기기의 고장확률이 1/1,000~1/10,000 수준으로 제어기기의 신뢰도는 99.9% 이상에서 99.99% 미만을 의미한다.

IEC 61511은 안전 시스템의 설계자, 개별 기능 결합자와 사용자를 위한 안전규격으로 공정제어계층의 계장(계기/계측) 시스템의 기능안전과 관련된 세부규약이다.

- IEC 61511: Functional safety-Safety instrumented systems for the process industry sector

중대한 사고를 발생시키는 원인은 단 하나의 단일행위로 이루어지는 경우는 결코 없으며 발생 원인은 일련의 행위들의 결합으로 이루어진다. 중대한 사고예방을 위하여 공정제어계층에 사고 발생의 예방을 목적으로 보호층(Protection layers)의 구축과 사고영향의 최소화를 위한 작업자의 개입과 안전계장 시스템(SIS)을 필수사항으로 권고하고 있다.

SIS의 목적은 공정이 허용 가능한 수준에서 안전에 유해할 수 있는 위험을 줄이는 것이다. 원하지 않는 사건의 발생빈도를 감소시키는 것으로, 안전성과 신뢰성이 요구된다. 안전성은 위험한 상황으로 진행될 때 미리 정해놓은 수순으로 공정을 정지시키는 것이며, 신뢰성은 SIS의 고장확률이 낮음을 의미한다.

- SIS는 유해한 상황을 감지하고 사건의 발생을 예방하며 공정을 안전한 상태로 정지시킬 수 있는 조치를 취하는 시스템이다.
- SIS는 안전 목적을 위해 구현된 한 개 이상의 안전회로를 구성하는 센서, 컨트롤러와 구동장치의 집합으로 각각의 안전회로마다 자체 안전무결성 등급(SIL)을 보유하고 있어서, 하나의 안전회로에 모든 센서와 컨트롤러, 최종 요소가 동일한 SIL을 준수해야 한다.

SIS의 대표적인 적용은 다음과 같다.

- 비상정지 시스템(ESD): 긴급 상황의 처리(고임계 정지 수준)
- 공정정지 시스템(PSD): 비정기적이지만 덜 중요한 정지 수준을 다룸
- 화재 및 가스 시스템: 화재, 가스 누출의 감지 및 점화원의 소방, 정지, 격리 등

질문
- IEC61511은 제어회로에서 안전계장 시스템(SIS)과 비정상적 작동상태에서의 차단 시스템(ESD, PSD) 간의 지향점에서의 차이점은 무엇일까(단일 고장점)?
- 단일 고장점은 고장빈도가 확실히 낮다는 것을 계량분석(FMEA 등) 후 제어회로에서 장치를 공유할 수 있다(공유 요소는 계량분석, 문서화를 요구).

7.2.3 비상정지와 공정정지

비상정지(ESD, Emergency Shutdown)와 공정정지(PSD, Process Shutdown) 시스템은 공정이 오작동(고장)이나 요구되지 않는 상태로 갈 때 조치를 취하게 된다. 이를 위해 시스템에서는 공정상의 수위에 대해 4단계의 한계기준을 설정한다.

- LowLow(LL), Low(L), High(H), HighHigh(HH)

L과 H는 공정상의 장애를 알리는 경고의 한계 범위이며, LL과 HH는 공정상의 한계 범위를 넘어서면 알람이 울리며 바람직하지 않은 상황과 오작동의 가능성을 알리게 된다.

비상정지(ESD)는 공정상의 위험과 운전성 분석(HAZOP, Hazard and Operability Review)을 기준으로 정의된다. HAZOP은 가능한 오작동을 찾고 처리하는 방법을 식별하는 것이다.

유수분리기의 전송장치(Separate Transmitters)는 안전 시스템이다. 한 가지 예로 오일의 수위를 알리는 LTLL(Level Transmitter LowLow)과 수위를 조절하는 LSLL(Level Switch LowLow) 스위치의 알람이다. 이 조건이 감지됨은 가스가 오일 속으로 누출됨에 따라 다음의 유수분리기 또는 염분제거기(Desalter)와 같이 뒤따르는 다음 장비에 높은 압력을 가하게 된다. 전송장치는 좀 더 나은 진단기능 때문에 스위치보다 우선한다.

석유 및 가스 설비에서 ESD의 일차적인 반응은 공정의 정지와 감압으로 그림 7-3에서는 입구와 출구 섹션 밸브(그림에서 EV 0153-20, EV 0108-20 및 EV 0102-20)를 차단하고 블로우-다운 밸브(EV 0114 20)를 개방하는 것이다. 이를 통해 오작동 단위를 고립화하고 가스를 플레어로 보내 가스연소를 통하여 압력을 감소시키는 것이다.

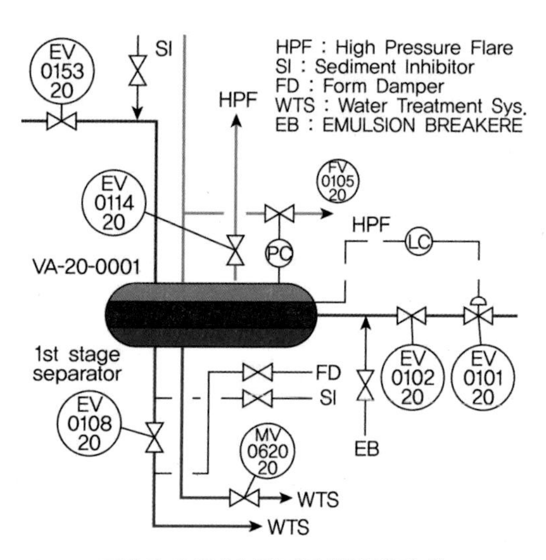

그림 7-3 유수분리기의 안전회로(예)

비상정지는 ESD 0~5로 구분하는데, 가장 높은 수준은 생산시설을 떠나고 모든 설비를 완전히 정지시키는(APS - ESD0)이며, 다음 수준(ESD1, ESD2)은 비상시 완전정지로 규정한다. 낮은 단계(예: PSD3, PSD4 및 PSD5)로는 단일장비나 공정의 정지를 의미한다.

대규모 시설에서는 APS/ESD와 PSD 간의 구분은 대부분의 신호가 PSD에서 발생하므로 엄격하지 않은 사항으로 취급된다.

ESD와 PSD는 기능의 안전요건과 표준 요건에 따라 구분되는데, 따라서 전형적인 ESD 기능은 SIL 3 또는 심지어 SIL 4 수준까지 요구될 수 있는 반면, PSD 회로는 SIL 2 또는 3이 요구된다.

질문
1) 'Safety' 관련 요구사양서에 ESD loops는 SIL 3, PSD는 SIL 2를 요구한다면 안전을 위한 회로구성은?
2) API에서 안전(Safety)과 안전회로와 연관된 규약을 찾아보자.

7.2.4 방재 및 소화 시스템

안전을 위한 환경(Health & Safety and Environment, HSE)은 작업자의 안전과 보건, 환경 법규와 요구사항을 만족시켜야 한다. 즉, 작업자의 건강에 대한 위해 및 위험요소를 없애는 것과 작업환경의 품질(물, 공기, 생산공정 등)을 지속 유지하는 것으로 그림 7-4와 같이 표현할 수 있다.

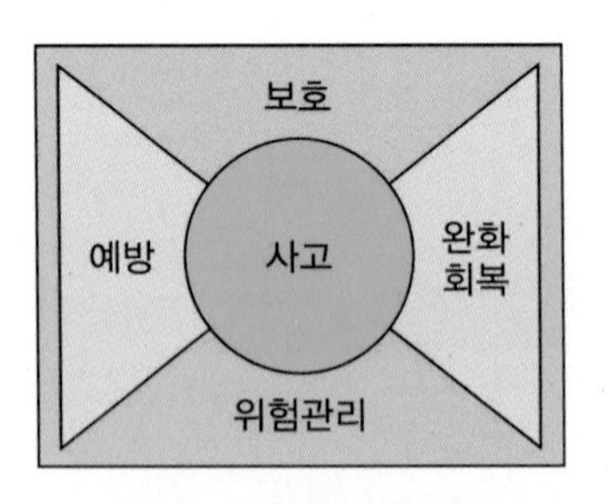

그림 7-4 HSE 사이클

- 예방(Prevention)
- 탐지(Detection)
- 완화(Mitigation)

- 복구(Recovery)

화재 및 가스감지 시스템은 특정한 공정과는 연관이 없지만 화재의 확산 방지를 위하여 여러 방화구역으로 구분하고 있다. 각 구역은 여러 가지 유형의 감지기를 통해 화재 및 가스를 탐지하고, 화재 진압을 위한 소화설비를 구비하여야 한다. 화재안전을 위하여 구역별로 표시항목과 안전장치의 배치도를 구비하여, 항상 인식될 수 있어야 한다. 소화장치, 화재감지장치, 보호장구의 유형과 수량은 방화구역의 시설특징과 규모에 따라 달라진다.

1) 안전장치 배치도

- 감지기의 위치와 감지 범위: 자외선(UV)과 적외선 감지기
- 고정식 및 이동식 소화장치
- 알람과 위험 시 정지장치(ESD) 등의 수동조작 위치
- 시각적, 음향적 알람신호 위치
- 호흡용 공기정화장치
- 소방복의 배치 위치
- SOLAS의 안전 관련 인명구조와 소방설비, 해난구조보트 및 헬기장 설비까지
- 각 실에는 피난로와 비상탈출 장치의 위치 등

2) 화재 및 가스감지

- 잘못된 알람을 식별하기 위하여 동일한 영역 안에서도 화재조건과 가스누출 감지를 위한 서로 다른 원리를 이용한 여러 종류의 감지기를 필요로 한다.
- 다음과 같은 작업영역은 탄화수소와 황화수소를 감지할 수 있어야 한다.
  - 드릴플로어와 드릴링 머드 구역
  - 플로우라인 주변
  - 에어콘 인입부 등

3) 소화장치

소화전과 소방호스, 스프링클러와 같은 고정식 소화장치(그림 7-5)와 휴대용 소화기(표

7-4)는 구역에 따라, 화재의 종류에 따라 설치, 사용되어야 한다.

표 7-4 화재 종류별 사용되는 소화기(IMO Res A.951(23))

화재 분류		구분	예제	소화기 형식
NFPA 10	ISO 3941			
A	A	불꽃, 고체	나무, 종이, 옷	물, 포말, 파우더
B	B	불꽃, 액체	석유류, 석유화학	포말, 파우더, CO_2
	C	불꽃, 가스	프로판, LPG	파우더
C		전기	전기장치류	파우더
D	D	불꽃, 금속	마그네슘, 리튬	Class D 파우더
K	F	식용 기름	식용기름	Class F(wet chemical)

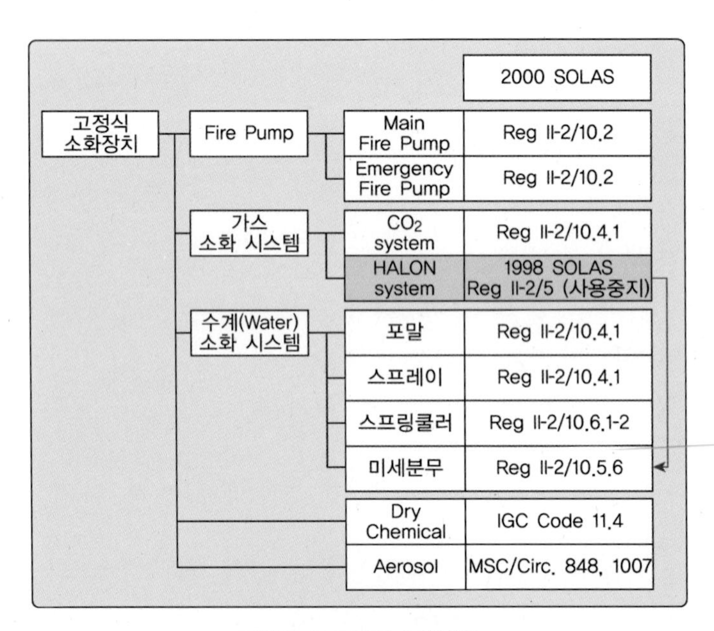

그림 7-5 고정식 소화장치

4) 참고사항

- 비상정지 시스템(ESD)은 기관구역과 조정실 이외에 외부의 별도 위치에서 원격으로 작동될 수 있어야 한다.
- 화재 발생 시 구역 간에는 배관, 전선관, 덕트의 통과부위는 불꽃, 열과 연기 등이 적절히 차단되어야 한다.

7.3 통합운영

통합운영(IO)은 오일/가스 유전과 관련 설비를 운영하고 계획, 유지 관리하는 역할을 하는 조직의 완전한 통합을 의미한다. 따라서 통합 운영이란 비즈니스 모델과 작업공정의 하부구조의 운용 통합을 의미한다. 전반적인 목표는 다음과 같다.

- 효율성 증진
- 회수율 증진
- 지능형 기술의 효율적인 사용으로 운영비용을 낮춘다.

최적의 생산 목표와 생산자원의 최대 활용은 저류지의 물질균형 계산과 고갈 전략, 유정 테스트 결과와 시뮬레이션 결과의 사용과 같은 여러 가지 정보를 사용하여 달성한다. 이것은 근무 위치와 관계없이 실시간으로 기술과 데이터, 도구를 함께 연결시킴으로써 가능해진다.

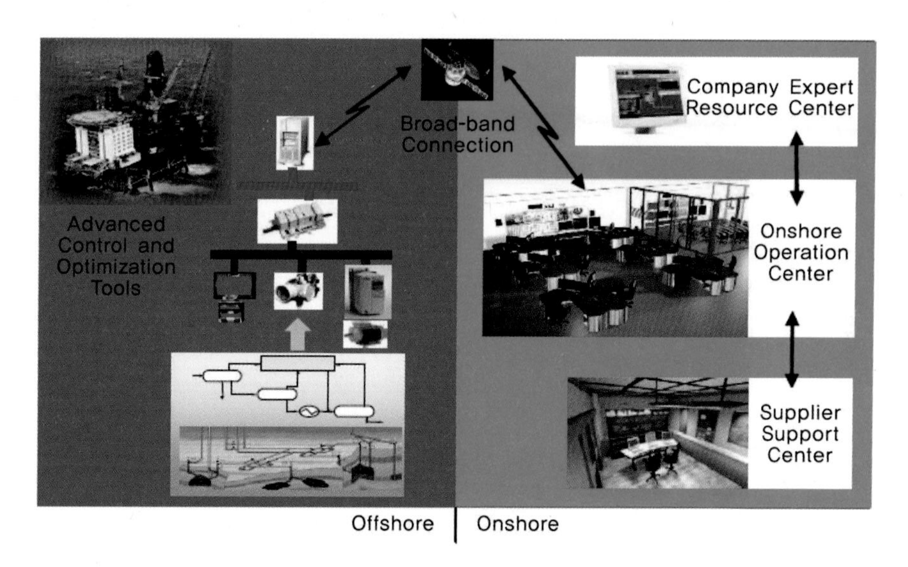

그림 7-6 유전지역의 정보통합운영 시스템 구성(예)

적용 가능한 기술영역 중 일부는 다음과 같다.

- 시스템과 통신 IT의 하부구조(5.1과 5.2를 참조)
- 원격조작과 원격조작 지원 시스템
- 저류지의 관리와 굴착작업
- 생산 최적화

- 정보관리 시스템
- 운영지원과 유지보수 등

7.3.1 원격감시제어 시스템

원격측정 및 감시제어(Supervisory Control and Data Acquisition, SCADA) 시스템은 다양한 시설물에서 대규모 생산현장과 파이프라인, 기업 자료에 관한 데이터 수집과 관리를 위한 원격측정과 광역 간의 통신은 깊은 연관을 가지고 있다. 원격측정의 경우, 대역폭이 매우 낮은 경우가 많고, SCADA 시스템은 이용 가능한 대역폭의 효율적인 사용을 위해 최적화되어 있는 경우가 많다. 광섬유와 광대역 인터넷과 같은 광대역 서비스로 광역통신이 작동한다.

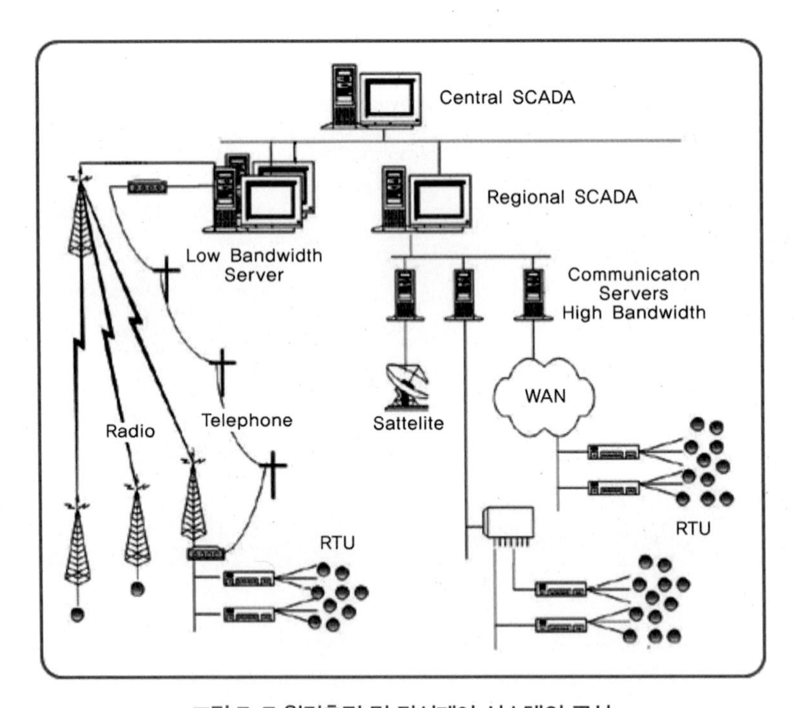

그림 7-7 원격측정 및 감시제어 시스템의 구성

원격단말장치(Remote Terminal Units, RTU)나 유정의 로컬 제어 시스템, 유정 플랫폼, 압축기와 펌프 스테이션은 이용 가능한 커뮤니케이션 미디어를 통해 SCADA 시스템으로 연결된다. SCADA 시스템은 제어 시스템과 동일한 많은 기능을 가지고 있으며 그 차이는 주로 데이터 구성과 커뮤니케이션의 이용으로 귀결된다.

7.3.2 저류지의 관리와 굴착작업

수집된 데이터와 시각화된 모델데이터를 이용하여 시설운영자와 전문가들이 토론하며 해법을 제시한다.

굴착모의시험과 작업상태의 실시간 측정 등으로 자동진단과 의사결정을 보조하며 최적의 위치를 결정하며, 실시간 저류층 정보, 지진 분석, 변경사항의 현장측정 등을 기준으로 저류층의 시각화된 모델 데이터로 유정의 개발 및 관리협의를 온라인으로 통합운영한다.

생산성 향상을 위한 의사결정 지원 시스템으로 저류지의 속성을 기반으로 증산을 위한 최적화된 모델을 제공한다.

그림 7-8 실시간 현장관리

7.3.3 생산 최적화

생산 최적화와 생산성 개선은 복잡한 문제이다. 다운홀 시험, 해저개발, 상부 공정의 생산 최적화 외에도 운영비용도 고려해야 하고 하드웨어의 손상, 저류지마다의 성과분석과 요구환경의 변화, 실시간 생산에 따른 유정과 상부 공정 간의 운용상의 어려움 등이 고려되어야 한다. 추가로 저류지의 고갈에 따른 대책, 슬러깅으로 인한 유정의 정지, 센서의 고장, 상부 공정 시스템 내의 효율성 변화 등이 있다. 미래를 위한 최적화의 복잡함은 시간과 작업조건에 따라 수시로 바뀌게 된다.

그림 7-9 실시간 데이터 취득과 활용

예를 들면 저류지의 고갈, 유정의 생산 중지 등에 대한 지속적 관찰과 조정관리가 필요하다.

- 다상 흐름의 안정화를 위한 플로우라인 통제(라이저, 플로우라인, 수집 시스템)
- 생산 지속을 위한 저류지의 배압 유지와 최대 생산을 위한 가스 리프트 설치 등 자연스럽게 흐르는 유정의 안정화와 최적화를 위한 유정관리
- 가스 리프트 최적화는 가스 리프트 유정 간의 최적의 분배
- 슬러그의 지속적 유입관리를 통한 지속 생산과 정상 운영
- 정상 작동 중의 탄화수소 수급 및 분리 작업
- 유전의 개별 유정에서 나오는 석유, 가스, 물의 흐름 속도를 측정하기 위한 유정 모니터링 시스템(WMS)을 운용한다. 유정의 실시간 평가는 이용 가능한 센서에서 나오는 자료를 기준으로 실시한다.
- 가스하이드레이트 형성을 방지를 위한 예측도구를 운용하며, 해저수집 시스템의 압력과 주변 온도를 모니터링한다.
- 최적의 운영은 유정과 생산시설 간의 조합으로 운용조건이 규정된다. 운용조건을 모니터링하며 가동 극대화를 위한 시정사항을 결정·지원한다.
- 향상된 제어 및 최적화 솔루션은 제품품질관리의 성능 향상에 도움이 된다. 이는 두 가지 기술의 접목으로 가능하다.
  - 운영목표에 근접하기 위한 모델 예측제어(Model Predictive Control) 기술과 품질 피이드백 정보의 빈도를 활용한 추론 측정기술 개발
- 공정자동화 시스템의 제어 루프의 최적화를 위한 지속적인 조율 기능 등

7.3.4 자산 최적화(Asset Optimization)와 유지보수

자산 최적화(AO) 시스템은 예측관리로 생산 혼란에 의한 비용을 감소시킨다. 자산의 관리 내역을 기록하고 잠재적인 문제를 식별하여, 가동시간의 극대화를 위한 사전 예측에 의한 시설물의 예방관리(폐쇄 방지)가 필요하다. AO 시스템은 컴퓨터에 의한 유지관리 시스템과 통신을 하며 관리흐름을 지원하게 된다. 장비의 상태는 항상 모니터링되어야 한다.

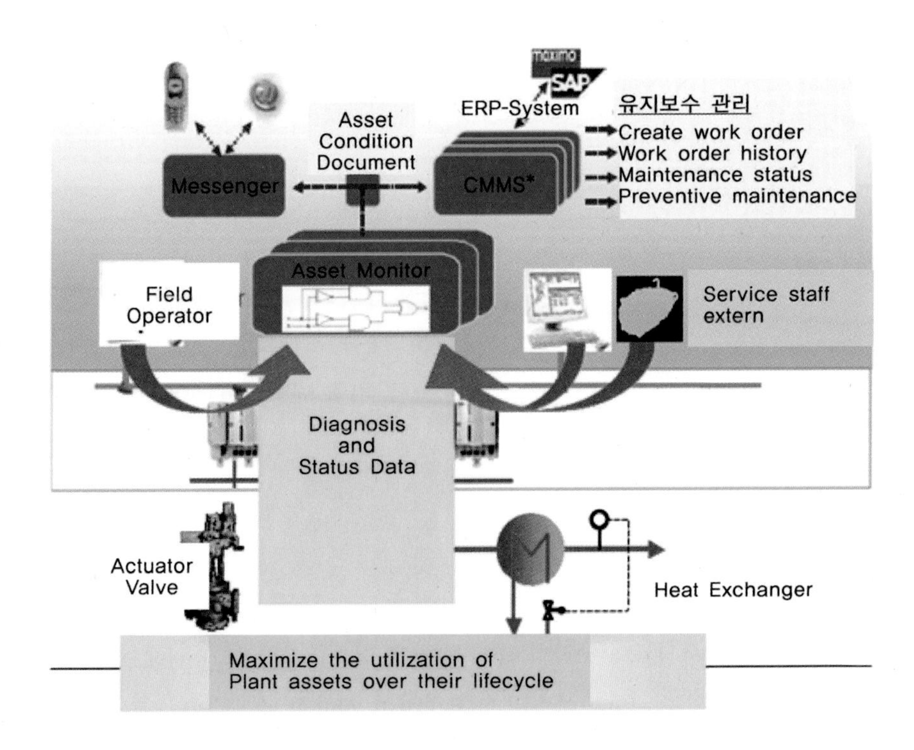

그림 7-10 자산관리 시스템(예)

- 벨브와 회전기계에는 부식진단기, 장력측정기, 진동자 등을 설치하여 장치의 구조적 변형과 상태를 확인한다.
- 누적되는 자료는 시스템에 기록되어 설치상태에 반하는 힘이 무엇인가? 어떠한 영향을 미치는가? 등으로 항상 예방정비를 할 수 있다.

1) 장치의 상태 모니터링

- 터빈, 압축기, 발전기, 거대 펌프와 같은 회전 기구에 일반적으로 사용하며 가동 및 정지 횟수, 운전시간, 윤활간격, 과전류, 트립/아웃뿐만 아니라 진동계, 온도(베어링, 배기가스 등) 측정 등이 있다.
- 벨브와 같은 공정 장비는 여닫이 시간과 흐름, 토크 정보를 등록하고, 클로징 시간이나 토크('정지마찰')의 부정적인 흐름을 보여주는 벨브를 진단한다.
- 유지보수 트리거(maintenance trigger)는 유지보수를 요청하기 위해 해석되는 디지털 상태 신호나 다른 수치적 또는 컴퓨터화된 변수의 형태로 필드장치나 장비가 내재 정보를 감시하는 메커니즘이다.

2) 유지보수 지원기능

유지보수지원기능은 상태감시 시스템의 입력상태를 기반으로 주기적인 유지관리계획과 연계하여 수립한다. 이는 터빈과 압축기와 같은 중요 장비의 예방정비 계획과 지원작업(윤활 및 청소)을 위한 담당까지 지정된다.

7.3.5 정보관리 시스템

정보관리 시스템은 시설물의 조작과 생산 활동에 정보를 제공하기 위해 사용된다. 이 시스템은 별도로 또는 제어장치/SCADA 시스템과 통합하여 사용할 수도 있다.

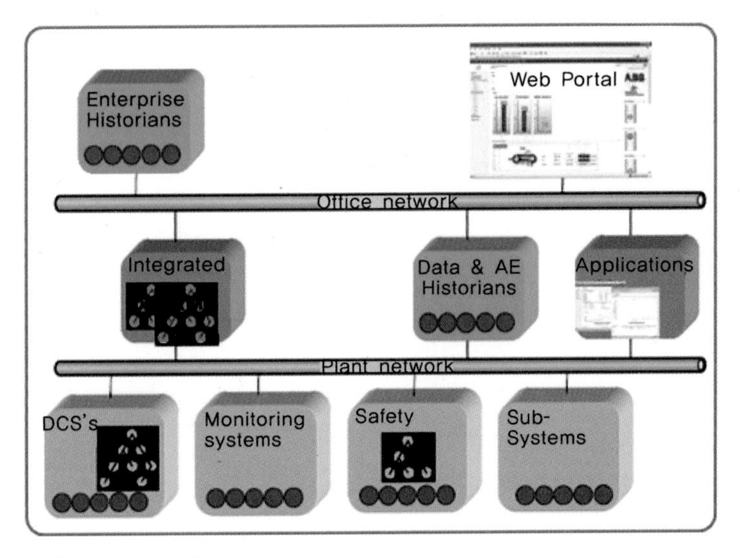

그림 7-11 Information Management System

1) 석유와 가스의 경우, 정보관리 시스템의 기능은 다음과 같다.

- 석유와 가스의 생산 보고
- 안전관리
- 유지보수
- 오퍼레이터 지원
- 전반적인 시스템 통합
- 오작동 데이터를 포함한 자료 내역

2) 정보관리 시스템이 제공하는 애플리케이션 중 일부는 다음과 같다.

- 시추자료 습득 및 시추 데이터 이력 기록
- 운용자 절차
- 화학물질주입
- 화학물질의 소모
- 실험실 분석 등록
- 알람과 사건 개요
- 알람 통계

- 밸브 누설시험
- 송신기 감시
- 동작수행시간 모니터링
- 블로크 로그
- 생산계획
- SIL 통계보고
- 해저 밸브 시그너쳐
- 생산개요와 진단
- 밸브 확인
- 정지 분석을 포함한 ESD/PSD 확인
- 데이터 익스포트
- 데이터 브라우저 툴
- 데이터 이력과 현재 추세
- 웰(유정) 테스트
- 일일 생산 보고와 계측 정보
- 저장용량, 생산량과 출고량
- 환경 보고서
- 유정 시험결과를 바탕으로 할당 계획(석유/가스/물)

7.3.6 모의 훈련장치

모의 훈련장치는 사실적인 훈련환경을 제공한다. 조작자들은 실제적 통제와 위험시설에서의 안전 적용훈련과 실습장으로 활용한다.

위험시설의 모델은 실시간 또는 빠른/느린 움직임으로 모의훈련이 가능하다. 훈련 과정에서의 순간동작에서 전 과정에 대한 백업과 재작동 기능이 포함되어 있다. 모의 훈련시설에는 실가동 상황을 중계할 수 있도록 하고 있다.

그림 7-12 Training Simulator

7.4 전원장치

전력은 주요 전원장치에서 또는 지역별 가스 터빈 또는 디젤 발전기 세트로 제공된다. 많은 전력이 요구되는 대규모 시설에서는 30 MW에서 수백 MW에 이르는 전력 수요를 갖는다. 유지보수 비용을 줄이고 동작가능시간을 높이기 때문에 중앙집중형의 전력 공급을 요구하는 경향이 있으며, 여러 대의 가스 터빈을 사용하기보다는 대형 장비에 대한 전기 구동을 선호한다.

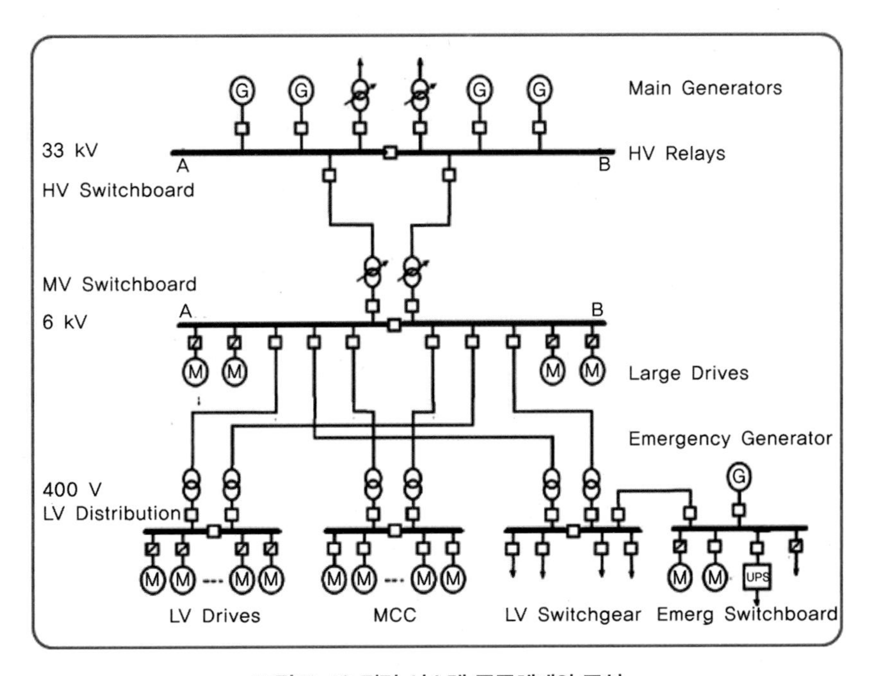

그림 7-13 전력 시스템 공급체계와 구성

대규모 시설에 대한 전력생산 시스템은 보통 용량 20~40 MW짜리 가스터빈 발전기를 여러 가동시킨다. 주요 공정에서 폐열 가스가 필요하지 않다면 효율성 증진을 위한 스팀터빈 발전기를 운용할 수도 있다. 고, 중, 저 전압분배보드의 전압 수준은 각각 13~130 kV, 2~8 kV, 300~600 V이다.

생산된 전기는 HV(High Voltage) 분배 보드로 주요 시설용과 기타 설비용으로 전환된다. 계전기(Relays)는 보호기능으로 사용한다.

HV는 MV(Middle Voltage)로 전환되어 대형장치로 연결된다. LV(Low Voltage)는 일반 장비와 모터제어센터에 공급되며, 중요 장비에 대해서는 분리한 비상전력 스위치보드로 전력을 제공한다. 주요 전력이 상실된다면 로컬 비상발전기에서 전력이 생성될 수 있다. 컴퓨터 시스템은 배터리가 있는 무정전정전압기(UPS)로부터 공급받는다. UPS는 주공급 또는 비상스위치보드에 연결되어 있다.

전원관리 시스템은 전기 스위치기어와 장비를 통제하는 데 사용한다. 주 기능은 전기생성과 사용을 최적화하고 주요 장애와 시설물 정전(블랙아웃)을 예방하는 데 있다.

그림 7-14 전원관리 시스템

전원관리 시스템에는 HV, MV, LV 저압스위치기어와 모터 제어센터(MCC), 비상발전기 세트가 포함된다. 관련 기능으로는 부하, 비상부하차단(비필수 장비의 중단)의 우선순위 선정, 발전기 세트의 예비기동(예: 대형 원유 펌프의 가동을 위해 추가적인 전력이 필요할 때) 등이 포함된다.

대규모 회전장비와 발전기는 가스 터빈이나 대규모 구동장치를 통해 가동된다.

석유와 가스 생산시설에의 가스 터빈은 일반적으로 10~25 MW 범위의 항공기 터빈의 수정된 버전이다. 이러한 항공기 터빈은 상당히 광범위한 유지보수가 필요하고 전반적인 효율이 상대적으로 낮다(애플리케이션에 따라 20~27% 정도에 해당한다).

또한 터빈이 상대적으로 작고 가볍기 때문에, 대규모 기어와, 에어쿨러/필터, 배기장치, 소음 차단 및 윤활 단위와 같은 규모가 크고 무거운 지원장비에 소요된다.

따라서 규모가 큰 변속 구동장치를 사용하는 것이 더 일반적인 사례가 되어 가고 있다. 해저 시설물에 대한 펌프 시설의 경우, 이 변속 구동장치가 현재 유일한 방법이다. 원격시설물에 대해 사용할 경우, 주요 시설물이나 해안의 전력에서 고압직류송전과 HV 모터가 사용될 수 있다. 또한 이를 통해 각 시설물의 로컬 전력 생산을 방지할 수 있고, 배치되는 인력의 수를 줄이거나 원격운전에 기여할 수 있다.

7.5 소각 시스템(Flare and atmospheric ventilation)

소각 시스템은 운전, 비상시에 공정 중에 배출되는 위험물질(가연성 가스, 인화성 가스, 독성물질 등)을 안전하게 소각처리하여 배출하는 장치이다.

7.5.1 설치 목적

소각 시스템에는 소각탑(Flare Boom) 외에 대기통풍 시스템과 블로우다운이 포함된다. 소각탑과 통풍 시스템의 목적은 다음과 같은 원인으로 인해 발생하는 가스와 액체에 대한 안전한 소각처리를 목적으로 한다.

- 생산과정의 시험용
- 생산 시스템에서 발생, 유출에 의한 화재 예방(석유, 응축수 등)
- 프로세스 셋-업 과정의 조건 변화와 열팽창으로 인해 초과 압력의 완화
- 긴급상황에 대한 반응이나 정상적인 절차의 일환으로서의 감압
- 해저생산 플로우라인과 송출관의 계획된 감압
- 공기압력에 가깝게 작동하는 장비의 환기(예: 탱크)

그림 7-15 Flare Boom

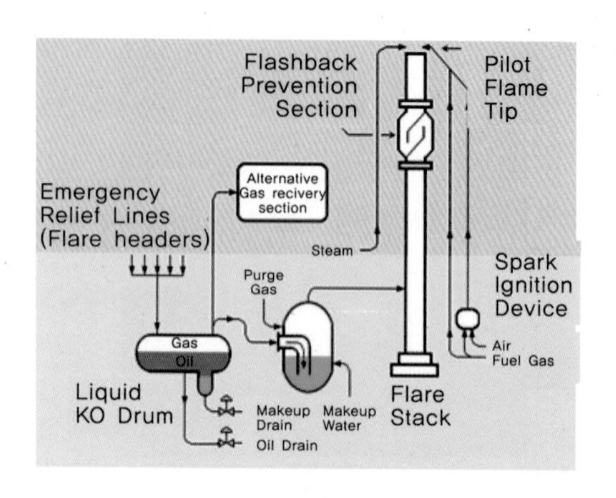

그림 7-16 가스 플레어의 흐름도

7.5.2 설치 시 고려사항

- Flare Stack에 액상이 유입되지 않도록 방출가스와 동반된 액체의 제거는 사전에 처리되어야 한다(K.O drum).
- Flare system으로 산소가 유입되지 않도록 해야 하고 산소가 함유된 가스는 Flare system에서 별도로 처리되어야 한다.
- Flare 가스의 유속은 불꽃이 중간에 꺼지지 않는 유속을 산정해야 한다.
- 가스의 물성치와 내온, 내식성 재료 등 유체의 물성을 고려한 재료를 선정한다.
- 내부 폭발을 예방하기 위하여 화염 역류방지 장치를 설치해야 한다.

7.6 계기용 압축공기(Instrument air)

대용량의 압축공기는 공압용 장치류의 구동용으로 활용한다. 유압밸브, 작동기(Actuators), 그 외 각종 공압용 도구(Screw Driver)의 운용 원천이다.

7.7 공기조화 시스템

난방, 환기 목적의 공기조화 시스템(HVAC, Heat Ventilation & Air Conditioning System)은 조화된 공기를 장비와 거주시설 등에 제공한다. 냉난방은 수냉식 또는 온수/증기난방 등의 열교환기를 통해 달성된다. 또한 열은 가스터빈의 배기가스를 통해 취할 수 있다. 열대지역에서는 충분한 효율과 성능을 달성하기 위해 가스터빈 흡입공기를 반드시 냉각시켜야 한다. 난방, 환기, 공기조절(HVAC) 시스템은 보통 하나의 덩어리로 볼 수 있는데, 배출공기의 청정문제도 포함된다. HVAC의 몇몇 하위시스템은 다음과 같다.

- 냉각: 냉각매체, 냉동장치, 동결장치
- 난방: 열매체 시스템, 핫오일 시스템

한 가지 기능은 정압을 통해 확보된 기기실에 공기를 제공하는 것이다. 이를 통해 누수가 발생할 경우 폭발성 가스의 잠재적 유입을 예방할 수 있다.

7.8 물의 사용

7.8.1 음용수(Portable systems)

규모가 작은 시설의 경우 음용수는 작업 지원선이나 유조 트럭 등을 통해 외부 조달이 가능하다. 대규모 시설의 경우, 음용수는 증류나 역삼투압 등, 해수의 담수화 설비에 의해 해당 지역에 제공된다. 지상의 음용수는 지상 또는 지하 저수공간에서 물의 정화를 통해 제공된다. 역필터링이나 삼투작용을 위해서는 물에 용해된 고체성분이 100 ppm당 약 7000 kPa/ psi의 압력에 해당하는 막의 운전압력(membrane driving pressure)이 필요하다. 염분이 3.5%인 해수의 경우에는 운전 압력은 2.5 MPa(350 psi)가 필요하다.

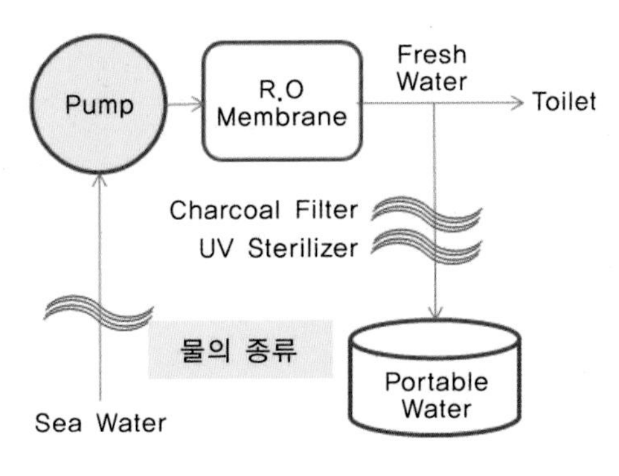

그림 7-17 사용되는 물의 종류

- Offshore Platform이나 FPSO 등에서는 Sea water로 Water Maker라는 장비를 이용하여 Fresh Water를 만들어 Storage Tank에 보낸다.
- 음용수를 만들어 공급한다(R.O 여과장치 또는 Water Maker).

7.8.2 해수 시스템(Seawater)

해수는 냉각용으로 광범위하게 사용되고 있다. 공기압축기, 가스 쿨러, 발전기의 냉각용으로 사용되고 있으며, 공기조화장치의 에어쿨러용으로 사용된다. 또한 해수는 차아염소산염(hypo-chlorite, 화학물질 참조)의 생산원료로 쓰이며 소방용수로도 사용된다. 해수는 저류지의 생산증대를 위한 유정 내 주입용으로 사용된다. 주입되기 전 공기분리기(De-aerator)로 물 속의 용존산소를 없애고 주입되어야 한다. 공장용 설비나 배관에 주입되는 차아염소산염도 미생물 성장을 방지하는 목적이다.

7.8.3 발라스트

선박평형 시스템(Ballast water)은 모든 부유체에서는 균형을 잡기 위한 필수적인 요소로서, 밀어올리려는 부력과 부력체의 용적 무게로 생기는 하중 간의 균형점을 맞춰주는 변동 가능한 물탱크의 탱크 용적*비중(=하중) 관리장치이다. 굴착용 리그선, 장비, 부유식 원유 생산선, 굴착장치, TLP(원유시추설비) 등 모든 부유체에서 찾아볼 수 있다.

이 시스템의 목적은 운전 모드(고정형 시추, 움직임), 기후조건(폭우 발생 중 굴착장치의 상승과 침하)과 같은 다양한 조건 하의 특정한 깊이 속에서 균형을 유지하는 것이다.

TLP에서는 인장재에 걸리는 인장력과 발라스트 시스템 간의 균형으로 부하를 조정한다.

밸러스팅은 부유체의 균형점을 찾기 위해 사용되는 선박평형 탱크에 해수의 인입과 배출로 균형점을 찾을 수 있다.

해양에서의 평형수는 해양에서의 환경오염이 원인이 될 수 있다.

또한 선박평형수가 오일 탱크에서 오염된다면, 선박 평형수는 반드시 바다로 내보내기 전에 깨끗이 청정작업을 수행해야 한다(표 7-5 참조).

표 7-5 IMO의 평형수 관련 결의사항

IMO 결의	제목
MEPC.174(58)	Guidelines for Approval of Ballast Water Management Systems
MEPC.169(57)	Procedure for Approval of Ballast Water Management systems that Make Use of Active Substances(G9)
MEPC.127(53)	Guidelines for Ballast Water Management and Development of Ballast Water Management Plans(G4)
MEPC.150(55)	Guidelines on Design and Construction to Facilitate Sediment
MEPC.173(58)	Guidelines for Ballast Water Sampling

7.9 활용되는 화학제품(Chemicals and additives)

주요 공정에서 광범위한 화학 첨가제가 사용된다. 이러한 화학 첨가제의 일부는 공정 다이어그램에 표시된다. 공정 화학 첨가제의 비용도 상당히 많이 소요된다. 전형적인 예는 약 150 ppm의 농도가 사용되는 소포제이다. 40,000 bpd을 생산할 경우, 약 2,000 L(500갤런)의 소포제가 사용된다. 리터당 2파운드, 갤런당 10달러의 비용일 경우, 소포제만 하루 4,000파운드 또는 미국 달러로 5,000달러의 비용이 소요된다.

그림 7-18 다양한 화학첨가제

대부분의 일반적인 화학물질과 용도는 다음과 같다.

1) 스케일 억제제

스케일은 일반적으로 용해 가능한 고형물이 온도가 증가함에 따라 불용성이 된 것으로 물과 접촉하는 표면에 형성되는 침전물이다. 스케일은 압력과 온도의 변화로 이러한 불용성 물질이 파이프와 열 교환기, 벨브, 탱크에 침전되면 흐름을 막아 유량이 줄거나 효율성이 떨어진다. 원유 및 가스와 결합된 물의 화학적처리를 위해 스케일 억제제(Scale inhibitor)를 적용하여 유정, 플로우라인과 시추 및 생산장비 등에 낄 수 있는 스케일 형성 물질의 농도를 줄이기 위해 사용한다. 적절한 스케일 억제제의 선택은 물에 존재하는 미네랄 성분을 분석하여 인산염 기반 또는 폴리머 기반의 스케일 억제제를 선택한다. 스케일을 억제하는 화학물질은 탄산칼슘, 스트론튬 황산염, 황산칼슘, 황산바륨, 철황화물, 철산화물과 같은 요소는 광물의 축적을 방지하는 데 상당히 효과적이며 인산염 기반은 탄산염과 황산염 종류의 스케일 방지에 효과적이다. 이러한 화학적 처리 또는 밀어내는 방법 등을 선택하여 적용하고 있다.

물에서 침전되는 스케일의 양은 온도, 압력과 물의 성분에 따라 자주 변동되므로 종류와 양을 조절하는 어려움이 있으며, 억제제의 잠재적 독성도 고려하여 비독성, 생분해성, 비오염 등을 고려하여 평가하는 추세이다.

2) 에멀전 유화제

모든 석유 생산시설에서 가장 중요한 것은 생산된 원유에서 물과 기타 이물질을 분리하는 것으로 특히 섞여 있는 에멀전 상태의 물은 기름 속에서 확산이 가능하며, 결국 자연스럽게 분해될 것이지만, 많은 시간이 걸린다.

에멀전 유화제(Emulsion Breaker)는 입자를 성장시켜 기름과 물이 층을 형성하게 된다.

모래와 입자는 정상적인 경우 물로 제거가 가능하지만, 유화제와 섞인 입자들은 제거가 쉽지 않은 점성을 가진 슬러지 형태로 하단부에 가라앉을 수 있다.

3) 소포제(거품방지제)

유수분리기에서 만들어지는 거품은 유체 표면을 덮어 가스의 분리를 방해한다. 거품방지제(Antifoam)는 유수분리기의 상류 쪽으로 유도되어 액체 표면장력을 줄임으로써 거품 형성을 완화시킨다.

4) 모노에틸렌글리콜

메탄올, 즉 모노에틸렌글리콜(MEG)은 수분흡착제로 사용된다. 플로우라인에 주입하여 수화물 형성과 부식을 방지한다. 수화물은 온도와 압력변화에 의해 하이드레이트가 될 수 있다. 이의 생성은 장비와 파이프라인에 손상을 가할 수 있다. 정상적인 라이저의 경우, 감압이나 메탄올 주입을 통하여 예방할 수 있다. 차가운 해수나 북극 기후에서 플로우라인이 길어질 경우, 하이드레이트가 형성되기 때문에 지속적으로 주입하게 된다.

5) 트리에틸렌글리콜

트리에틸렌글리콜(TEG)은 가스를 건조시키는 데 사용된다. 스크러버에 관한 장을 참조하기 바란다.

6) 차아염소산염

해수에 첨가하여 해수 열교환기에 보이는 해조류와 박테리아의 성장을 예방한다. 차아염소산염(Hypochlorite)은 해수의 염소에 대한 전기분해를 통해 생성된다.

7) 바이오 살균제(Biocides)

박테리아, 균류, 해조류 성장과 같은 기름 생산시스템에서 미생물의 활동을 예방하는 데 사용하는 화학물질이다. 선박의 발라스트 탱크에도 사용이 가능하다.

8) 부식억제제

부식 억제제(Corrosion inhibitor)는 수송관과 저장 탱크에 주입된다. 수송된 오일은 매우 부식성이 높아 파이프라인이나 탱크 내부의 부식을 야기할 수 있다. 부식억제제는 금속 표면 위에 얇은 막을 형성함으로써 보호가 가능하다.

9) 마찰감소제

파이프라인의 흐름을 개선한다. 점도가 높은 유체는 파이프 내부에서 중앙부분의 유체는 빠르게 움직이지만, 측면부는 상대적으로 매우 비유동적이다. 이러한 차이는 완충 영역에서 와류의 발생과 확산으로 난류 와동이 형성되고, 이는 드래그 생성의 원인이다. 마찰감소제(Drag reducers)는 완충 지역의 와류발생을 차단하며 이를 사용하면 무려 70%에 이르는 압력강하 효과를 볼 수 있다. 파이프의 내압을 낮추거나 처리량을 개선하는 데 사용한다.

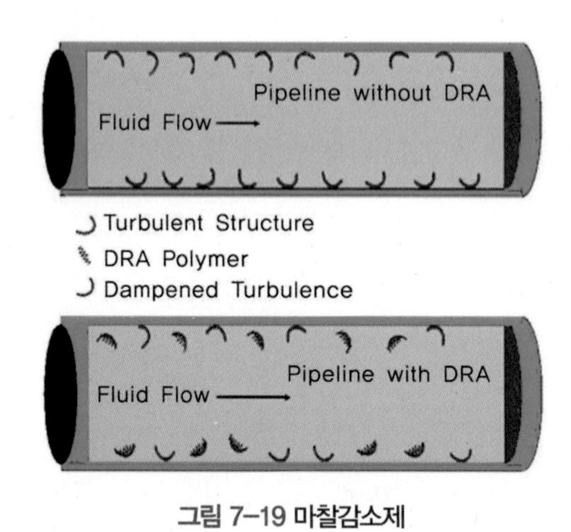

그림 7-19 마찰감소제

7.10 텔레커뮤니케이션

전통적으로 전기와 자동화로 교차되지 않는 전자시스템을 텔레커뮤니케이션으로 묶어 작업자와 컴퓨터, 무선통신, 감시 및 제어기능과 같은 하위시스템으로 구성된다.

7.10.1 주요 시스템 소개

주요 시스템 중 몇 가지는 다음과 같다.

- 공용주파수와 알람 시스템을 통합
- 시추시설의 쌍방향통신 시스템
- 폐쇄형 TV회로 시스템
- 의무적인 무선 시스템
- 기상자동화 시스템/해파추적 레이더
- PABX 텔레콤 시스템
- 해양 레이더 및 선박 이동 시스템
- 인사 페이징 시스템
- 텔레콤 관리와 모니터링 시스템
- 라디오 링크 시스템
- 액세스 제어(검색 제어)
- UHF 라디오 네트워크 시스템
- PABX Telephone System
- 보안 액세스 제어
- 통신안테나 타워와 안테나
- 엔터테인먼트 시스템
- 사무실 데이터 네트워크와 컴퓨터 시스템
- 플랫폼 인사 등록과 트래킹 시스템
- 선박 통신 시스템/PABX 확장
- 침입탐지 및 위성 시스템
- 다중통신회로(Mux)및 광섬유(Fiber optical) 단말 장치 등

이 시스템은 다음과 같이 네 가지 주요한 영역으로 묶여진다.

7.10.2 외부 커뮤니케이션

외부커뮤니케이션 시스템은 설치물 간을 상호 연결시켜 그것을 다시 외부와 연결시킨다. 시스템의 이러한 사례는 시설물의 전파장애 없이 안전한 작동을 가능하게 한다. 트래픽의 내용은 음성, 비디오, 공정제어, 안전시스템 등이 있다. 기술의 발전은 거리에 관계 없이 대역폭도 고정 또는 가변 형태로 이용이 가능하다. 이 시스템을 통해 운영비용을 감소시키는 새로운 아이디어와 기회의 장이 마련될 수 있다.

7.10.3 내부 커뮤니케이션

일상적인 운영을 지원하고 작업 환경 개선에 주요한 역할을 수행한다. 모든 유형의 시스템이나 작업자가 시설물 내에서 커뮤니케이션할 수 있도록 하여, 신뢰할 만하고 효율적인 운전을 가능하게 한다.

7.10.4 안전과 보안 시스템

안전 및 보안 시스템(Safety & Security Systems)은 국제 규칙과 표준에 따라 설치물 내부와 주변의 인력과 장비를 안전하게 보호하는 데 사용된다. 이러한 시스템은 로컬/기업 안전요건을 충족하는 데 적용되는 경우가 많다. 최적으로 가능한 성능과 유연성을 달성하기 위해, 안전 시스템이 다른 내부 및 외부 시스템뿐만 아니라 서로 밀접하게 통합되어 있다.

7.10.5 관리와 유틸리티

회사의 운영은 텔레콤 유지보수와 운전을 용이하고 간단하게 하기 위해 만들어진 수많은 관리 및 유틸리티 시스템(Management & utility systems)을 통해 지원된다. 오늘날의 오일과 가스산업에서는 이러한 모든 시스템이 통합 운전 시 원격운전과 진단 및 관리를 위한 기초를 마련하는 데 중요한 역할을 하고 있다.

08

해양플랜트 적용 준비요소

chapter 08

해양플랜트 적용 준비요소

8.1 용접품질 및 검사

세계 상선시장을 중심으로 한국의 조선소는 선두에 나선 지가 채 20년도 되지 않았지만, 비약적인 발전을 거듭하며 선두 고수를 위해 최선으로 매진하고 있다. 축적된 용접기량은 용접용 부자재 개발과 함께 최고의 선박을 만들고 있다. 선박과 해양플랜트 산업의 차이에서 용접기술의 차이점을 이해하고, 좀 더 개발하고 노력해야 할 부분을 찾아본다.

용접이란 고전적으로 둘 이상의 물체를 밀착 후 용융(녹여서)하여 접합한다는 의미로 용융접합(Fusion Welding)의 축약어지만, 이 장에서는 선박과 해양플랜트 산업에 적용하기 위한 용접준비과정과 용접검사의 중요성을 이해시키고자 한다.

8.1.1 적용 환경의 변화

새로운 자원 확보를 위해 해양으로, 심해로까지 뻗어가며 해저의 석유와 천연가스와 같은 에너지원을 개발, 생산하기 위한 설비가 해양플랜트의 주류로 잡아가고 있다. 육상에서 시작된 시추작업이 얕은 수심을 거쳐 지금은 2,000~3,000 m 이상의 심해로 가고 있다. 멕시코만과 알라스카 중심의 미국에서 영국과 노르웨이를 중심으로 하는 북해지역으로, 브라질 동부와 아프리카의 서부 지역에서도 대규모 유전은 지속 발견되고 있다. 유전을 시추하고 생산하는 과정은 유사하지만, 지역별로 서로 다른 환경은 그에 따른 품질기준이 만들어지고 있다. 물론 API, ASME, EN, ISO 같은 정립된 코드에 맞추어 작업을 수행하면 되지만, 발주자의 요구는 환경 변화에 따라 지속적으로 바뀌면서 새로운 기준(코드)을 강요하는 것이 현실이다. 북극이나 북극해의 극한 조건과 300기압을 넘나드는 수압을 견디어야 하는 조건 등은 해양플랜트의 요구품질기준에 이미 반영되었을 것이다. 기존의 선박에서 적용하던 용접기술과 다른 기준이 적용되어야 하는 이유는 무엇인가?

첫째, 해양플랜트는 극한 지역으로 개발이 확대되면서 (반)고정상태에서의 운전과 생산량 확대를 위해 구조물이 대형화되면서 구조물의 안정성 측면에서 점차 엄격해지고 있으며, 둘째, 거친 풍파에서 오는 반복하중에 의한 피로균열과 용접부위의 취성파괴를 고려한 사전 예방조처가 필요하고, 셋째, 예측불허의 유전 운전 환경과 저온과 특고압 등에 견디기 위한 특수강재의 적용 범위가 대폭 확대 적용하고 있다. 이에 대한 대응이 고려되어야 하므로, 이러한 운전환경에서 오는 차이는 기존의 선박과 용접기법에는 큰 차이가 있을 수 없지만, 강재의 선택과 용접부의 요구 품질수준에는 상당한 차이가 있다.

8.1.2 추적관리

구조용 강재는 선박의 경우, 승인된 선급의 규정에 따라 적용하고 있지만 해양플랜트의 경우 부유체는 선박의 규정에 준하지만, 고정 부위는 미국의 API 규격이나 영국의 에너지성(DECC) 등의 단체나 국가의 규격을 따르게 되어 있다. 물론 환경과 안전에 대해서는 해양경찰과 같은 USCG(미), MCA(영) 등의 규제도 포함되어 있다.

선박의 주요 강재와 대비하여 50~80 Kgf/mm^{2}에 이르는 높은 고강도에 높은 내구성을 유지하기 위한 고인성[*1]과 내부식성까지 요구되며, 여기에 더해 반복적인 하중에서 올 수 있는 피로파괴를 평가하는 CTOD(Crack Tip Opening Displacement)와 재료의 질긴 정도를 나타내는 노치 인성 시험 등으로 사용 전 승인된 기준을 통과한 재료를 사용해야 한다.

표 8-1 재료 선정 시 고려사항

물리적 성질	밀도, 열전도성, 전기도전율 등
사용환경	내식성, 고온, 저온, 크리프 등
기계적 성질	내충격성, 내피로성, 내마모성 등 강도, 경도, 연성, 전성, 탄성계수, Poisson 비 등
가공성	주조, 용접, 절삭 등
기타	경제성, 상품성 등

*1 고인성(高靭性: High toughness): 상온, 고온에서 깨지거나 파괴되기 전 변형이 먼저 발생하는 연성(延性: Ductility)이 나타나지만 저온이나 극저온에서 파괴가 먼저 발생하는 취(약)성(脆性: Brittleness)이 나타나는 성질이 있다. 고인성이란 변형에 대한 저항력으로, 파괴 전까지 변형량이 커서 저온, 극저온, 추위에 매우 강한 재료를 선택해야 한다.

이러한 재료의 변화는 품질 보증을 위한 경험치가 부족한 현실에서 소요 강재의 선택과 용접품질 등에서 한계수명을 예측해야 함에 준비과정에서 사전 검사와 함께 점차 까다로워지는 것은 당연하다. 이러한 요구사항은 수시로 바뀌는 것이 아니라 국제 규격화된 코드에 반영하며 요구되고 있다.

특히 해양플랜트의 경우는

- 회사의 용접기준(또는 선급기준)도 발주자의 적용기준에 따라 승인이 요구되며
- 구조물의 경우 예비성능 시험코드(API RP2Z, …)에 의해 용접성과 파괴인성(CTOD) 등을 만족하는 재료를 선택하도록 하며
- 용접재료와 용접순서(입열과 예열조건)까지 강제하는 엄격한 품질 기준과
- 용접검사의 결과를 포함하여, 제작 및 설치과정 중의 작업자의 작업이력까지 추적이 가능한 관리 시스템도 요구하는 현실이다.

8.1.3 주요 용접절차 코드

해양플랜트는 운용환경에 따른 발주자의 요구조건이 달라지며 유럽을 중심으로 운용 환경에 적합한 코드를 개발하여 병용되고 있다. 하지만 용접 전후의 품질보증을 위한 관련 코드는 주로 미국의 ANSI/AWS, ASME를 준용하고 있다.

현재 해양플랜트의 시공 전후의 준비과정과 연관된 주요 코드는 표 8-2와 같다.

표 8-2 용접절차의 주요 코드

지역	코드 종류	코드 제목
미국	ANSI/AWS D1.X ANSI/AWS QC1 등 ASME BPVC Sec. IX API 1104	구조물 용접 검사자에 대한 자격 압력용기 및 보일러용 파이프라인 및 주변 설비
EU	EN 1090 EN 1090-1 EN 1090-2 EN 1090-3	강재, 알루미늄 구조물에 대한 실행절차 - 구조물에 대한 적합성 평가 요구 - 강재용 구조물 작업을 위한 기술적 요구사항 - 비철 구조물 작업을 위한 기술적 요구사항
ISO	ISO 3834	금속재료 용융용접 품질요구사항(KS_B / ISO_3834)

상기의 코드에서 언급되는 주요 사항은 (1) 용접변수의 종류, (2) 용접재료, (3) 용접부 시험평가, (4) 품질판정 기준과 검사방법, (5) 용접자격 부여 등이며, 우리도 국제화 추세에 맞춰 산업표준(KS)에 국제규격(ISO)을 그대로 전용하고 있다. 각 코드의 검증절차는 약간의 차이가 있지만 'ASME BPVC Sec. IX'가 요구한 기본절차와 유사하다.

용접품질을 검증하기 위한 체계는 ASME BPVC Sectioin IX) 코드를 중심으로 나열하면 그림 8-1과 같다.

- WPS(Welding Procedure Specification, 용접절차사양서)
- PQR(Procedure Qualification Record, 용접절차인정기록서)

1) 용접절차 사양서(WPS)의 작성 및 책임

WPS는 시공을 위한 용접방법으로 작업자에게 지침이 되는 문서이다. 이에 시공책임자/제작자가 인정을 하는 것이 원칙이다. 시공 사양과 해당 PQR 등을 검토하여 인정범위를 초과하지 않게 작성되어야 한다. 용접 작업에 고려되어야 할 각종 변수(필수, 비필수, 추가)들은 반드시 WPS에 기술해야 한다. 시편의 용접은 제작자 또는 시공자의 전반적인 감독과 관리 하에 수행되어야 하며, 이들 작업에 대한 책임은 제작자 또는 시공자에게 있다(사례1 참조).

2) 용접절차인정기록서(PQR)의 작성 및 책임

PQR은 시편을 용접하면서 사용된 용접데이터와 시험기록을 기록한 문서로 반드시 시공자가 기록해야 한다. 시편의 시험결과를 포함하고, 기록된 변수들은 시공 시에 적용될 실제 변수들의 범위에 있어야 한다. 각 용접방법에 대한 모든 필수변수와 해당하는 추가변수들을 반드시 기록해야 하며, 비필수 또는 기타 변수들은 시공자의 재량에 의해 기록할 수 있다. 용접 중 확인하지 않은 변수들은 기록하지 않아야 한다.

PQR은 시공자가 정확함을 스스로 인증(certify)해야 하며, 인증의 의도는 PQR의 내용이 시편 용접에 사용된 변수들의 실제 기록임과 인장, 굽힘 또는 마크로 시험의 결과가 기술기준의 요건에 적합함을 시공자가 확인하는 것이다.

한 개의 시편 용접에 하나 또는 그 이상의 용접방법, 용접재료 및 기타 변수들의 조합을 사용할 수 있다. 각 필수 또는 추가 변수들에 의해 용착된 금속은 개략적인 두께를 기록해야 하며, 요구되는 인장, 굽힘, 노치인성 및 기타 기계적 시험편에 포함되어야 한다.

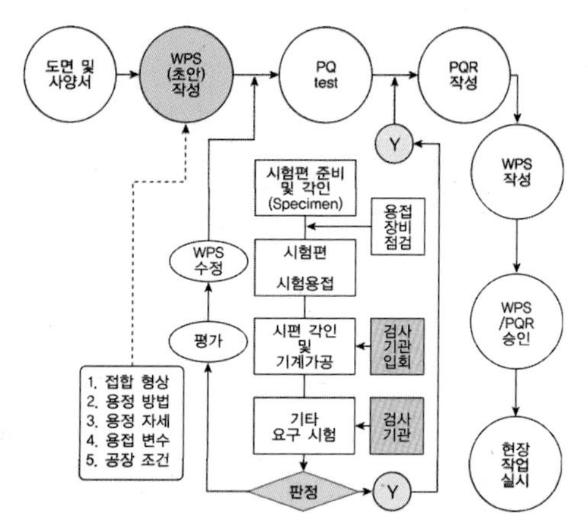

그림 8-1 WPS 및 PQR 체계(김대식 기술사)

ANSI B31의 경우에는 기술적으로 숙달된 그룹 또는 기관(technically competent group or agency)에 의해 인정된 WPS를 사용할 수 있다(사례 2 참조).

표 8-3 반영되어야 할 용접변수

용접 변수	일반사항	설명
QW-402	Joints	이음 형태
QW-403	Base Metals	모재
QW-404	Filler Metal	용접재료
QW-405	Position Check Guide	용접자세
QW-406	Pre-Heat check	예열온도
QW-407	PWHT	용접후 열처리
QW-408	Gas Check	가스
QW-409	Elec. Chr.stic Check	용접 전류의 전기적 특성
QW-410	Technique	용접기법
QW-150	Tensile Tests	QW-462.1 참조
QW-160	Guided Bend Tests	벤딩테스트
QW-170	Toughness Tests	QW-483 참조
QW-180	Fillet weld-fracture test	펠렛용접시험

3) 기록관리

WPS와 PQR은 유지, 관리되어야 하며, 인정결과와 일자를 포함하여 발주자와 그의 대리인, 공인검사자 및 용접작업자의 이용이 가능해야 한다. 시공현장에 WPS 또는 이를 요약한 지침서(other documents)를 작성하여 비치하는 것이 바람직하다. PQR은 비치나 배부할 필요가 없다.

CMX **PQR(Procedure Qualification Records)** Page : 1 of 1

PQR No.	BM10-1500	Draft WPS No.	WPS-1500-BM10
Process	Stud Arc Welding	Applied Code	ASME Sec. IX

Joint (이음 형태) (QW-402)	Position (자세) (QW-405) : 2S	
Stud Anchor (PIN), Ø10, Ferrule, Base Metal	Pre-heating and Temperature (QW-406)	
	Pre-heating Temp.	10℃
	Inter pass Temp.	N/A
	PWHT (열처리) (QW-407)	
	Temperature	N/A
	Soaking Time	N/A
	Gas Used (차폐 가스) (QW-408)	
	Sort	None
	Flow Rate	N/A
Root Gap (루트 간격) : N/A	Technique (적용 기술) (QW-410)	
Backing(받침) : ☒ Yes Base Metal ☐ No	Gun Model	CMX-900D
Retainer (리테이너) : None	Lift Length	2 mm

Base Metal (모재) (QW-403)		Cleaning Method (청정 방법)	
Base Material	G3461/STB33	Base Metal	Brushing and/or Grinding
Stud Material	SUS 304	Welding	Brushing and/or Grinding

Electrical Characteristics (전기적 특성) (QW-409)

Pass	Process	Type	Current	Voltage	Arc Time	Power Source Model
	Stud Arc	DCSP	700	85	0.6	SOLAR-1500

Test Results

HAMMER TEST

Test Method	Specimen No.	Test Result	Test Method	Specimen No.	Test Result
Pipe Bend	CMX-1220-P01	No opened defects	Pipe Bending	CMX-1220-P06	No opened defects
ditto	CMX-1220-P02	ditto	ditto	CMX-1220-P07	ditto
ditto	CMX-1220-P03	ditto	ditto	CMX-1220-P08	ditto
ditto	CMX-1220-P04	ditto	ditto	CMX-1220-P09	ditto
ditto	CMX-1220-P05	ditto	ditto	CMX-1220-P10	ditto

TORQUE TEST

☐ Accepted ☐ Rejected ☒ Not Applicable ☐ Others

MACRO TEST

☐ Accepted ☐ Rejected ☒ Not Applicable ☐ Others

NDE(Non Destructive Test)

☐ Accepted ☐ Rejected ☒ Not Applicable ☐ Others

VISUAL INSPECTION

Appearance : Good Underfill : None Others :

Welder Name : Byung Chan,Lee Test Conducted by : HoYang,Lee

We certify that statements in this record are correct and the test welds were prepared, welded and tested in accordance with the requirements of ASME Sec. IX.

		N/A	N/A
Prepared by Engineer	Certified by Manager	Reviewed by QC	Reviewed by Customer

사례 1 WPS 작성 예제

CMX **WPS(Welding Procedure Specification)** Page : 1 of 1

WPS No.	WPS-1500-BM10 R0	PQR No.	BM10-1500
Process	Stud Arc Welding	Applied Code	ASME Sec. IX

Joint (이음 형태) (QW-402)

Stud Anchor (PIN)
Ø10
Ferrule
Base Metal

Root Gap (루트 간격) : N/A

Backing(받침) : ☒ Yes Base Metal ☐ No

Retainer (리테이너) : None

Position (자세) (QW-405) : 1S, 2S	
Pre-heating and Temperature (QW-406)	
Pre-heating Temp.	10℃
Inter pass Temp.	N/A
PWHT (열처리) (QW-407)	
Temperature	N/A
Soaking Time	N/A
Gas Used (차폐 가스) (QW-408)	
Sort	None
Flow Rate	N/A
Technique (적용 기술) (QW-410)	
Gun Model	CMX-900D
Lift Length	1.5 to 2.5 mm

Base Metal (모재) (QW-403)		Cleaning Method (청정 방법)	
Base Material	G3461/STB33	Base Metal	Brushing and/or Grinding
Stud Material	SUS 304	Welding	Brushing and/or Grinding

Electrical Characteristics (전기적 특성) (QW-409)

Pass	Process	Type	Current	Voltage	Arc Time	Power Source Model
	Stud Arc	DCSP	650-750	380	0.4 ± 0.1	SOLAR-1500

Notes :

0				
Rev.	Prepared by Engineer	Certified by Manager	Reviewed by QC	Reviewed by Custome

사례 2 PQR 작성 예제

8.1.4 제작 검사

용접은 1920년대에 개발된 기술로 리벳공법에 비해 간편하고 생산성이 매우 높은 공법이다. 특히 제2차 세계대전을 거치며 적용기술은 비약적으로 발전하여 지금에 이르고 있다. 용접(용융접합)은 강재에 고열을 가하여, 짧은 시간에 고온으로 올리는 금속접합이므로 용접된 결과는 모재와 균질할 수 없다. 즉, 모재의 변형, 변질과 숨겨진 잔류응력, 화학적 성분과 조직의 변화 등은 필연적 현상이다.

작업 결과를 예측하며 준비하는 공정은 신뢰도를 확보하기 위한 절차이다. 검증과정과 작업자의 자격과 작업 조건 등을 점검하는 것으로 절차검사(Procedure Inspection)라 하며, 회사표준 또는 코드에서 요구하는 것이다. 이러한 요구사항은 준비공정으로 PQR과 WPS 등으로 용접재료의 선택, 용접설비와 작업순서, 후열처리 등의 작업품질계획을 소수의 샘플테스트로 확인하는 절차적 행위이며, 개별적으로 행한 작업결과를 신뢰하기 위한 과정으로 완성검사(Acceptable Inspection)로 가용 여부를 판단하게 된다,

용접부위의 신뢰도 확보를 위한 과정을 살펴보면 (1) 결과를 예측하기 위한 준비공정과 (2) 결과물의 만족 여부를 판단하는 완성검사로 구성되어 있다(전수검사와 샘플링 검사).

1) 정의

완성검사는 용접결과에 대한 기계적 성질이나, 내마모성, 내식성 등의 물성의 변화에 따른 문제점은 없는지를 조사하는 것이며, 검사란 시험결과를 포함하여 판단을 내리는 기준으로 ANSI B45.10에서는 시험(Examination), 테스트(Testing)와 검사(Inspection)로 구분하여 다음과 같이 정의하고 있다. 용접검사는 파괴시험과 비파괴검사로 구분한다.

표 8-4 ANSI B45.10

Testing	대상물을 어떤 물리적, 화학적 환경 또는 운전조건 하에 둠으로써 그 대상물의 성능이 지정 사항에 합치 여부를 판정 또는 검정하는 것이다(검출의 의미).
Examination (시험)	대상물이 지정된 요구사항에 적합하게 되어 있는지의 여부를 조사하는 검사(Inspection)의 한 요소이다. 통상 비파괴의 상태로 행하고, 간단한 조작, 검량 및 측정을 포함한다(행위는 제작자 중심의 실행).
Inspection (검사)	시험(Examination), 관찰(Observation) 또는 측정(Meaurement)의 수단을 이용하여, 대상물이 미리 설정된 품질요구사항에의 일치 여부를 판정하는 품질관리(Quality Control)의 한 과정이다(행위는 소유자 중심으로 실행).

2) 파괴시험

용접된 시편을 이용하여 파괴, 변형 또는 화학적 처리로 용접부위의 조직과 기계적 성질 등의 성능을 시험한다. 주요 시험 내용은 표 8-5를 참조한다.

표 8-5 파괴시험의 종류

기계적 시험	화학적 시험	금상학적 시험
인장	화학분석	파면시험
굽힘	부식	메크로시험
경도	침식	금속조직 검사
충격	수소	
피로시험 등	수소에 의한 결함	

3) 비파괴시험(Non-destructive Examination, NDE)

재료나 제품의 재질, 형상, 치수의 변화 없이 시험편의 투과, 흡수, 산란, 반사, 누설, 침투 등의 현상 변화를 통해 확인하는 것으로 금속의 내외부 결함의 유무를 찾아내며 채택 여부를 판정하는 방법이다. 시험(검사)방식은 표 8-6과 같다. 이외에도 적용 목적에 따라 누설 여부를 확인하기 위한 수압시험, 음향검사 등도 있다.

표 8-6 비파괴시험의 종류

종류		검사 범위		검사 방법 및 장단점
		내부	외부	
육안검사	VI		O	육안검사
자분 탐상	MT		O	시험체에 형성된 자장에 자분을 산포, 자분이 달라붙은 부분을 검사
침투 탐상	PT		O	표면에 침투제를 살포, 시간 경과 후, 표면의 침투제 제거, 침투제를 현상제로 현상하며 결함을 확인
와전류 검사	ECT	O	O	전자기 유도에 의해 결함의 크기, 분포 검출. 단, 전도체로 표면 근처의 결함 검출(얕은 깊이)
방사선투과	RT	O		(X선 발생장치 + 방사선 동위원소 + 감광필름) 슬레그 혼입, 용융부족, 균열, 용입부족, 기공결함 등 필름에 의한 기록 및 보관으로 추적성이 양호
초음파 탐상	UT	O		시험체에 초음파를 전달, 내부의 불연속위치에서 반사된 에너지량, 시간으로 검출, (공진법, 투과법, 펄스반사법) RT에 비해 결함검출 우수하나 기록성이 불리

이외에 대안검사(Alternative Examinations)로 새로운 검사법 또는 기술이 개발될 경우 결과가 상기의 방법과 기술이 동등 또는 이상이라고 입증할 수 있다면 사용 가능하다.

8.1.5 용접결함의 종류

용접부의 급열과 급냉에 따른 조직의 변화와 자재 물성의 결함, 미숙한 용접작업 등은 치수변형과 구조적 결함을 발생시킨다.

1) 구조적 결함

- 물성치(Properties)는 변화
- 균열(crack): 용접부나 열영향부에 발생
- 고온균열: 섭씨 300°C 이상에서 황화물, 산화물들이 국부적 용융으로 발생
- 저온균열: 섭씨 300°C 이하에서 용착금속의 응고, 냉각 시의 내부응력의 차이 또는 외적 구속력이 재료의 강도 이상이 되었을 때 발생

2) 내부 결함으로는

- 기공(blow hole): 가스가 방출되지 못하여 생성된 공간
- 피트(pit): 금속 표면에 거품이나 가스의 방출에 의한 자국
- 개재물(inclusion): 용착 금속 내에 녹아들어간 슬래그에 의한 결함
- 은점(fish eye): 용접부의 파단 시 둥근 은백색의 파면, 용착 금속 중의 수소가스가 원인으로 연성을 감소

3) 용접불량으로는 비드 표면의 불량으로

- 언더컷(undercut): 과다한 전류에 의해 비드 가장자리에 생기는 홈
- 오버랩(overlap): 과잉의 용융 금속이 용착부 밖으로 덮인 상태
- 융합 불량: 용착 금속과 모재 또는 용착 금속 간의 융합이 잘 안 된 상태
- 용입 불량: 용접 이음에서 개선부의 용입이 불충분한 경우
- 크레이터(crater)와 스패터(spatter)

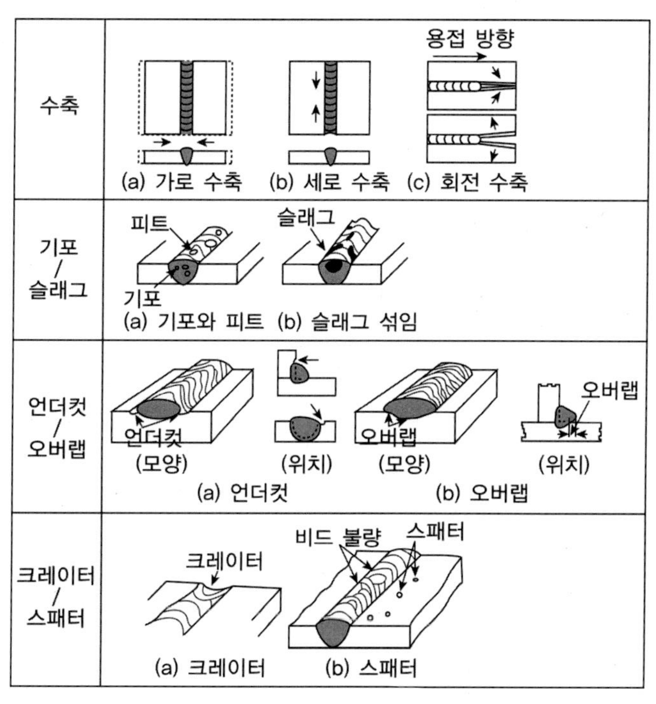

그림 8-2 용접불량의 형상

8.2 해양플랜트용 재료

8.2.1 요구 물성

원유와 가스의 채굴은 육상에서 해상으로, 점차 심해로, 수심 깊은 곳으로 발전하고 있다. 지역의 혹독하게 급변하는 극한환경과 채굴 방식의 변경과 같은 열악한 개발 환경은 강도 높은 금속의 쓰임새가 점점 커지고 있으며, 채굴되는 원유/가스에는 금속에 강한 부식성을 가지는 염분 이외에도 이산화탄소(CO_2), 질소(N_2), 황화수소(H_2S)와 아황산가스 등이 포함되어 있으므로 재료의 선택도 이를 반영하게 된다.

- 용접성을 중심으로 발굴에서 채취까지 완료될 때까지의 수명유지를 위한 높은 인장강도와 항복강도를 갖는 고장력강재
- 극저온에 따른 취성과 이에 따른 고인성 강재
- 황화물에 의한 부식에 저항 성능(내부식성)까지 요구하고 있다.

이러한 고성능 강재는 크게 강도 성능향상, 인성 및 용접성 성능향상, 내부식성 및 기타 성능향상 강재로 나눌 수 있으며, 각각의 구분에 해당하는 강재들을 정리하면 표 8-7과 같다.

표 8-7 고성능 강재의 구분

강도성능 향상	고강도강(High Strength Steel)
	일정항복항(Steel with constant Yield Point)
	협항복범위강(steel with Narrow Range of Yield Point Variation)
	저항복비강(Steel with Low Yield Point)
	극후판(Ultrathick Steel Plate)
인성 및 용접성 성능 향상	고인성강(Steel with Excellent Toughness)
	저예열강(Low Preheting Steel)
	대입열대응강(Steel for Large Heat-input Welding)
	耐(내)라멜라테어링강(Steel with Lamellar-tearing Resistance)
	TMCP(Thermo-Mechanical Control Process)
내부식성 및 기타 성능 향상	耐(내)후성강(Weathering Steel)
	용융아연도금강(Steel for Galvanizing)
	구조용 스테인리스강(Structural Stainless Steel)
	클래딩강(Clad Steel)
	LP강판(Longitudinally-Profiled Steel Plate)
	LP강판(Longitudinally-Profiled Steel Plate)
	제진강판(Vibration-damping SteelPlate)

8.2.2 강재의 종류

1) API 강재

고성능 강재의 개발과 함께 API도 원유, 가스 산업과 같이 극한지역과 사용 환경 변화에 따른 규정을 하고 있다. 이에 따른 강재를 API강재라고 하고, API 규격은 ASTM 규격(또는 다른 산업표준)을 병용한다. 유럽을 중심으로 새로운 코드들이 개발되고 있지만 검사절차에서 차별성을 가지며, 재질부분은 ASTM과 API에 기본을 두고 있다.

이러한 API 규격에서 요구하는 용접성, 내부식성과 고인성 등의 요구사항은 미국의 NACE (National Association of Corrosion Engineers, 부식공학회)가 정한 규정에 따라 제조하여 인증받은 재료를 의미한다.

표 8-8 API Code(Structure/Tubular/Valves)

구 분		석유 및 가스 산업용 주요 재료(Structure / Tubular / Valves) 상세 List 별도 참조
API SPEC (강재 분야)	2B	Structural Steel Pipe
	2C	Offshore Cranes
	2F	Mooring Chain
	2H	Carbon Mn Steel Plate for Offshore Platform Tublar Joints
	2MTI	As-rolled Carbon Mn Steel Plate with Improved Toughness
	2W	Steel Plates for Offshore Structures Produced by TMCP
	2Y	Steel Plates, Quenched &Tempered, for Offshore Structures
	5B	Threading, Gaging and Thread Inspection of Casing,
	5CT	Casing and Tubing
	5D	Drill Pipe
	5L	Line Pipe(B, X42, X46, X52, X56, X60, X65, X70, X80, X100)
	5LC	CRA Line Pipe
	5LCP	Coiled Line Pipe
	5LD	CRA Clad or Lined steel Pipe
	2XX는 Offshore Topside용 강재이며, 5XX는 구조용 강재임	
ISO 15156-2		Cracking resistant carbon and low alloy steels, and the use of cast irons
ISO 15156-3		Cracking resistant CRAs (Corrosion Alloys) and other alloys

- MR-0175/ISO 15156: 황화물에 의한 응력부식균열(Sulfide Stress Corrosion Cracking, SSCC) 에 대한 저항성 시험
- TM-0177: SSCC 황화물 응력시험 인증기준
- TM-0284: 수소유기에 의한 균열시험(Hydrogen Induced Cracking, HIC) 등

2) 강재의 선택

API 5L의 Line Pipe는 원유/가스 수송용 배관재료를 의미한다. API 5L(B, X42, X46, X52, X56, X60, X65, X70, X80, X100, X120)의 X70은 최소항복강도 70 ksi(1,000 lb/in^2, 6.89 MPa)를 의미한다.

석유시추선 및 원유생산을 위한 플랫폼에 사용하는 해양구조용 강재는 耐(내)라멜라티어링강(Steel with Lamellar-tearing Resistance)으로 용접 시 변형량을 최소화하여 표면의 수축 균열을 최소화한다.

표 8-9 API code(해양구조용 강재)

API Spec	Grade	두께	항복강도 평균(N/mm^2)	인장강도 (N/mm^2)
2H	42		290	425~550
	50	64 mm 미만	345	485~620
		64 mm 이상	325	
2W	42	25 mm 미만	290~460	425 이상
		25 mm 이상	290~430	
	50	25 mm 미만	345~515	450 이상
		25 mm 이상	345~485	
	50T	25 mm 미만	345~550	485 이상
		25 mm 이상	345~515	
	50	25 mm 미만	345~515	450 이상
		25 mm 이상	345~485	

표에서 보면 두께에 따른 강도에 차이가 있음을 알 수 있다.

규격은 API 2H(Gr 42, 50), API 2W(Gr 42, 50, 50T), API 2Y(Gr 42, 50, 50T) 등이 있다. 이를 이용하여 판재는 물론 배관재로도 사용된다.

3) 스테인레스 듀플렉스

해양플랜트는 선박보다 월등한 압력과 수명이 요구된다. 배관재의 경우 고압을 견디기 위해 플렌지의 사용이 자재되고, 모두 Butt-Welding으로 작업이 진행된다. 해수는 물론 채굴되는 원유와 가스는 황과 같은 다양한 불순물이 포함되어 있으므로, 사용되는 재료의 물성은 완전히 달라져야 한다.

기존 스테인리스 강재가 갖추고 있는 내식성을 높이고 요구 강도와 가공 성형성과 용접성도 갖춘 듀플렉스도 이런 강종의 하나이다. 열교환기나 압력관은 물론 발전설비나 해양구조물, 각종 화학 저장탱크와 파이프, 해수 담수화 설비, 해수처리 및 핵연료 재처리 설비 등 대형 플랜트에 핵심소재로 적용되고 있다.

특히 듀플렉스 강들은 일반적으로 우수한 용접성을 갖고 있어 스테인리스에 사용 가능한 대부분의 용접방식을 사용할 수도 있다. 페라이트와 오스테나이트 구성성분이 균형을 이루고 있어 용접

작업도 쉽다는 특징을 갖고 있으며 용접부위의 부식에 대한 우려도 낮은 편으로 알려졌다. 듀플렉스 강은 조성에 따라 크게 크롬과 니켈 비율에 따라 세 가지 정도로 구분한다(각각 UNS S32750 / S31803 / S32304).

표 8-10 ASTM A240의 Stainless Steel 기계적 시험 요구사항

구분	UNS No.	Type	기계적 시험 요구사항						
			인장강도		항복강도		연신율	경도	
			ksi	Mpa	ksi	Mpa	(%)	BHN	HRB
듀플렉스	S32750		116	795	80	550	15.0	310	32
	S32550		110	760	80	550	15.0	302	32
	S32304		87	600	58	400	25.0	290	32
오스트나이트계	S31008	310S	75	515	30	205	40.0	217	95
	S31600	316	75	515	30	205	40.0	217	95
	S30400	304	75	515	30	205	40.0	201	92

- 듀플렉스는 페라이트와 오스테나이트의 특징을 모두 가지고 있다.
- 300°C 이상에서는 페라이트 조직분해로 취성이 발생한다.
- 통상 200°C 미만에서 사용한다.

4) 인코넬(Inconel)

고온 내열설비에 우수한 강재특성을 지니고 있어 주 사용용도를 보면 열처리로, 초고온 전기로, 세라믹 소성로, 연구소 시험로, 진공로, 공업로, 보일러 등 내열을 요구하는 설비와 제트기관의 재료, 원자로의 연료용 스프링재, 전열기의 부분품, 고온도계용 보호관, 진공관의 필라멘트 등에 쓰여진다.

표 8-11 인코넬(Auerhammer Metallwerk GmbH)

합금명 (UNS)	주 성분	밀도 (g/cm)	기계적 성질(상온)				특 징
			상태	인장강도	항복강도	BHR	
				1000 psi (Mpa)			
(6600)	Ni/79, Cr/15.5, Fe/8	8.42	ANNEAL -ed	80-100 (550-690)	30-50 (210-340)	120-170	고온에서의 내식성 우수
(6601)	Ni/60.5, Cr/23 Fe/14, Al/1.4	8.06	"	80-115 (550-790)	30-60 (210-340)	110-150	고온, 내산화성 우수
(6617)	Ni/52, Mo/9 Cr/22, Al/1.2 Co/12.5	8.36	"	110 (760)	51 (350)	173	고온, 내산화성 우수
(6625)	Ni/61, Cr/21.5 Mo/9, Nb+Ta/3.6	8.44	"	80-115 (550-790)	80-115 (550-790)	180	극저온~고온 (980°C) 높은 강도와 인성, 내산화성 피로강도를 갖는 내식성이 우수한 합금
(6690)	Ni/60, Cr/30, Fe/9.5	8.19	"	80-115 (550-790)	80-115 (550-790)	184	산화성약품, 유황성 가스에 우수한 내식성
(7718)	Ni/52.5, Mo/3 Cr/19, Fe/18.5, Nb+Ta/5.1	8.19	AGED	80-115 (550-790)	80-115 (550-790)	382	-250°C ~ 700°C. 시효상태 용접가능. 980°C까지 내산화성 우수
(7750)	Ni/73, Ti/2.5 Cr/15.5, Al/0.7, Fe/7, Nb+Ta/1.0	8.25	"	80-115 (550-790)	80-115 (550-790)	300-390	내식성과 내산화성이 우수한 시효경화형의 합금
(8800)	Ni/32.5, Fe/46, Cr/21	7.95	ANNEAL -ed	80-115 (550-790)	80-115 (550-790)	120-184	고온 강도 우수
I(8811)	Ni/32.5, C/0.08 Fe/46, Cr/21 Al+Ta/1.0	7.95	"	80-115 (550-790)	80-115 (550-790)	100-184	고온 강도 우수
(8825)	Ni/42, Cu/2.2 Fe/30, Cr/21.5, Mo/3	8.14	"	80-115 (550-790)	80-115 (550-790)	100-184	광범위한 분야에서 내식성이 풍부

5) API OFFSHORE 구조용(STRUCTURES) 강재

RP: Recommended Practice, Spec: Specification, Bull: Bulletin(continue)

RP 2A-WSD	Planning, Designing and Constructing Fixed Offshore Platforms – Working Stress Design
RP 2A-WSD-S2	Errata/Supplement 2 to Planning, Designing and Constructing Fixed Offshore Platforms –Working Stress Design
Spec 2B	Fabrication of Structural Steel Pipe
Spec 2C	Offshore Cranes
RP 2D	Operation and Maintenance of Offshore Crane
Spec2F	Mooring Chain
RP 2FB	RP for Design of Offshore Facilities Against Fire and Blast Loading
RP 2FPS	Planning, Designing, and Constructing Floating Production Systems
RP 2GEO 19901-4	Geotechnical and Foundation Design Considerations
Spec 2H	Carbon Manganese Steel Plate for Offshore Platform Tubular Joints
Bull 2HINS	Guidance for Post-Hurricane Structural Inspection of Offshore Structures
RP 2I	In-Service Inspection of Mooring Hardware for Floating Drilling Units
Bull 2INT-DG	Interim Guidance for Design of Offshore Structures for Hurricane Conditions
Bull 2INT-EX	Interim Guidance for Assessment of Existing Offshore Structures for Hurricane Conditions
Bull 2INT-MET	Interim Guidance on Hurricane Conditions in the Gulf of Mexico(includes Errata 1dated October 2007)
RP 2L	Planning, Designing and Constructing Heliports for Fixed Offshore Platforms
RP 2MOP 19901-6	Marine Operations
Spec 2MT1	Carbon Manganese Steel Plate With Improved Toughness for Offshore Structures
Spec 2MT2	Rolled Shapes With Improved Notch Toughness
RP 2N	Planning, Designing, and Constructing Structures and Pipelines for Arctic Conditions
RP 2RD	Design of Risers for Floating Production Systems (FPSs) and Tension-Leg Platforms (TLPs)
Bull 2S	Design of Windlass Wildcats for Floating Offshore Structures
Spec 2SC	Manufacture of Structural Steel Castings for Primary Offshore Applications
RP 2SK	Design and Analysis of Stationkeeping Systems for Floating Structures

RP: Recommended Practice, Spec: Specification, Bull: Bulletin

RP 2SM	RP for Design, Manufacture, Installation, and Maintenance of Synthetic Fiber Ropes for Offshore Mooring
RP 2T	Planning, Designing and Constructing Tension Leg Platforms
Bull 2TD	Guidelines for Tie-Downs on Offshore Production Facilities for Hurricane Season
Bull 2U	Stability Design of Cylindrical Shells
Bull 2V	Design of Flat Plate Structures
Spec 2W	Steel Plates for Offshore Structures, Produced by Thermo-Mechanical Control Processing(TMCP)
RP 2X	Ultrasonic and Magnetic Examination of Offshore Structural Fabrication and Guidelines for Qualification of Technicians
Spec 2Y	Spec. for Steel Plates, Quenched-and-Tempered, for Offshore Structures
RP 2Z	Preproduction Qualification for Steel Plates for Offshore Structures
RP 95J	Gulf of Mexico Jackup Operations for Hurricane Season—Interim Recommendations

6) AP : TUBULAR GOODS

API 2012: TUBULAR GOODS RP: Recommended Practice, Spec: Specification, Bull: Bulletin(continue)

RP 5A3 13678:2009	RP on Thread Compounds for Casing, Tubing, Line Pipe, and Drill Stem Elements
RP 5A5 15463:2003	Field Inspection of New Casing, Tubing, and Plain-End Drill Pipe
Spec 5B	Specification for Threading, Gauging, and Thread Inspection of Casing, Tubing, and Line Pipe Threads
RP 5B1	Gauging and Inspection of Casing, Tubing and Line Pipe Threads
RP 5C1	RP for Care and Use of Casing and Tubing
TR 5C3 10400:2007	T.Report on Equations and Calculations for Casing, Tubing, and Line Pipe Used as Casing or Tubing; and Performance Properties Tables for Casing and Tubing
RP 5C5 13679:2002	RP on Procedures for Testing Casing and Tubing Connections
RP 5C6	Welding Connections to Pipe
RP 5C7	Recommended Practice for Coiled Tubing Operations in Oil and Gas Well Services
Spec 5CRA 13680:201	Specification for Corrosion Resistant Alloy Seamless Tubes for Use as Casing, Tubing and Coupling Stock

API 2012: TUBULAR GOODS RP: Recommended Practice, Spec: Specification, Bull: Bulletin

Spec 5CT	Specification for Casing and Tubing
Spec 5DP 11961:2008	Specification for Drill Pipe
Spec 5L 3183:2007	Specification for Line Pipe
RP 5L1	RP for Railroad Transportation of Line Pipe
RP 5L2	RP for Internal Coating of Line Pipe for Non-Corrosive Gas Transmission Service
RP 5L3	RP for Conducting Drop-Weight Tear Tests on Line Pipe
RP 5L7	RP for Unprimed Internal Fusion Bonded Epoxy Coating of Line Pipe Provides recommendations
RP 5L8	Field Inspection of New Line Pipe
Spec 5L9	RP for External Fusion Bonded Epoxy Coating of Line Pipe
Spec 5LC	Specification for CRA Line Pipe
Spec 5LCP	Specification on Coiled Line Pipe
Spec5LD	CRA Clad or Lined Steel Pipe
RP 5LW	RP for Transportation of Line Pipe on Barges and Marine Vessels
RP 5SI	RP for Purchaser Representative Surveillance and/or Inspection at the Supplier
Spec 5ST	Specification for Coiled Tubing-U.S. Customary and SI Units
Std 5T1	Standard on Imperfection Terminology
TR 5TRSR22	Tech. RPT in SR22 Supplementary Requirements for Enhanced Leak Resistance LTC
RP 5UE	RP for Ultrasonic Evaluation of Pipe Imperfections

7) API: VALVES AND WELLHEAD EQUIPMENT

TR: Technical Report

Spec 6A 10423:2009	Specification for Wellhead and Christmas Tree Equipment
Std 6A718	Nickel Base Alloy 718(UNS N07718) for Oil and Gas Drilling and Production Equipment
TR 6AF	Technical Report on Capabilities of API Flanges Under Combinations of Load
TR 6AF1	Technical Report on Temperature Derating of API Flanges Under Combination of Loading
TR 6AF2	Technical Report on Capabilities of API Integral Flanges Under Combination of Loading-Phase II
TR 6AM	Technical Report on Material Toughness
Spec 6AV1	Specification for Verification Test of Wellhead Surface Safety Valves and Underwater Safety Valves for Offshore Service
Spec 6D 14313:2007	Specification for Pipeline Valves
RP 6DR	Repair and Remanufacture of Pipeline Valves
Spec 6DSS 14723:2009	Specification for Subsea Pipeline Valves
TR 6F1	Technical Report on Performance of API and ANSI End Connections in a Fire Test According to API Specification 6FA
TR 6F2	Technical Report on Fire Resistance Improvements for API Flanges
Spec 6FA	Fire Test for Valves
Spec 6FB	Specification for Fire Test for End Connections
Spec 6FC	Specification for Fire Test for Valves With Automatic Backseats
Spec 6FD	Specification for Fire Test for Check Valves
Spec 6H	Specification on End Closures, Connectors, and Swivels
RP 6HT	Heat Treatment and Testing of Large Cross Section and Critical Section Components
Bull 6J	Testing of Oilfield Elastomers(A Tutorial) (ANSI/API Bull 6J-1992)
TR 6J1	Elastomer Life Estimation Testing Procedures
TR 6MET	Metallic Material Limits for Wellhead Equipment Used in High Temperature for API 6A and 17D Applications
Spec 11IW	Specification for Independent Wellhead Equipment
RP 14H	Recommended Practice for Installation, Maintenance and Repair of Surface Safety Valves and Underwater Safety Valves Offshore

부록

1. 비전통에너지원

부록 1

비전통에너지자원

1.1 배경

전 세계 주요 에너지 소비의 약 80%를 화석연료가 감당하고 있다. 가장 전통적인 석탄을 비롯하여 19세기 이후 석유와 가스 등이 주요 에너지원으로 활용되어왔다.

하지만 세계적으로 에너지 소비는 급격히 확대되고 있으나 화석연료의 분포지역은 한정되고 산유국의 국유화에 의해 국제적으로 에너지 가격은 상승하여 배럴당 100불을 넘나들고 있는 상황이 지속되고 있는 현실이다.

수요가 증가함에 따라 가격이 치솟아 기존의 유전지역은 좀 더 멀리 좀 더 깊은 곳을 향하게 되었다. 자원회수기술을 발전시켜 기존의 저류층에서 30~40%에 불과하던 회수율을 60~70% 수준까지 끌어올리며 기존의 유전에서의 생산량을 대폭 증대시켰다.

석유 메이저를 중심으로 심해유전의 탐사와 개발을 통한 에너지 확보 노력에 박차를 가할 수 있는 조건이 만들어졌다(그림 1 참조).

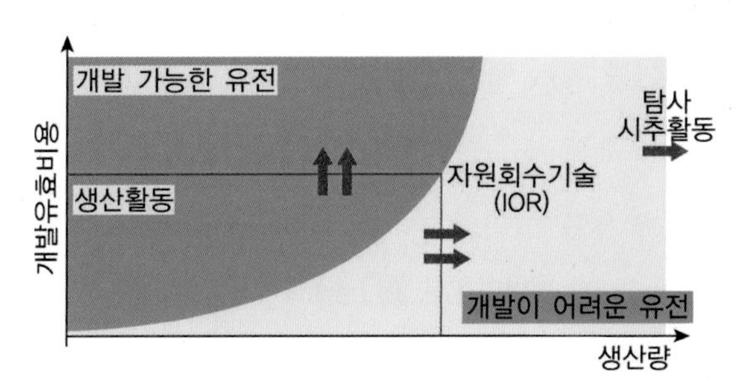

그림 1 개발유효비용과 개발 노력의 상관관계

이런 결과는 브라질 서부와 동부 아프리카는 물론 오스트레일리아의 북동부까지 새로운 심해유전이 발견되어 공급량도 지속 확대되고 있다.

채굴이 용이한 에너지원의 지속 발굴과 더불어 개발의 어려움으로 방치되어 있던 에너지 자원을 찾는 노력들이 결실을 보고 있다. 지금까지 기존의 석유와 가스 등에 대비하여 경제성이 부족하여 방치되었던 에너지원들이다(그림 2).

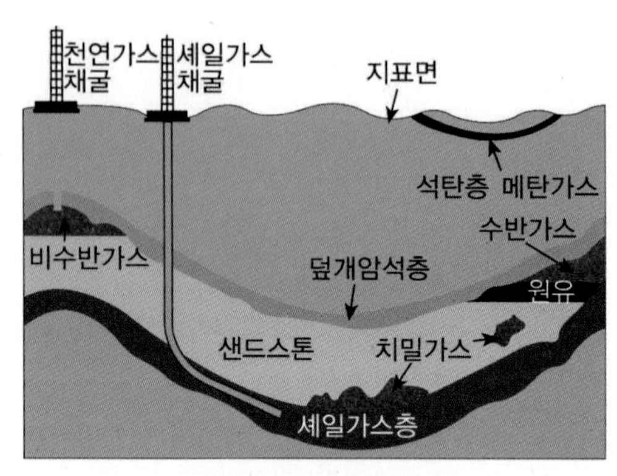

그림 2 비전통에너지자원

지금까지의 화석연료를 통칭하여 '전통에너지자원(conventional resources)'이라 칭하게 되었으며, 이에 대비하여 새로 발굴된 에너지원을 '비전통에너지자원(Non-conventional resources)'이라 칭하게 되었다.

국제석유공학회(Society of Petroleum Engineers, SPE; International)는 다음과 같이 정의하고 있다.

'대규모로 분포되며, 유체역학적(Hydrodynamic)인 영향을 덜 받는 석유자원'으로 이들은 특별한 회수기법을 사용하여야만 생산이 가능하고, 생산 이후에도 특별한 처리공정을 거쳐야 판매가 가능한 자원이다.

이러한 비전통적 자원으로 원유와 대비되는 매우 무거운 중중질유(Heavy Oil, Extra Heavy Crude), 오일샌드(Tar Sands), 오일셰일(Oil Shale)과 기존의 가스에 대비되는 치밀가스(Tight Gas), 셰일가스(Shale Gas)와 석탄층 메탄가스(CBM: Coal bed methane)와 가스하이드레이트 등을 들 수 있다(그림 2 참조). 이외에 바이오 연료와 석탄에서 나오는 가스와 합성원유 등도 이에 해당된다.

좀 더 구체적으로는 유체역학적(Hydrodynamic)인 영향을 덜 받는 석유자원이라는 표현에서 알 수 있듯이 원유의 점성도가 매우 높다는 것을 의미한다. 기존의 전통적 석유자원의 API 비중이 20~45가 대부분이라는 것을 기억한다면 비전통적 원유의 API 비중은 7~25 수준에 해당한다(표 1 참조).

표 1 비전통적 원유(점성도 기준) (Francois Cupcis, 2003)

등급	구분	API 비중	매장 상태	주요 보유국
A	Medium Heavy Oil	25~18	유동	원유생산국
B	Extra Heavy Oil	20~7	저유동	베네수엘라
C	Oil Sands	12~7	비유동	케나다
D	Oil Shales	N/A	비유동	오스트레일리아

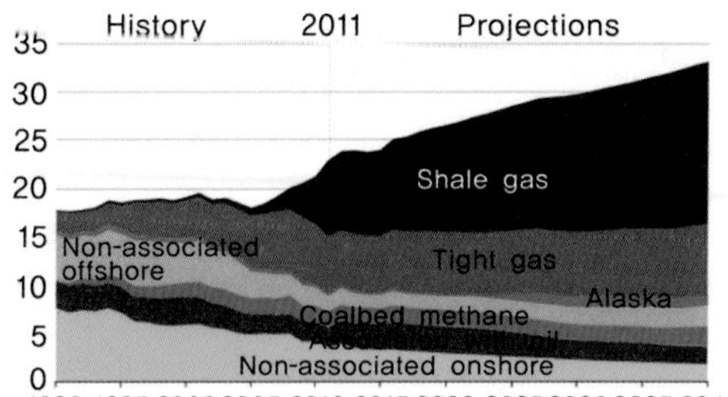

그림 3 미국의 천연가스 생산 예측

그림 3에 나타나듯 세계적으로 수요가 증가하는 유일한 화석연료는 천연가스로 예상하고 있다. 2030년경 미국에서는 이 천연가스가 석유를 제치고 에너지원 중에서 가장 큰 비중을 차지하게 될 것이다. 이중에서도 셰일가스와 같은 비전통 가스의 비중이 증가되는 분량의 절반 이상을 차지할 것이다.

그림 4에서 상대 비교를 하면 'A'는 개발이 용이한 자원이며, 'B'는 매장량은 풍부하고 지역적으로 넓게 퍼져 있지만 개발이 어려운 자원임을 의미한다.

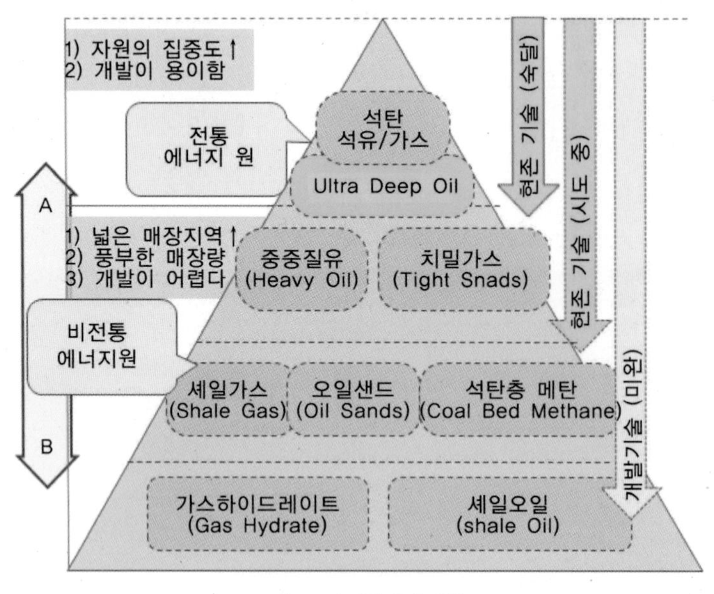

그림 4 비전통에너지원

지속적으로 유가가 높아질 경우, 지금까지 설명되었던 오일과 가스의 생산이 더욱 진전 되지만 비전통형 에너지 자원도 석유와 가스로의 전환을 선호하게 될 것이며, 이 중에서도 비전통 가스의 비중은 더욱 높아질 것이다(그림 3 참조).

그 이유로는 풍부한 부존량은 기존 전통 가스자원의 2~3배 이상(Stephen, 2010)이며 기존 시추기술의 연장선상에서 수평시추기술과 다단 수압파쇄기술이 개발되어, 북미를 중심으로 이미 상용 채굴을 하고 있다.

표 2 전통 및 비전통 가스의 분류(지식경제부, 2012)

구분	이름	생성 원인	비고
유정/가스정 (전통 가스)	(석유)수반가스	석유와 동반하는 가스	1) 수직 시추 2) 자연 유동, 유정 자극
	가스 단독 생산	비 수반가스	
비전통 가스	셰일가스	셰일층(진흙 퇴적암)	1) 수직 및 수평시추 2) 수압 파쇄공법
	치밀가스	사암층	
	석탄층 가스	석탄 부생가스	

1.2 비전통에너지의 적용

화석연료로 기존의 채굴방식과 저장형태는 다르지만, 기본적인 물성은 탄화수소로 이를 가스화한 것을 정확하게 표현한다면 탄화수소 성분(xH_2 +yCO)의 유사가스라 한다. 석탄에서 추출한 가스로 합성연료를 만드는 기술이 1920년대에 개발되었다.

이를 개발한 독일인의 이름을 딴 F-T(Fischer-Tropsch) 공정이다. 이 공정은 지금까지도 유용한 기술로, 석유제품들은 전통적으로 원유를 정제하여 제조하지만 탄소를 함유하고 있는 원료를 이용하여 합성연료를 만드는 것이다.

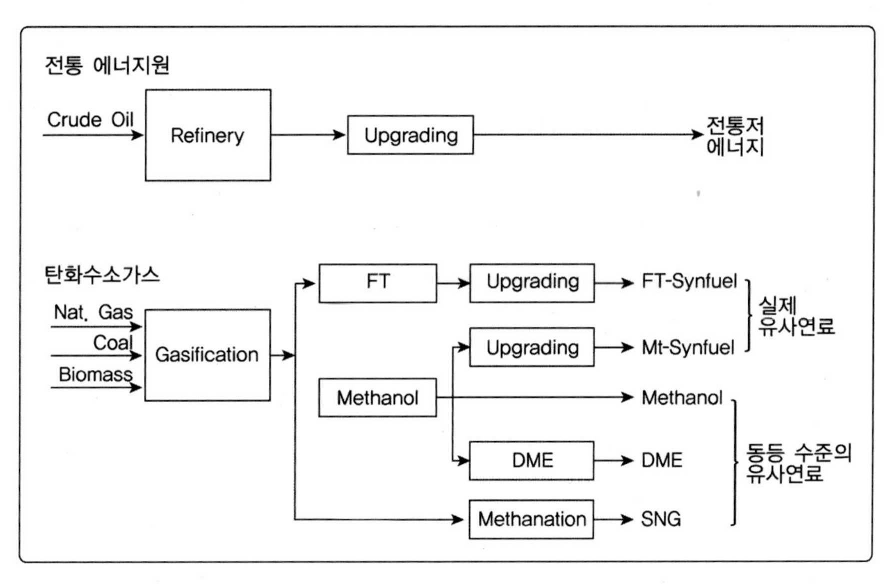

그림 5 GTL/CTL project(출처: Asia Gas Partnership Summit, March, 2010, Lurgi)

- GTL(Gas to Liquids): G-T 공정을 이용한 천연가스의 액화
- CTL(Coal to Liquids): 석탄가스의 액화연료
- 메탄(CH_4)을 메탄올 또는 디메틸에테르(DME, Di-methyl Ether)로 만든다.
- SNG: Synthetic Natural Gas

즉, 비전통에너지원에서 추출된 가스를 이용하여 상기와 같은 에너지원으로 변성시키는 것이 추세이며 전통에너지의 매장량이 한정적인 상황을 보완할 수 있을 것으로 기대하며, 실제적으로 북미를 중심으로 가스화된 비전통에너지의 활용이 늘어나고 있다.

1.2.1 석탄, 천연가스의 액화와 합성연료

석탄의 기원은 오일셰일과 유사하지만, 식물이 수중에 퇴적(토탄화)하여 매몰된 후 산소가 결핍된 상태에서 분해, 변질하며 형성된 것으로 지열과 압력에 의해 식물의 구성성분인 수소, 질소, 산소의 대부분은 달아나고 탄소로 치환되는 작용, 즉 탄화작용에 의해 석탄으로 생성되었다.

1 m 두께의 석탄층을 형성하기 위해서는 30 m 정도의 토탄이 필요했다. 석탄은 상대적으로 순수한 탄소에서 탄화수소, 황 등과 함께 젖은 탄소까지 다양하다. 이들 탄소 성분(C)를 이용하여 유사연료로 만들어진다.

F-T 공정은 증기(H_2O)를 뜨겁게 달궈진 코크스(C) 위로 통과시켜, 합성가스(H_2, CO, CO_2)로 변성됨을 찾아냄으로써 행해진 방식이다(흡열반응으로 가열).

$C + H_2O \rightarrow H_2 + CO$: 탄소에 수성가스를 반응, 수소가스 생성

$CO + H_2O \rightarrow H_2 + CO_2$: Water-Gas Shift로 CO_2 발생

$(2n+1)H_2 + nCO \rightarrow CnH(2n+2) + nH_2O$: (압력 : 2~4 MPa)

또는 탄소 성분을 함유하고 있는 원료, 즉 메탄(CH_4)으로 합성가스를 생성한다.

$CH_4 + 1/2O_2 \rightarrow CO + 2H_2$: 희박 연소(Lean combustion)

$CH_4 + H_2O \rightarrow CO + 3H_2$: 증기개질법(Steam reforming)

합성가스(CO and H_2)로 메탄올과 합성 가솔린을 생산한다.

$2H_2 + CO \rightarrow CH_3OH$: 메탄올 합성반응

메탄올을 탈수반응(Mobil process)시켜, 합성가솔린(디메틸에테르)로 전환한다.

$2CH_3OH \rightarrow CH_3OCH_3 + H_2O$: 탈수반응

CH_3OCH_3(디메틸에테르)

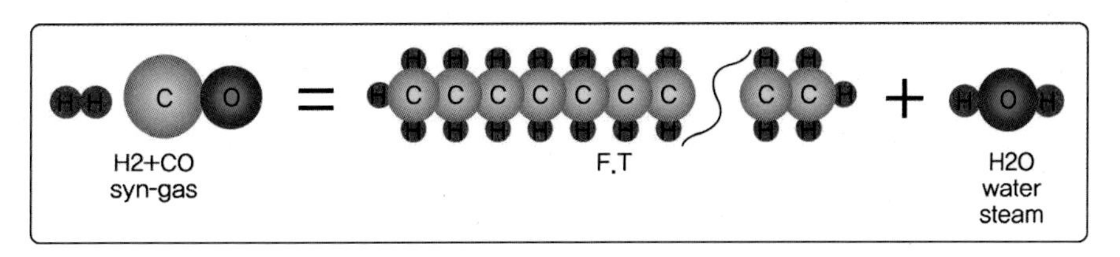

그림 6 Alaska BTL Program(Richard J Peterson)

그림 6과 같이 탄소와 수소의 결합으로 순차적으로 원하는 합성연료로 만들 수 있음이 확인, 비전통에너지로부터 얻어진 가스를 적극적으로 활용할 수 있게 되었다.

1) 석탄으로부터 액상연료를 만드는 공정

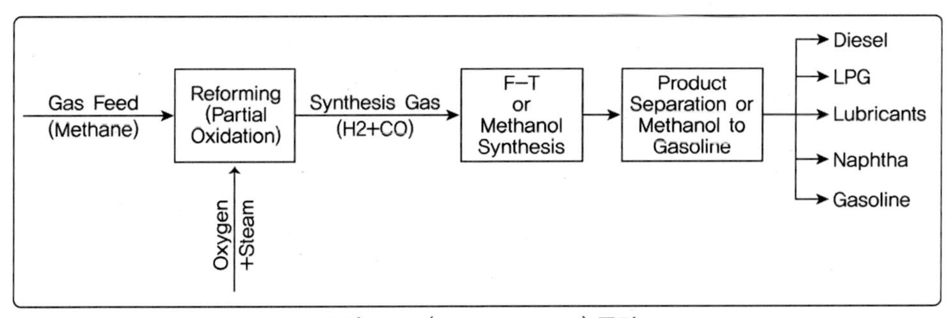

그림 7 CTL(Coal to Liquids) 공정

출처: M.E.T.T.S Pty. Ltd

그림 7에서는 메탄(CH_4)이 주성분인 석탄가스를 이용하여 디젤에서 가솔린, 윤활유까지 만들어지는 공정을 확인할 수 있다.

2) Natural Gas로부터 액체 연료를 간단하게 만들 수 있다.

이 후 언급될 중중질 원유, 타르샌드, 오일셰일과 셰일가스, 가스하이드레이트, 석탄층 메탄(CBM)까지 비전통에너지에서 뽑아진 가스를 이용하는 것은 동일 또는 유사 방법으로 국가(고객)가 원하는 에너지원으로 공급되길 기대해보자.

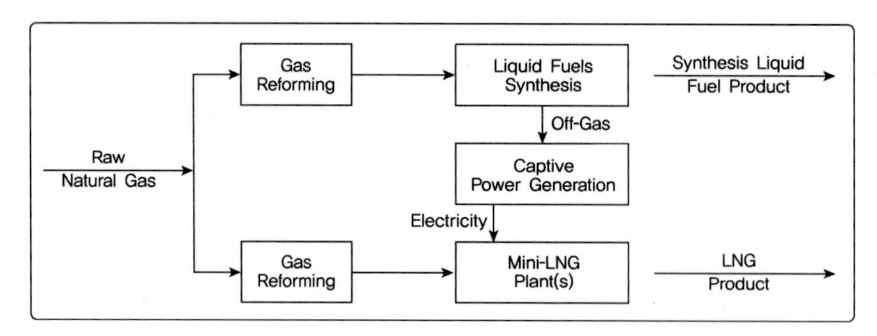

그림 8 Natural Gas to Liquid(출처: M.E.T.T.S Pty. Ltd)

1.2.2 중중질 원유(Extra heavy crude)

중중질 원유(Extra heavy crude)는 오일샌드의 한 종류로 Heavy Oil Crude, Extra Heavy Oil Crude, Heavy Oil, Crude Bitmen, Tar Sand, Oil Shale, Heavy Oil 등으로 불리며, 이는 비중에 따라 의미가 조금씩 달라진다.

오일샌드는 전 세계적으로 분포되어 있으며, 매장량도 막대하다. 지역의 매장환경과 경제성 평가, 개발능력에 따라 대표적인 국가는 베네수엘라와 캐나다 등이 적극 개발하고 있다.

현재 추출되고 있는 극도로 무거운 중중질 원유는 베네수엘라 동부(오리코노 하천 유역)에서 나오는 8° API 등급 수준으로 점성이 매우 높아 생산의 어려움이 있다. 이에 저류층의 온도를 충분히 높여 원유의 점성도를 낮춘 경우에만 저류층에서 흘러나오는 수준이다.

보편적으로 매우 무거운 중중질 원유는 API 비중이 대략 15° API 또는 미만의 탄화수소를 의미한다. 채굴단계에서 점성도가 매우 높아 채굴관을 통해 높은 열을 가하여 지층까지의 유동성이 확보되어야 에너지원으로 사용이 가능하다.

또한 지표면에 도달하면 파이프라인을 흐르도록 하기 위해 원유에 반드시 희석제(가끔 LPGs)와 혼합시킨다.

정제과정도 오일샌드에서 생산된 원유는 전통적인 원유와 달리 반드시 처리시설에서 부가가치가 높은 API 비중 26~30 범위의 좀 더 가벼운 합성원유로 만들기 위해 업그레이딩이라는 과정을 거치며, 몇 단계의 수소화 분해 및 코킹(coking)과정을 거치면서 가벼운 탄화수소가 된다.

원유에 많은 유황성분이 포함되어 있어 이를 반드시 제거하는 공정도 포함되어야 한다.

채굴과정에 사용된 희석제는 분리시켜 유정갱구 위치로 되돌려 보냄으로써 재활용된다.

1.2.3 타르샌드(Tar Sands)

타르샌드는 오일샌드의 대표 주종으로 오일샌드라고도 한다. 현재 노천광에서 채굴되는 비율이 대략 80% 수준이지만 훨씬 깊은 곳에 많이 산재되어 있는 것으로 추정하고 있다. 보통 2톤의 오일샌드에서 1배럴의 원유가 생산된다.

타르샌드는 말 그대로 모래층에 섞여 있는 오일로서, 역청(bitumen)막이 모래와 물을 머금고 있는 형태이다. 이 오일은 아스팔트처럼 너무 끈적거려 그 자체로는 수송이 불가능하여 몇 가지 복잡한 과정을 거쳐 오일로 만들어진다. 한동안 생산비가 많이 들어 채굴 경제성을 확보할 수 없었지만 원유가격의 상승으로 생산 수익을 낼 수 있게 되었다.

현재 타르 샌드의 매장량은 캐나다(앨버타)와 베네수엘라의 매장량으로도 사우디의 총 석유 매장량에 상당하는 2,500억 배럴에 달할 것으로 추정되고 있다.

추출방법은 타르샌드에 온도를 가하여 타르를 녹이면서 흔들어 주면, 물, 모래와 오일층으로 나누어진다. 물론 베셀 내에서 타르와 물과 모래는 쉽게 분리될 것이다. 상부에 떠 있는 것이 타르라는 오일층으로 이를 희석액과 섞어 묽게 만든 것이 타르오일이다. 이를 정유시설로 보내게 된다.

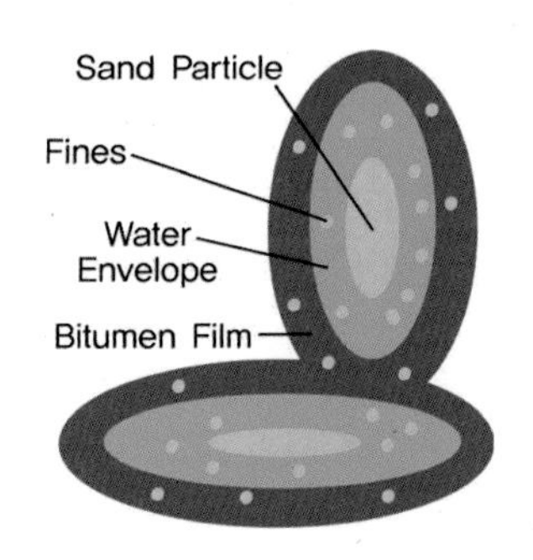

그림 9 Tar Sand 구성

채굴방법은 증기추출방식으로 대량의 증기를, 오일샌드 층에 수 주간 주입하여 침전시켜 흘러나오게 하는 방법으로 수율은 약 25%로 추정하고 있다. 좀 더 발전된 기술로는 지층에 스팀파이프를 집어넣어 지속적으로 열을 가하면서 흘러내리는 오일을 퍼올리는 방법으로 60% 수준의 수율로 추정한다.

소규모로 하는 채굴방법으로는 오일샌드 층에 중장비를 동원해 퍼올려, 오일샌드 자체를 추출시설로 운반하여 처리하는 방식으로, 수율은 75%에 이른다고 한다.

1.2.4 오일셰일과 셰일가스(Oil Shale & Shale Gas)

셰일(Shale, 혈암)이란 오랜 세월 동안 극세립자(입자의 크기가 매우 작은)인 진흙이 뭉쳐서 형성된 퇴적암의 일종이다. 기존의 석유자원은 공극과 투과성이 큰 암석(사암)이지만, 셰일은 공극과 투과성이 상대적으로 작은 입자이다.

오일셰일은 혐기성(무산소) 환경이 유기물질의 분해를 방해하여, 상당량의 셰일오일과 가연성 기체를 추출할 수 있는 다량의 유기물질을 포함하고 있는 고운 입자의 퇴적물이다.

나중에 고온고압으로 굳어지게 되는 바위에 덮이게 되어 가스와 원유를 머금은 저류층에 비해 열과 압력은 매우 낮다.

오일셰일은 셰일 내에 미성숙 원유(케로젠, Kerogen)가 함유되어 있는 것으로 케로젠은 원유를 생성시키는 온도와 압력에 도달하지 못한 고체상의 미성숙 원유로 존재하는 것을 의미한다. 이를 고온(480°C)으로 가열하면 점성이 떨어져 분리가 가능하다. 이를 열분해(탄화수소 분해)시키면 액상의 원유 형태로 변하게 된다. 이는 미성숙 원유이기 때문에 추가적인 화학공정을 거쳐 합성원유로 만든다. 이를 '셰일오일'이라 한다.

셰일오일의 전 세계 원시 부존량은 4.8조 배럴로 추정되고, 전 세계 매장량의 80% 가까운 3조 7천억 배럴이 미국에 매장되어 있으며, 가채매장량은 약 240억 배럴 규모로 알려져 있다. 가장 규모가 큰 것으로 알려진 위치 중 한 곳은 40,000 km^2(16,000평방마일)에 이르는 콜로라도주, 유타주, 와이오밍주의 그린리버 지층이다.

또한 셰일가스도 셰일오일과 동일 지층과 환경에서 존재하는 천연가스로 메탄 70~90%, 에탄 5%, 콘덴세이트가 5~25% 등으로 구성되어 있다.

일반적으로 기존의 천연가스보다 월등히 깊은 지하 2~4 km 범위에 넓게 존재하며 암석의 미세한 틈새에 넓게 퍼져 있으며 추정 매장량이 180조 입방미터로 기존의 천연가스나 석유의 매장량과 비슷한 규모로 알려져 이에 '제2의 석유'라고도 불린다.

비전통 에너지자원으로 셰일가스에 주목하는 이유에 대해 셰일가스의 매장량이 전통 가스에 비해 막대한 매장량과 개발기술의 발달로 개발비용이 매우 저렴해졌다는 것이다.

이에 따른 소비자 가격은 국제유가 기준으로 열량기준으로 석유의 1/7 수준이라고 하니 세계 에너지 공급분야에 영향을 줄 것이라는 전망도 당연한 것으로 보인다.

오일셰일은 셰일가스의 중요한 원료이며, 이런 천연가스원이 2020년까지 미국과 캐나다의 가스 소비의 절반 수준으로 예상하고 있다.

천연가스는 셰일수준으로 오일의 분해를 통해 발생하고, 자연 균열된 틈새에도, 공극에도 일부는 유기물질들에 흡수되어 존재한다. 셰일가스와 오일은 셰일에 포함된 오일과 가스 포집기술이 개발된 2000년 이후부터 각광을 받게 되었다. 채굴 자체가 비경제적이었으나 수평정 시추기술(Horizontal/directional well drilling)과 수압파쇄기법(Hydraulic fracturing treatment)의 결합으로 본격적인 생산이 가능해지면서 경제성을 갖게 되었다.

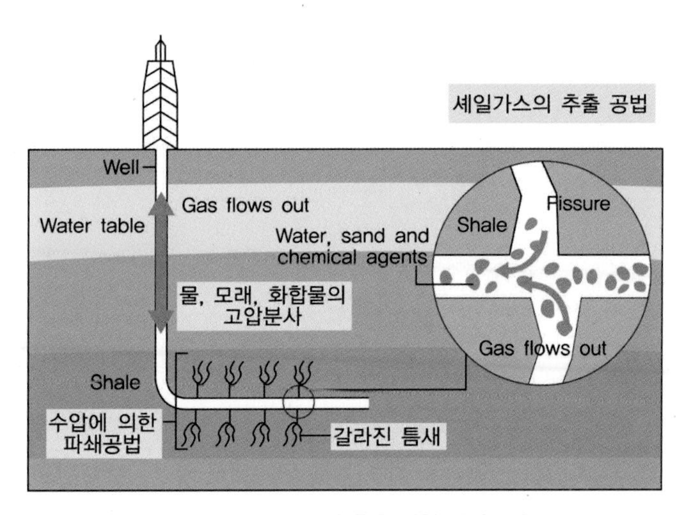

그림 10 셰일가스 추출을 위한 파쇄공법

수평시추를 통해 모래와 화학첨가물을 섞은 물을 500에서 1000기압으로 고압 분사하는 '수압파쇄공법'으로 오일과 가스를 함유한 암석을 깨뜨리는 방식이다.

고압분사를 하는 매체에 의한 지하의 환경오염에 대한 대책이 없이 시행된다는 것이 인류에게 환경으로 인한 재앙은 되지 않을까 생각해볼 필요도 있다.

1.2.5 석탄층 메탄(Coal bed methane, CBM)

석탄층 메탄(Coal Bed Methane)은 식물성 유기물이 지하에서 석탄화 과정에서 생성돼 석탄의 미세공극 표면에 흡착되어 있는 가스로 CH4(메탄)를 95% 이상 함유하고 있다.

CBM의 생산은 채탄의 안정성을 유지하기 위해 탄광에서 갱내가스를 제거하는 과정에서 시작되었다. 가스를 모으기 위해 가스정을 설치하면 탄층내의 수압이 낮아져 처음에는 다량의 물이 배출되다가 점차적으로 물의 배출이 감소되고 가스배출량이 증가한다. 석탄층 내에서의 메탄의 이동은 탈착, 확산을 거쳐 유체흐름의 과정으로 이루어지며 메탄생산량은 초기에 빠른 속도로 증가하다가 최대생산량에 도달한 후부터는 완만하게 생산량이 감소하게 된다. 메탄은 물에 대한 용해도가 낮으므로 물과 쉽게 분리된다.

기본적으로 메탄은 청정에너지이면서도 강력한 영향을 미치는 온실가스이다. 채굴기술의 개발과 유가 상승 등으로 인해 사업경제성 확보가 가능해졌고, 환경규제의 대안으로 부각되며 온실가스 배출규모를 조정하는 데 매우 큰 역할을 할 수 있기 때문이다.

최근에는 매탄을 CO_2로 치환하는 ECBM(Enhanced CBM) 기술개발이 한창이다. CBM 생산 시 CO_2를 석탄층에 주입함으로써 메탄가스의 회수율을 증진하고, 메탄가스를 회수하면서 석탄층 내에 CO_2의 저장공간으로도 활용할 수 있다.

1.2.6 가스하이드레이트(Gas-Hydrates)

최근에 발견되어 비전통형 천연가스로 연구되고 있는 메탄하이드레이트는 고체천연가스로서, 메탄가스 분자(CH_4)가 낮은 온도와 높은 압력 상태에서 물분자(H_2O)와 결합해 형성된 고체에너지원이다. 얼음모양으로 되어 있는 고체 결정체로서 속에는 가스체적의 170배에 달하는 메탄가스를 함유하고 있다.

북극의 영구 동토층(툰드라, Tundra)의 하부지층에서 최초로 발견되었고, 대륙의 얼음 속이나 깊이 500 m 이상의 대륙사면 및 심해저의 퇴적물 속에 존재하고 있는 것으로 알려진다. 장래의 에너지 자원으로서의 가능성과 함께 지구환경에 미치는 영향의 연구가 시작되었다.

메탄하이드레이트는 메탄가스 주변에 물이 풍부하게 있으며 수압과 저온조건이 충족되면 생성된다. 예를 들면 수중에서 수심 400 m(압력 40기압, 4°C)를 초과하면 안정적으로 존재할 수 있다. 순수한 메탄가스의 비등점은 −164°C, 융점은 −182.5°C이다.

가스하이드레이트의 화학구조(그림 11 참조)는 물분자(H_2O)의 수소결합으로 생긴 격자 구조로 12면체, 14면체, 16면체 등이 있다. 격자 구조 속에 저분자량 가스(메탄, 에탄, 프로판, CO_2 등)의 분자의 종류에 따라 메탄-하이드레이트, CO_2-하이드레이트 등으로 불리운다.

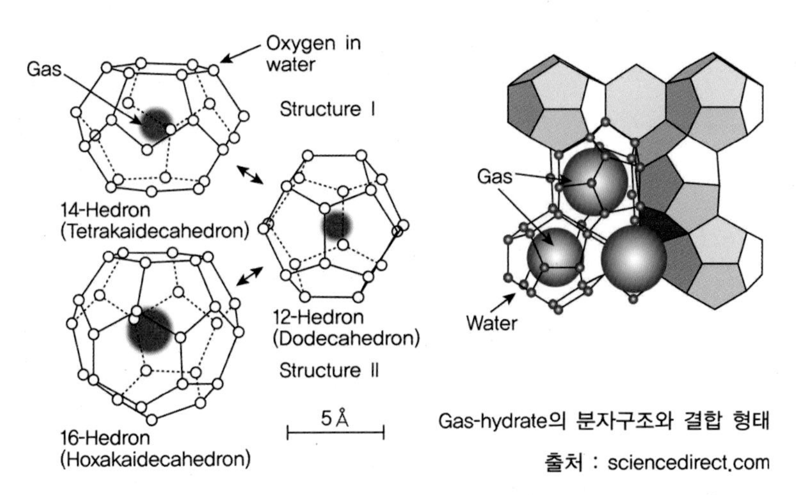

그림 11 가스하이드레이트의 분자구조

해저 깊숙한 곳의 고압과 저온에서, 수화물은 물보다 더 무겁기 때문에 새어나갈 수가 없으며, 이러한 형태의 메탄이 과거에 예상한 것보다 훨씬 더 풍부하게 매장되어 있을 거라 예상을 하고 있다.

가스하이드레이트에 포획된 유기탄소의 분량은 전 세계에 약 10조 톤이 매장된 것으로 추정되며, 미국 USGS 가스하이드레이트 프로젝트에 따르면 메탄 수화물에 전 세계 석탄, 오일, 재래형 천연가스를 결합한 전체 양보다 훨씬 더 많은 유기 탄소가 함유되어 있을 것이라 한다. 석유와 가스 자원의 한계, 기후변화 협약을 대비하는 청정에너지로서 손색이 없다는 평가를 내리고 있다. 따라서 안전하고 경제적인 생산기술이 개발될 경우 청정에너지 공급원으로서 손색이 없다. 채굴방법으로는 하이드레이트의 적층 바닥과 퇴적층 사이를 분리하는 물리적 방법에서 메탄을 CO_2로 치환하는 화학적 분리법 등이 다양하게 시도하고 있다. 하지만 메탄의 온실가스 효과는 CO_2의 21~23배에 달한다. 메탄가스가 대양의 온난화로 인해 방출된다면 온실가스 배출원이 된다.

1.2.7 바이오 연료(Biofuels)

바이오 연료(Biofuel)는 생물자원(Biomass)로부터 얻는 연료로, 살아 있는 유기체뿐 아니라 동물의 배설물 등 대사활동에 의한 부산물을 모두 포함한다. 바이오 연료는 화석연료와는 다른 재생 가능 에너지이다. 종종 바이오연료는 바이오알코올, 바이오디젤을 합해 지칭하는 말로도 사용된다.

바이오 연료는 2005년 현재 세계 에너지 소비량의 15%를 담당하지만 대부분 산업화 이전 단계의 국가에서는 난방과 취사용으로 사용되고 있다. 선진국은 대부분 화석연료를 주 에너지원으로 하고 있으나 기술개발을 통해 바이오연료의 사용을 확대해 나가고 있다.

바이오에탄올(C_2H_5OH)은 발효된 설탕이나 녹말(예: 나무, 사탕수수, 사탕무우, 옥수수, 곡물)에서 증류하여 만들어지는데, 미국에서는 콩과 옥수수를 재배하여 원료로 사용하고, 브라질은 사탕수수로 에탄올을 만들어 휘발유와 섞은 혼합연료를 자동차 연료로 사용하고 있으며, 유럽은 주로 씨앗, 콩, 참깨, 야자, 해바라기 같은 작물의 식물성기름으로 바이오디젤을 만들고 있다. 바이오디젤에는 석유가 함유되어 있지 않지만, 석유 디젤과 모든 수준에서 동일한 기능을 발휘한다. 이는 어떠한 변형도 가하지 않은 상태에서 압축 점화가 가능한 디젤엔진으로 사용되고 있다. 사용이 간편하고, 생분해되고 비독성이며, 유해한 질소나 황 화합물이 발생하지 않는다.

이 외에도 가정이나 산업체의 유기물 쓰레기를 바이오연료로 전환해 사용하기도 한다. 아직은 바이오매스를 태워서 열에너지를 얻는 방법이 일반적이지만 자동차 연료와 전기 생산을 위한 연료로 전환하는 데 기술개발이 집중되고 있다.

바이오연료는 연소를 통해 대기 중으로 방출되는 CO_2로 대기 중의 CO_2 농도를 증가시키지 않아 탄소중립이라고도 불린다. 이는 방출되는 CO_2는 식물이 성장하는 동안 식물이 사용하는 CO_2에 의해 상쇄되기 때문이다.

옥수수나 콩 등의 식량으로 가용한 식물을 원료로 쓰이게 되면, 식품의 가격이 오를 가능성도 상존하게 된다. 좀 더 연구하여 일반 생물학적 폐기물로 생산할 수 있는 기술개발을 기대해본다.

최근 우리나라에선 해조류를 이용한 바이오에탄올 개발에 대한 연구가 진행되고 있다.

1.2.8 수소와 수소화합물

탄화수소 자원은 아니지만, 수소는 전통적인 탄화수소 기반의 연료를 대신하는 보완제로 사용할 수 있다. '에너지 운반체'로서 수소는 완전연소를 할 수 있는데, 이는 기존의 엔진이나 연료 전지를 통해 수소가 산소와 반응할 때, 수증기가 유일한 배출가스라는 사실을 의미한다. 물론 고온에서 공기를 통해 연소가 이루어지면 아산화질소가 생성된다).

수소는 탄화수소(천연가스, 에탄올 등)와 물의 전기분해를 통해서 생산할 수 있으며, 천연가스를 통한 수소가스 생성은 75~80%의 효율성으로 수소가스를 발생시킬 수 있다.

$$CH_4 + H_2O \rightarrow CO + 3H_2$$

$$CO + H_2O \rightarrow CO_2 + H_2$$

메탄가스에 비해 많은 이점을 갖는데, 이는 좀 더 깨끗한 에너지 운반체로 소비재(자동차, 선박 등)에서 CO_2가 제거되고 처리되기 때문이다.

물의 전기분해를 통한 수소를 생성 시에는 정상 조건에서 약 25%의 효율성, 고온 고압 공정이나 화학 산업의 재활용 공정에서는 약 50%의 효율성으로 생성이 가능하다.

그 다음 에너지 공급이 수력전기, 태양열, 풍력, 파도, 조류와 같은 재생가능에너지원에서 나올 수도 있는데, 여기서 수소는 배터리를 대체하는 에너지 운반체로서 작용하여 매우 깨끗하고 재생가능한 에너지원의 공급체인을 형성할 수도 있다.

단 수소가스 활용의 문제점은 경제성과 저장과 분배과정이다. 수소는 쉽게 작은 부피로 압축될 수 없으며, 저장을 위해 상당히 많은 가스탱크가 필요하다. 또한 전기를 통해 생산된 수소는 현재 가솔린이나 전기 배터리 차량과는 견줄 수 없는 효율성을 지니고 있다.

1.3 배출과 환경영향(Emissions and environmental effects)

연료나 원료로 쓰이는 탄화수소는 생산, 분배, 소비과정에서 환경의 배출원으로 가장 규모가 크다. 전 세계 총 에너지 소비량(11,000백만 TOE)의 81%가 화석연료에 의존하고 있으며 26,000백만 톤의 CO_2와 기타 가스(예: 메탄)를 대기 중에 방출된다. 이런 배출가스는 가장 심각한 영향으로 지구의 기후변화를 들 수 있다.

기후 변화에 관한 정부 간 패널(Intergovernmental Panel on Climate Change, IPCC)에 따르면 이러한 배출가스의 증가로 인해 모델과 글로벌 시나리오에 따라 21세기 말까지 1.4°C에서 6.4°C의 범위에서 상승할 것이라고 예상한다.

1.3.1 기본적인 방출물질(Indigenous emissions)

산업으로부터의 배출을 여러 가지 유형으로 나눌 수 있다.

- 배출(Discharge): 하이드로카본 생산을 위한 수압파쇄에 사용된 물과 나온 진흙과 침니, 지구를 다니는 선박에 의한 선박평형수(Ballast Water), 세제, 폐수 등이 오염의 흔적이다.

- 부수적 누출분(Accidental spills): 가스분출, 선박 조난, 벙커오일과 파이프 라인의 누수, 기타 화학물질, 소량의 방사성 동위원소의 흔적 등
- 배출가스: 발전소나 화염을 통해 발생하는 CO_2, 메탄, 아산화질소(NOx), 황
- 노출(Exposure): 독성 및 발암성 화학물질

지역적으로 이러한 배출은 국가 및 국제 규정에 의해 대부분의 국가에서 엄격하게 관리되고 있으며, 정상작동 중의 배출가스 목표는 법제화되어 시스템적으로 또는 장비의 개발로 접근하고 있다.

하지만 탄화수소와 기타 화학물질이 석유와 가스 설치시설의 근접한 곳에서 생식주기와 야생생물의 건강에 미치는 환경상의 영향에 관해서는 지속적인 우려와 연구가 이루어지고 있다. 주요한 단기 환경영향은 사고와 관련된 유출에 기인한 것이다. 이러한 유출은 지역 환경에 극단적인 영향을 미칠 수 있기 때문에 해양 및 야생생물에 손상을 입힐 수 있다.

1.3.2 온실가스 배출(Greenhouse emissions)

지구의 온도를 생물들이 서식하기에 적절한 수준으로 유지하기 위해서는 온실가스가 필요하지만, 이러한 가스가 필요 이상으로 증가하면 태양으로부터 방출된 열을 과다하게 흡수하여 지구의 열 균형에 변화가 생기고 결국 '자연적 온실효과'에 의한 적절한 온도보다 지구의 온도가 상승하게 된다. 만약 자연적인 온실효과가 없다면 지구표면에서 반사된 열들이 모두 외계로 방출되어 지구의 온도는 현재보다 34°C 정도 낮아져 생물들이 서식하기에 부적절한 조건이 된다. 대기 중에 존재하면서 방출된 열을 흡수하여 온실효과에 가장 효과적인 온실가스는 수증기이다. 물은 자연스럽게 바다에서 증발하고 확산되며 반사 및 흡수 능력 때문에 다른 영향을 증폭 또는 억제할 수도 있다.

표 3 온실가스별 온난화지수(GWP) (IPCC 평가보고서, 1995)

온실가스	지구온난화 지수(GWP)
이산화탄소	1
메탄	21
아산화질소	310
수소불화탄소	150~11,700
과불화탄소	6,500~9,200
6불화황	23,90

온실가스의 종류는 매우 다양하나 CO_2, 메탄(CH_4), 아산화질소(N_2O), 프레온가스(CFCs), 육불화황(SF_6) 및 대류권의 오존(O_3)이 대표적으로 꼽히고 있다.

방출되는 두 개의 가장 강력한 온실가스는 대기 중의 열을 차단하는 특성 및 수명으로 인한 CO_2와 메탄이다(표 3 참조).

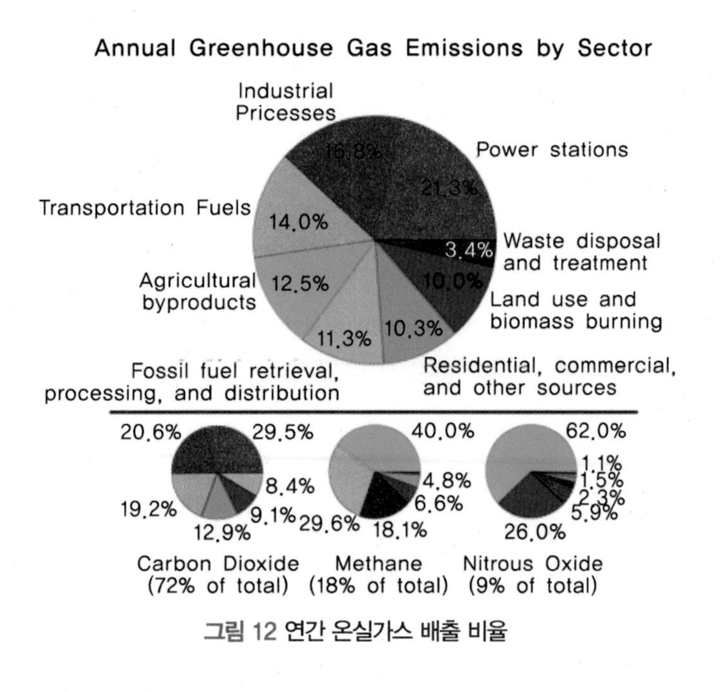

그림 12 연간 온실가스 배출 비율

온실가스가 영향을 미치는 순서는 CO_2가 방출가스의 72~77%, 메탄이 14~18%, 아산화질소가 8~9%, 기타 가스가 1% 미만을 차지하며, CO_2 방출량의 주요 원인은 탄화수소의 연소이다. 2008년 방출된 CO_2 290만 톤 중에서 180억 톤, 즉 총 방출량의 약 60%를 차지하는데, 산업 활동 곳곳에서 사용하는 화석연료의 연소 및 추출, 처리, 수송과정에서 주로 발생하지만, 산림의 벌채 및 가공과정에서 산림에 흡수 저장된 것이 대기 중으로 방출되기도 한다. 나머지는 석탄, 토탄, 신탄재와 같은 재생 가능한 바이오에너지이다. 총 대기 중 CO_2의 대략 1%에 달하는 연간 방출량은 해수에 용해된 CO_2의 약 50배와 균형을 이루고 있다. 이러한 균형은 해수 온도에 의존적이다. 대양 속 CO_2 저장량은 온도가 증가함에 따라 감소하지만, 대기 중의 CO_2는 늘어나게 된다.

메탄의 경우는 인간활동과 관련된 대기 중에 방출되는 메탄 배출가스의 매우 큰 원인으로 14억 마리의 소와 들소 등의 반추동물에서 나오는 배설물이다.

이러한 배출가스는 총 200 Tg에서 연간 78.5 Tg(정보 출처: FAO)으로 추정되며, 이것은 대략

5,000 Tg의 CO_2에 상당한다.

오일과 가스산업에서의 메탄은 배출가스의 약 30%를 차지하는데, 이에 대한 주요한 원인은 천연가스의 경우 전송 및 분배 파이프라인과 시스템의 손상에 기인한 것이다.

대기 중 온실가스의 전반적인 균형에 영향을 미치는 많은 메커니즘이 존재한다. CO_2는 직접적으로 측정, 빙하의 상태와 비교되어왔고, 오늘날에는 약 250~385 ppm에 달했던 산업화 이전 시대의 측정치보다 많은 증가를 보인다. 메탄은 1732 ppb에서 1774 ppb(십억분율)로 증가하였다. 이러한 변화의 순영향을 보여주는 완전한 모델이 존재하지는 않는다. CO_2와 메탄, 수증기가 없다면, 글로벌 평균 온도가 약 30°C 이상 더 차가워질 거라고 하는 사실은 잘 알려져 있다.

현재의 자료는 산업화 이전 글로벌 평균 13.7°C에서 오늘날 14.4°C으로 현재의 글로벌 평균 온도 증가와 관련이 있다. 대기와 바다는 대규모 열을 차단하는 수용력을 지니고 있는데, 이것이 온도 상승을 만든다. 이러한 온도 상승은 온실가스 온도 증가에는 미치지 못한다. 따라서 CO_2와 메탄의 수치가 추가로 늘어나지 않는다고 하더라도 온도가 약 1°C만큼은 지속적으로 상승하게 될 것으로 예상된다.

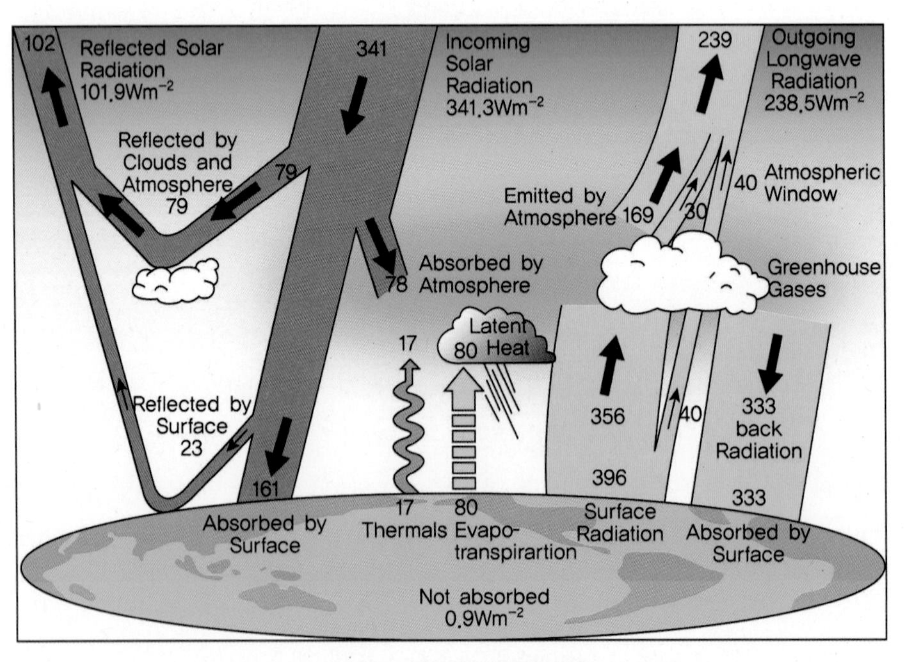

그림 13 지구의 에너지 균형

또한 대기와 바다의 열용량은 온도가 증가할 때 대기 중에 배출되는 많은 에너지가 있게 되며, 이것이 더 많은 격렬한 기후 시스템을 작동시킬 것으로 예상된다는 의미를 갖는다.

단기 및 중기적으로 해수면 변화에 영향을 미치는 주요한 기여요인은 현재 산업화 이전 수준보다 높은 0.15 m에 도달할 것으로 예상되며, 현재 연간 3 mm 정도 상승하고 있다.

비록 그린란드나 남극대륙의 내륙빙하가 현재 녹고 있다는 보고가 있지만, 해수면의 상승에 상당한 기여를 하기 위해서는 15~20,000년이 걸릴 것으로 보이기 때문에 주로 지역적으로 영향을 보이게 될 것이다. 하지만 극 빙하의 해빙이 지구온난화의 주요한 지표이며, 특히 북극의 여름 온도가 상승하고 있고 해빙의 면적 및 두께가 상당히 줄어들고 있다.

1.3.3 탄소(CO_2)의 포집 및 격리(Carbon capture and sequestration)

이러한 효과와 장기적인 우려로 인해, 대기 중에 방출된 CO_2와 메탄의 양을 감소시키고 많은 지속 가능한 에너지 자원을 이동시키는 것이 최우선 과제가 될 것이다.

주요한 문제는 전체 배출가스의 자그마치 1/3이 비행기, 자동차, 선박에 기인하기 때문에 (탄화수소 연료에서 방출되는 배기가스의 약 45%를 차지한다) 지금은 다른 에너지원으로 대체가 불가능하다는 점이다.

세 가지 주요한 문제영역이 존재한다.

1) 생산 중 손실분: 추출되는 탄화수소의 약 70% 정도가 소비자에게 도달되고, 석유와 가스의 정제와 분배과정에서 약 30%가 상실된다.
2) 소비 중 손실분: 오일과 가스의 상당 부분이 자동차의 경우 30% 효율성으로 작동되고, 최적상태의 발전소의 경우에도 60%의 효율로만 전환된다.
3) 이에 따라 배출가스를 포착하고 저장하는 더 나은 방법을 반드시 찾아야 한다.

손실을 줄이기 위해 효율적인 시스템으로 전환하여 시설물을 유지관리하고 운영한다면 효율성이 증진될 수 있을 것이다.

예를 들면, 가스 터빈을 통해 구동되는 장비를 전기구동장비로 전환하면, 스팀과 가스 터빈이 결합된 장비로 전력을 생성할 경우 50% 이상의 CO_2 배출을 줄일 수 있다.

또한 이를 통해 많은 소규모 가스 터빈으로 분배되는 것보다 집중하여 배출가스를 관리하는 것이

유리할 것이다. 또한 전반적인 배출가스의 감소를 위해서는 (수증기와 같은) 방출가스에서 탄소를 분리, 처리해야 한다.

또한 빈 저류층으로 재주입하거나 또는 저류층에 압력을 가하는 용도로 포집할 필요도 있다.

1.3.4 탄소(CO_2) 포집기술 동향

CO_2의 포집은 대규모 화석 연료나 바이오매스(생물질) 에너지 시설, 주요 CO_2 배출원이 되는 산업, 천연가스 처리, 합성연료시설, 화석연료 기반 수소 생산시설과 같은 대규모 시설에서 사용할 수 있다.

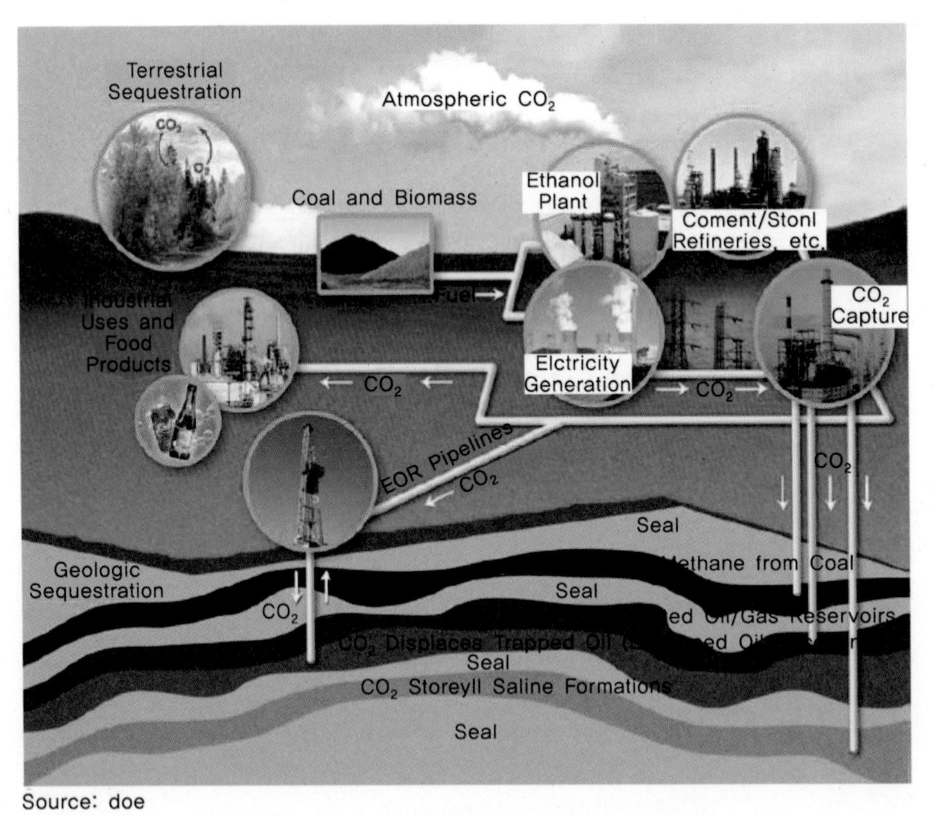

그림 14 이산화탄소의 포집과 저장을 통한 순환(@DOE)

1) 포집기술 동향

전반적으로 세 가지 유형의 공정이 존재한다.

- 연소 전 포집기술: 석탄의 가스화 또는 천연가스의 개질반응에 의한 합성가스(CO, CO_2, H_2)를 생산 후, CO는 수성가스의 전이반응(Water Gas Shift Reaction)을 통해 수소와 CO_2로 전환 후 CO_2를 포집하고, 수소를 생성하는 방식으로 오염물질 무배출 발전(Zero Emission Plant, ZEP)기술이다.
- 연소 후 포집기술: 연소 후 배기가스에 포함된 CO_2를 포집하는 기술로 흡수제를 이용하여 CO_2 응 흡, 탈착하며 분리하는 기술로, 획기적인 흡수제의 성능향상과 공정개발 등에 초점이 맞추어진다(예: 아민 공정).
- 산소 연소 기술: 공기 대신 순산소를 산화제로 이용하는 연소방식으로, 공기 연소에 비해 매우 높은 온도 특성으로 전열특성이 개선되며 열효율 증대와 연료절감이 가능하다. 배기계의 대부분이 CO_2와 수증기로 이루어져 배기가스 중의 수증기를 냉각, 응축시켜 CO_2를 포집할 수 있는 기술이다.

2) 저장기술 동향

CO_2 저장기술은 포집된 CO_2를 영구 또는 반영구적으로 격리하는 것으로 지중 저장, 해양저장, 지표저장 등이 있다.

- 해양저장: 가스를 기존의 저류층에 저장하는 방식으로 포집, 운송, 주입하는 시스템으로 구성된다. 생태계의 영향과 해양의 산성화 같은 안전성 문제가 있어 저장을 위한 대안으로는 탄산염화작용, 심해퇴적물, 다른 비옥하지 않은 지역은 광합성 식물 심기 등이 포함된다. 현재 이 공정은 저류층의 주입과 저장을 포함하여 1톤당 미국 달러 35~90로 CO_2의 대략 90%를 제거할 수 있을 것이다.
- 지중저장: 또는 해저 3,000 m 이하에 가스를 분사하여 하이드레이트 형태로 저장하는 방법으로 생태계의 영향과 해양의 산성화 같은 안전성 문제가 해결되어야 한다.

유용한 방법이 나온다면 이 시스템은 파이프라인을 통해 이루어지면, 일반적으로 가장 값싼 운송형태가 될 것이다.

- 지표저장은 이미 시작되어 과학, 기술적으로 매우 효과적이라 평가되고 있다. 이는 천연가스나 메탄가스 생산 증진시키는 효과까지 가미됨을 확인하고 있다. 이러한 부가가치를 높이기 위해 CO_2 지중 저장시설의 설계와 관리, 운영의 최적화가 보완되어야 할 것이다.

부록

2. 해양플랜트 관련 코드

부 록 2

해양플랜트 관련 코드

1. 미국석유협회 API(American Petroleum Institute) Code

비영리법인으로 미국 석유/가스 시추 및 석유화학 관련 분야에 대한 관련 규격의 제정과 API Monogram 인증마크를 부여하며 인증 제품 제조업체에 대한 인증 유지에 필요한 관리 감독을 실시하는 기관으로, API Spec Q1, Spec Q2에 따른 품질기준에 따른 제품별 인증도 실시한다.

특히 석유/가스 관련 플랜트와 연관된 일의 경우에는 API Code를 기준으로 접근하는 것이 바람직하다.

Exploration and Production(continue)

GENERAL: OIL FIELD EQUIPMENT AND MATERIALS	
Spec Q1 29001:2007	Specification for Quality Programs for the Petroleum, Petrochemical and Natural Gas Industry
Spec Q2	Specification for Quality Management System Requirements for Service Supply Organizations for the Petroleum and Natural Gas Industries
OFFSHORE STRUCTURES (본문 참조)	
DERRICKS AND MASTS	
Spec 4F	Drilling and Well Servicing Structures
RP 4G	Recommended Practice for Use and Procedures for Inspection, Maintenance, and Repair of Drilling and Well Servicing Structures
TUBULAR GOODS (본문 참조)	
VALVES AND WELLHEAD EQUIPMENT (본문 참조)	
DRILLING EQUIPMENT	

Spec 7-1	Specification for Rotary Drill Stem Elements (ISO 10424-1:2004)
Spec 7-2	Spec. for Threading and Gauging of Rotary Shouldered Thread Connections (ISO 10424-2:2007)
RP 7A1	Recommended Practice for Testing of Thread Compound for Rotary Shouldered Connections (ANSI/API RP 7A1-1992)
Spec 7F	Oil Field Chain and Sprockets
RP 7G	Recommended Practice for Drill Stem Design and Operating Limits
RP 7G-2	Recommended Practice for Drill Stem Element Inspection (ISO 10407-2:2008)
RP 7HU1	Safe Use of 2-Inch Hammer Unions for Oilfield Applications
Spec 7K	Drilling and Well Servicing Equipment
RP 7L	Inspection, Maintenance, Repair, and Remanufacture of Drilling Equipment
Spec 7NRV u	Specification on Non-Return Valves
HOISTING TOOLS	
Spec 8A	Drilling and Production Hoisting Equipment
RP 8B 13534:2000	Inspection, Maintenance, Repair, and Remanufacture of Hoisting Equipment
Spec 8C 13535:2000	Specification for Drilling and Production Hoisting Equipment (PSL 1 and PSL 2)
WIRE ROPE	
Spec 9A	Specification for Wire Rope
RP 9B	Application, Care, and Use of Wire Rope for Oil Field Service
OIL WELL CEMENTS	
Spec 10A	Specification for Cements and Materials for Well Cementing (ISO 10426-1:2009)
RP 10B-2	Recommended Practice for Testing Well Cements (ISO 10426-2:2003)
RP 10B-3	Recommended Practice on Testing of Deepwater Well Cement Formulations (ISO 10426-3:2003)
RP 10B-4 10426-4:2004	Recommended Practice on Preparation and Testing of Foamed Cement Slurries at Atmospheric Pressure
RP 10B-5 10426-5:2004	Recommended Practice on Determination of Shrinkage and Expansion of Well Cement Formulations at Atmospheric Pressure
RP 10B-6 10426-6:2008	Recommended Practice on Determining the Static Gel Strength of Cement Formulations
Spec 10D	Specification for Bow-Spring Casing Centralizers (ISO 10427-1:2001)

RP 10D-2	Recommended Practice for Centralizer Placement and Stop Collar Testing (ISO 10427-2:2004)
RP 10F	Recommended Practice for Performance Testing of Cementing Float Equipment (10427-3:2003)
TR 10TR1	Cement Sheath Evaluation
TR 10TR2	Shrinkage and Expansion in Oilwell Cements
TR 10TR3	Temperatures for API Cement Operating Thickening Time Tests
TR 10TR4	Technical Report on Considerations Regarding Selection of Centralizers for Primary Cementing Operations
TR 10TR5	Technical Report on Methods for Testing of Solid and Rigid Centralizers
LEASE PRODUCTION VESSELS	
Spec 12B	Specification for Bolted Tanks for Storage of Production Liquids
Spec 12D	Specification for Field Welded Tanks for Storage of Production Liquids
Spec 12F	Specification for Shop Welded Tanks for Storage of Production Liquids
Spec 12J	Specification for Oil and Gas Separators
Spec 12K	Specification for Indirect Type Oilfield Heaters
Spec 12L	Specification for Vertical and Horizontal Emulsion Treaters
RP 12N	Operations, Maintenance and Testing of Firebox Flame Arrestors
Spec 12P	Specification for Fiberglass Reinforced Plastic Tanks
RP 12R1	Recommended Practice for Setting, Maintenance, Inspection, Operation, and Repair of Tanks in Production Service
PRODUCTION EQUIPMENT	
Spec 7B-11C	Specification for Internal-Combustion Reciprocating Engines for Oil-Field Service
RP 7C-11F	Recommended Practice for Installation, Maintenance, and Operation of Internal-Combustion Engines
RP 11AR	Recommended Practice for Care and Use of Subsurface Pumps
Spec 11AX	Specification for Subsurface Sucker Rod Pumps and Fittings
Spec 11B	Specification for Sucker Rods, Polished Rods and Liners, Couplings, Sinker Bars, Polished Rod Clamps, Stuffing Boxes, and Pumping Tees
RP 11BR	Recommended Practice for the Care and Handling of Sucker Rods
Std 11D2	Progressing Cavity Pump Systems for Artificial Lift—Pumps (ISO 15136-1:2009)
Std 11D3	Progressing Cavity Pump Systems for Artificial Lift—Surface-Drive Systems (ISO 15136-2:2006)

Spec 11E	Specification for Pumping Units
RP 11ER	Recommended Practice for Guarding of Pumping Units
RP 11G	Recommended Practice for Installation and Lubrication of Pumping Units
TR 11L	Design Calculations for Sucker Rod Pumping Systems (Conventional Units)
Bull 11L2	Catalog of Analog Computer Dynamometer Cards
Bull 11L3	Sucker Rod Pumping System Design Book
TR 11L6	Technical Report on Electric Motor Prime Mover for Beam Pumping Unit Service
RP 11S	Recommended Practice for the Operation, Maintenance and Troubleshooting of Electric Submersible Pump Installations
RP 11S1	Recommended Practice for Electrical Submersible Pump Teardown Report
RP 11S2	Electric Submersible Pump Testing
RP 11S3	Electric Submersible Pump Installations
RP 11S4	Recommended Practice for Sizing and Selection of Electric Submersible Pump Installations
RP 11S5	Recommended Practice for the Application of Electric Submersible Cable Systems
RP 11S6	Recommended Practice for Testing of Electric Submersible Pump Cable Systems
RP 11S7	Recommended Practice on Application and Testing of Electric Submersible Pump Seal Chamber Section
RP 11S8	Recommended Practice on Electric Submersible Pump System Vibrations
DRILLING FLUID MATERIALS	
Spec 13A	Specification for Drilling Fluid Materials (ISO 13500:2009)
RP 13B-1	Recommended Practice for Field Testing Water-Based Drilling Fluids (ISO 10414-1:2008)
RP 13B-2	Recommended Practice for Field Testing Oil-Based Drilling Fluids
RP 13C 13501	Recommended Practice on Drilling Fluid Processing Systems Evaluation
RP 13D	Rheology and Hydraulics of Oil-Well Fluids Provides a basic understanding of and guidance about
RP 13I	Recommended Practice for Laboratory Testing of Drilling Fluids (ISO 10416:2008)
RP 13J	Testing of Heavy Brines (ISO 13503-3:2005)
RP 13K	Recommended Practice for Chemical Analysis of Barite
RP 13L	Recommended Practice for Training and Qualification of Drilling Fluid Technologists

Exploration and Production

OFFSHORE SAFETY AND ANTI-POLLUTION	
RP 13M 13503-1:2003	Recommended Practice for the Measurement of Viscous Properties of Completion Fluids (RP 13M replaces API RP 39)
RP 13M-4 13503-4:2006	Recommended Practice for Measuring Stimulation and Gravel-Pack Fluid Leakoff Under Static Conditions
Spec 14A 10432:2004	Specification for Subsurface Safety Valve Equipment
RP 14B 10417:2004	Design, Installation, Repair and Operation of Subsurface Safety Valve Systems
RP 14C	Analysis, Design, Installation and Testing of Basic Surface Safety Systems on Offshore Production Platforms
RP 14E	Recommended Practice for Design and Installation of Offshore Production Platform Piping Systems (ANSI/API RP 14E-1992)
RP 14F	Design and Installation of Electrical Systems for Fixed and Floating Offshore Petroleum Facilities for Unclassified and Class I, Division 1 and Division 2 Locations
RP 14FZ	Design and Installation of Electrical Systems for Fixed and Floating Offshore Petroleum Facilities for Unclassified and Class I, Zone 0, Zone 1, and Zone 2 Locations
RP 14G	Recommended Practice for Fire Prevention and Control on OpenType Offshore Production Platforms
RP 14J	Recommended Practice for Design and Hazards Analysis for Offshore Production Facilities
Spec 14L 16070:2005	Specification for Lock Mandrels and Landing Nipples Provides the requirements for lock mandrels and landing nipples
Bull 91	Planning and Conducting Surface Preparation and Coating Operations for Oil and Natural Gas Drilling and Production Facilities in a Marine Environment
FIBERGLASS AND PLASTIC PIPE	
RP 15CLT	Recommended Practice for Composite Lined Steel Tubular Goods
Spec 15HR	High Pressure Fiberglass Line Pipe
Spec 15LE	Polyethylene (PE) Line Pipe
Spec 15LR	Low Pressure Fiberglass Line Pipe
RP 15S	Qualification of Spoolable Reinforced Plastic Line Pipe
RP 15TL4	Care and Use of Fiberglass Tubulars

DRILLING WELL CONTROL SYSTEMS	
Spec 16A 13533:2001	Specification for Drill-Through Equipment
Spec 16C	Choke and Kill Systems
Spec 16D	Control Systems for Drilling Well Control Equipment and Control Systems for Diverter Equipment
Spec 16F	Specification for Marine Drilling Riser Equipment
RP 16Q	Design, Selection, Operation and Maintenance of Marine Drilling Riser Systems (formerly API RP 2Q and RP 2K)
Spec 16R	Marine Drilling Riser Couplings (replaces API RP 2R)
Spec 16RCD	Drill Through Equipment—Rotating Control Devices
RP 16ST	Coiled Tubing Well Control Equipment Systems
RP 53	Blowout Prevention Equipment Systems for Drilling Operations
RP 59	Recommended Practice for Well Control Operations
RP 64	Diverter Systems Equipment and Operations
SUBSEA PRODUCTION SYSTEMS	
RP 17A 13628-1:2005	Design and Operation of Subsea Production Systems—General Requirements and Recommendations
RP 17B 13628-11:2007	Recommended Practice for Flexible Pipe
RP 17C 13628-3:2000	Recommended Practice on TFL (Through Flowline) Systems
Spec 17D	Specification for Subsea Wellhead and Christmas Tree Equipment
Spec 17E	Specification for Subsea Umbilicals
Spec 17F 13628-6:2006	Specification for Subsea Production Control Systems
RP 17G 13628-7:2005	Recommended Practice for Completion/Workover Riser Systems
RP 17H 13628-8:2002	Recommended Practice for Remotely Operated Vehicles (ROV) Interfaces on Subsea Production Systems
Spec 17J	Specification for Unbonded Flexible Pipe (ISO 13628-2:2006)
Spec 17K	Specification for Bonded Flexible Pipe (ISO 13628-10:2005)
RP 17M	Recommended Practices on Remotely Operated Tool (ROT) Intervention Systems (13628-9:2000)

SUBSEA PRODUCTION SYSTEMS	
RP 17N	Recommended Practice for Subsea Production System Reliability and Technical Risk Management
RP 17O	Recommended Practice for High Integrity Pressure Protection Systems (HIPPS)
RP 17Q	Recommended Practice for Subsea Equipment Qualification – Standardized Process for Documentation
TR 17TR1	Evaluation Standard for Internal Pressure Sheath Polymers for High Temperature Flexible Pipes
TR 17TR2	The Aging of PA-11 Inflexible Pipes
TR 17TR3	An Evaluation of the Risks and Benefits of Penetrations in Subsea Wellheads Below the BOP Stack
TR 17TR4	Subsea Equipment Pressure Ratings
DRILLING AND PRODUCTION OPERATIONS: RECOMMENDED OPERATING PRACTICES	
RP 45	Analysis of Oilfield Waters
RP 50	Natural Gas Processing Plant Practices for Protection of the Environment
RP 51	Onshore Oil and Gas Production Practices for Protection of the Environment
RP 51R	Environmental Protection for Onshore Oil and Gas Production Operations and Leases
RP 52	Land Drilling Practices for Protection of the Environment
RP 65	Cementing Shallow Water Flow Zones in Deep Water Wells
RP 65-2	Isolating Potential Flow Zones During Well Construction
RP 68	Well Servicing and Workover Operations Involving Hydrogen Sulfide
RP 80	Guidelines for the Definition of Onshore Gas Gathering Lines
RP 90	Annular Casing Pressure Management for Offshore Wells
RP 92U	Underbalanced Drilling Operations
DRILLING AND PRODUCTION OPERATIONS: TRAINING	
RP T-1	Orientation Programs for Personnel Going Offshore for the First Time
RP T-2	Qualification Programs for Offshore Production Personnel Who Work With Safety Devices
RP T-4	Training of Offshore Personnel in Nonoperating Emergencies
RP T-6	Recommended Practice for Training and Qualification of Personnel in Well Control Equipment and Techniques for Wireline Operations on Offshore Locations
RP T-7	Training of Personnel in Rescue of Person in Water

COMPLETION EQUIPMENT	
Spec 11D1 14310:2008	Packers and Bridge Plugs
Spec 11V1	Specification for Gas Lift Equipment
RP 11V10	Recommended Practices for Design and Operation of Intermittent and Chamber Gas-Lift Wells and Systems
RP 11V2	Gas Lift Valve Performance Testing
RP 11V5	Operation, Maintenance, Surveillance and Troubleshooting of Gas-Lift Installations
RP 11V6	Design of Continuous Flow Gas Lift Installations Using Injection Pressure Operated Valves
RP 11V7	Recommended Practice for Repair, Testing and Setting Gas Lift Valves
RP 11V8	Recommended Practice for Gas Lift System Design and Performance Prediction
RP 19B	Evaluation of Well Perforators (formerly RP 43)
RP 19C 13503-2:2006	Recommended Practice for Measurement of Properties of Proppants Used in Hydraulic Fracturing and Gravel-Packing Operations
RP 19D 13503-5:2006	Recommended Practice for Measuring the Long-Term Conductivity of Proppants
Spec 19G1 17078-1:2004	Side-Pocket Mandrels
Spec 19G2 17078-2:2007	Flow-Control Devices for Side-Pocket Mandrels
Spec 19G3 17078-3:2009	Running Tools, Pulling Tools and Kick-Over Tools and Latches for Side-Pocket Mandrels
RP 19G4 17078-4:2009	Practices for Side-Pocket Mandrels and Related Equipment
RP 19G9	Design, Operation, and Troubleshooting of Dual Gas-Lift Wells
Spec 20C u	Closed Die Forgings for Use in the Petroleum and Natural Gas Industry
RP 31A	Standard Form for Hardcopy Presentation of Downhole Well Log Data
RP 41	Standard Procedure for Presenting Performance Data on Hydraulic Fracturing Equipment
VOLUNTARY OPERATING AGREEMENTS AND BULLETINS	
Bull D16	Suggested Procedure for Development of a Spill Prevention Control and Countermeasure Plan

Exploration and Production

HEALTH, ENVIRONMENT, AND SAFETY	
API HF1	Hydraulic Fracturing Operations—Well Construction and Integrity Guidelines
API HF2	Water Management Associated With Hydraulic Fracturing
API HF3	Practices for Mitigating Surface Impacts Associated With Hydraulic Fracturing
RP 49	Recommended Practice for Drilling and Well Service Operations Involving Hydrogen Sulfide
RP 51R	Environmental Protection for Onshore Oil and Gas Production Operations and Leases
RP 54	Recommended Practice for Occupational Safety for Oil and Gas Well Drilling and Servicing Operations
RP 55	Conducting Oil and Gas Producing and Gas Processing Plant Operations Involving Hydrogen Sulfide
RP 65-2	Isolating Potential Flow Zones During Well Construction
RP 67	Recommended Practice for Oilfield Explosives Safety
RP 74	Recommended Practice for Occupational Safety for Onshore Oil and Gas Production Operation
RP 75	Development of a Safety and Environmental Management Program for Offshore Operations and Facilities
RP 75L	Guidance Document for the Development of a Safety and Environmental Management System for Onshore Oil and Natural Gas Production Operation and Associated Activities
RP 76	Contractor Safety Management for Oil and Gas Drilling and Production Operations
Publ 4702	Technologies to Reduce Oil and Grease Content of Well Treatment, Well Completion, and Workover Fluids for Overboard Disposal
Bull E1	Generic Hazardous Chemical Category List and Inventory for the Oil and Gas Exploration and Production Industry
Bull E3	Well Abandonment and Inactive Well Practices for U.S. Exploration and Production Operations, Environmental Guidance Document
Bull E4	Environmental Guidance Document: Release Reporting for the Oil and Gas Exploration and Production Industry as Required by the Clean Water Act, the Comprehensive Environmental Response, Compensation and Liability Act, and the Emergency Planning and Community Right-to-Know Act
Publ 7100	A NORM Disposal Cost Study
Publ 7101	A National Survey on Naturally Occurring Radioactive Material (NORM) in Petroleum Producing and Gas Processing Facilities
Publ 7102	Methods for Measuring Naturally Occurring Radioactive Materials (NORM) in Petroleum Production Equipment

Publ 7103	Management and Disposal Alternatives for Naturally Occurring Radioactive Material (NORM) Wastes in Oil Production and Gas Plant Equipment
Publ 7104	Proceedings of the 1995 API and GRI Naturally Occurring Radioactive Material (NORM) Conference
Publ 7105	Probabilistic Estimates of Dose and Indoor Radon Concentrations Attributable to Remediated Oilfield Naturally Occurring Radioactive Material (NORM)
Bull E2	Management of Naturally Occurring Radioactive Materials (NORM) in Oil and Gas Production
Publ 4527	Evaluation of Limiting Constituents Suggested for Land Disposal of Exploration and Production Wastes
Publ 4600	Metals Criteria for Land Management of Exploration and Production Wastes: Technical Support Document of API Recommended Guidance Values
Publ 4663	Remediation of Salt-Affected Soils at Oil and Gas Production Facilities
Publ 4709	Risk-Based Methodologies for Evaluating Petroleum Hydrocarbon Impacts at Oil and Natural Gas E&P Sites
Publ 4733	Risk-Based Screening Levels for the Protection of Livestock Exposed to Petroleum Hydrocarbons
Publ 4734	Modeling Study of Produced Water Release Scenarios
Publ 4758	Strategies for Addressing Salt Impacts of Produced Water Releases to Plants, Soil, and Groundwater
API E5	Environmental Guidance Document: Waste Management in Exploration and Production Operations
DR 351	Proceedings: Workshop to Identify Promising Technologies for the Treatment of Produced Water Toxicity
SECURITY	
RP 70	Security for Offshore Oil and Natural Gas Operations
RP 70I	Security for Worldwide Offshore Oil and Natural Gas Operations

Safety and Fire Protection(continue)

UPSTREAM SAFETY STANDARDS	
API HF1	Hydraulic Fracturing Operations—Well Construction and Integrity Guidelines
API HF2	Water Management Associated With Hydraulic Fracturing
API HF3	Practices for Mitigating Surface Impacts Associated with Hydraulic Fracturing
RP 49	Recommended Practice for Drilling and Well Service Operations Involving Hydrogen Sulfide
RP 51R	Environmental Protection for Onshore Oil and Gas Production Operations and Leases
RP 54	Recommended Practice for Occupational Safety for Oil and Gas Well Drilling and Servicing Operations
RP 55	Conducting Oil and Gas Producing and Gas Processing Plant Operations Involving Hydrogen Sulfide
RP 65-2	Isolating Potential Flow Zones During Well Construction
RP 67	Recommended Practice for Oilfield Explosives Safety
RP 74	Recommended Practice for Occupational Safety for Onshore Oil and Gas Production Operation
RP 75	Development of a Safety and Environmental Management Program for Offshore Operations and Facilities
RP 75L	Guidance Document for the Development of a Safety and Environmental Management System for Onshore Oil and Natural Gas Production Operation and Associated Activities
RP 76	Contractor Safety Management for Oil and Gas Drilling and Production Operations
MULTI-SEGMENT PUBLICATIONS	
RP 752	Management of Hazards Associated with Location of Process Plant Buildings
RP 753	Management of Hazards Associated with Location of Process Plant Portable Buildings
RP 754	Process Safety Performance Indicators for the Refining and Petrochemical Industries
RP 755	Fatigue Prevention Guidelines for the Refining and Petrochemical Industries
Publ 770	A Manager's Guide to Reducing Human Errors-Improving Human Performance in the Process Industries
RP 2001	Fire Protection in Refineries
RP 2003	Protection Against Ignitions Arising Out of Static, Lightning, and Stray Currents
RP 2009	Safe Welding, Cutting and Hot Work Practices in the Petroleum and Petrochemical Industries

Safety and Fire Protection

RP 2027	Ignition Hazards Involved in Abrasive Blasting of Atmospheric Storage Tanks in Hydrocarbon Service
RP 2028	Flame Arresters in Piping Systems
RP 2030	Application of Fixed Water Spray Systems for Fire Protection in the Petroleum and Petrochemical Industries
Publ 2201	Safe Hot Tapping Practices in the Petroleum and Petrochemical Industries
RP 2210	Flame Arresters for Vents of Tanks Storing Petroleum Products
RP 2216	Ignition Risk of Hydrocarbon Vapors by Hot Surfaces in the Open Air
Std 2217A	Guidelines for Work in Inert Confined Spaces in the Petroleum and Petrochemical Industries
Publ 2218	Fireproofing Practices in Petroleum and Petrochemical Processing Plants
RP 2219	Safe Operation of Vacuum Trucks in Petroleum Service
Std 2220	Contractor Safety Performance Process
RP 2221	Contractor and Owner Safety Program Implementation
Publ 2388	2009 Survey on Petroleum Industry Occupational Injuries, Illness, and Fatalities Summary Report: Aggregate Data Only
Publ 2387	2008 Survey on Petroleum Industry Occupational Injuries, Illness, and Fatalities Summary Report: Aggregate Data Only
Publ 2386	2007 Survey on Petroleum Industry Occupational Injuries, Illness, and Fatalities Summary Report: Aggregate Data Only
Publ 2385	2006 Survey on Petroleum Industry Occupational Injuries, Illness, and Fatalities Summary Report: Aggregate Data Only
Publ 2384	2005 Survey on Petroleum Industry Occupational Injuries, Illness, and Fatalities Summary Report: Aggregate Data Only
Publ 2383	2004 Survey on Petroleum Industry Occupational Injuries, Illness, and Fatalities Summary Report: Aggregate Data Only
Publ 2382	2003 Survey on Petroleum Industry Occupational Injuries, Illness, and Fatalities Summary Report: Aggregate Data Only
Publ 2381	2002 Survey on Petroleum Industry Occupational Injuries, Illness, and Fatalities Summary Report: Aggregate Data Only
Publ 2380	2001 Survey on Petroleum Industry Occupational Injuries, Illness, and Fatalities Summary Report: Aggregate Data Only
Publ 2379	2000 Survey on Petroleum Industry Occupational Injuries, Illness, and Fatalities Summary Report: Aggregate Data Only
Publ 2378	1999 Survey on Petroleum Industry Occupational Injuries, Illness, and Fatalities Summary Report: Aggregate Data Only

Safety and Fire Protection

Publ 2377	1998 Summary of Occupational Injuries, Illness, and Fatalities in the Petroleum Industry
Publ 2376	1997 Summary of Occupational Injuries, Illness, and Fatalities in the Petroleum Industry
Publ 2375	1996 Summary of Occupational Injuries, Illnesses and Fatalities in the Petroleum Industry
Publ 2510A	Fire Protection Considerations for the Design and Operation of Liquefied Petroleum Gas (LPG) Storage Facilities
STORAGE TANK SAFETY STANDARDS	
Std 2015	Requirements for Safe Entry and Cleaning of Petroleum Storage Tanks
RP 2016	Guidelines and Procedures for Entering and Cleaning Petroleum Storage Tanks
RP 2021	Management of Atmospheric Storage Tank Fires
RP 2023	Guide for Safe Storage and Handling of Heated Petroleum Derived Asphalt Products and Crude Oil Residua
Publ 2026	Safe Access/Egress Involving Floating Roofs of Storage Tanks in Petroleum Service
Publ 2207	Preparing Tank Bottoms for Hot Work
RP 2350	Overfill Protection for Storage Tanks in Petroleum Facilities

Pipeline Transportation 69(continue)

PIPELINE OPERATIONS PUBLICATIONS	
Bull 939-E	Identification, Repair, and Mitigation of Cracking of Steel Equipment in Fuel Ethanol Service
RP 1102	Steel Pipelines Crossing Railroads and Highways
Std 1104	Welding of Pipelines and Related Facilities
RP 1109	Marking Liquid Petroleum Pipeline Facilities
RP 1110	Pressure Testing of Steel Pipelines for the Transportation of Gas, Petroleum Gas, Hazardous Liquids, Highly Volatile Liquids or Carbon Dioxide
RP 1111	Recommended Practice for the Design, Construction, Operation, and Maintenance of Offshore Hydrocarbon Pipelines (Limited State Design)
RP 1113	Developing a Pipeline Supervisory Control Center
RP 1114	Design of Solution-Mined Underground Storage Facilities
RP 1115	Operation of Solution-Mined Underground Storage Facilities
RP 1117	Recommended Practice for Movement in In-Service Pipelines

Pipeline Transportation 69

RP 1130	Computational Pipeline Monitoring for Liquids Pipelines
RP 1133	Guidelines for Onshore Hydrocarbon Pipelines Affecting High Consequence Floodplains
Publ 1149	Pipeline Variable Uncertainties and Their Effects on Leak Detectability
Std 1160	Managing System Integrity for Hazardous Liquid Pipelines
Publ 1161	Guidance Document for the Qualification of Liquid Pipeline Personnel
RP 1162	Public Awareness Programs for Pipeline Operators
Std 1163	In-Line Inspection Systems Qualification Standard
Std 1164	Pipeline SCADA Security
RP 1165	Recommended Practice for Pipeline SCADA Displays
RP 1166	Excavation Monitoring and Observation
RP 1167	Pipeline SCADA Alarm Management
RP 1168	Pipeline Control Room Management
RP 2200	Repairing Crude Oil, Liquefied Petroleum Gas and Product Pipelines
RP 2611	Terminal Piping Inspection—Inspection of In-Service Terminal Piping Systems
PIPELINE MAINTENANCE WELDING	
Std 1104	Welding of Pipelines and Related Facilities

Marine Transportation 59

GENERAL	
RP 1124	Ship, Barge and Terminal Hydrocarbon Vapor Collection Manifolds
RP 1125	Overfill Control Systems for Tank Barges
RP 1127	Marine Vapor Control Training Guidelines
RP 1141	Guidelines for Confined Space Entry on Board Tank Ships in the Petroleum Industry

Petroleum Measurement 39

MANUAL OF PETROLEUM MEASUREMENT STANDARDS	
Std 2552	Measurement and Calibration of Spheres and Spheroids
Std 2554	Measurement and Calibration of Tank Cars
Std 2555	Liquid Calibration of Tanks
RP 2556	Correcting Gauge Tables for Incrustation
TR 2570	Continuous On-Line Measurement of Water in Petroleum (Crude Oil and Condensate)
Publ 2524	Impact Assessment of New Data on the Validity of American Petroleum Institute Marine Transfer Operation Emission Factors
Publ 2558	Wind Tunnel Testing of External Floating-Roof Storage Tanks
TR 2567	Evaporative Loss From Storage Tank Floating Roof Landings
TR 2568	Evaporative Loss From the Cleaning of Storage Tanks
TR 2569	Evaporative Loss From Closed-Vent Internal Floating-Roof Storage Tanks
RP 85	Use of Subsea Wet-Gas Flowmeters in Allocation Measurement Systems
RP 86	Recommended Practice for Measurement of Multiphase Flow
RP 87	Recommended Practice for Field Analysis of Crude Oil Samples Containing from Two to Fifty Percent Water by Volume
Std 2560	Reconciliation of Liquid Pipeline Quantities
Publ 2566	State of the Art Multiphase Flow Metering
TR 2571	Fuel Gas Measurement
CONFERENCE PROCEEDINGS	
HEALTH, ENVIRONMENT AND SAFETY	
SECURITY	

Marketing 61(continue)

GENERAL	
Publ 1593	Gasoline Marketing in the United States Today
Publ 1673	Compilation of Air Emission for Petroleum Distribution Dispensing Facilities
AVIATION	
RP 1543	Documentation, Monitoring and Laboratory Testing of Aviation Fuel during shipment from Refinery to Airport
RP 1595	Design, Construction, Operation, Maintenance, and Inspection of Aviation Pre-Airfield Storage Terminals
EI 1529	Aviation Fuelling Hose

EI 1540	Design, Construction, Operation and Maintenance of Aviation Fueling Facilities, IP Model Code of Safe Practice Part 7
EI 1542	Identification Markings for Dedicated Aviation Fuel Manufacturing and Distribution Facilities, Airport Storage and Mobile Fuelling Equipment
EI 1550	Handbook on Equipment Used for the Maintenance and Delivery of Clean Aviation Fuel
EI 1581	Specification and Qualification Procedures for Aviation Jet Fuel Filter/Separators
EI 1582	Specification for Similarity for API/EI 1581 Aviation Jet Fuel Filter/Separators
EI 1584	Four–inch Aviation Hydrant System Components and Arrangements
EI 1585	Guidance in the Cleaning of Aviation Fuel Hydrant Systems at Airports
EI 1590	Specifications and Qualification Procedures for Aviation Fuel Microfilters
EI 1594	Initial Pressure Strength Testing of Airport Fuel Hydrant Systems with Water
EI 1596	Design and Construction of Aviation Fuel Filter Vessels
EI 1597	Procedures for Overwing Fuelling to Ensure Delivery of the Correct Fuel Grade to an Aircraft
EI 1598	Considerations for Electronic Sensors to Monitor Free Water and/or Particulate Matter in Aviation Fuel
EI 1599	Laboratory Tests and Minimum Performance Levels for Aviation Fuel Dirt Defense Filters
MARKETING OPERATIONS	
RP 1525	Bulk Oil Testing, Handling, and Storage Guidelines
RP 1604	Closure of Underground Petroleum Storage Tanks
RP 1615	Installation of Underground Petroleum Storage Systems
Publ 1621	Bulk Liquid Stock Control at Retail Outlets
RP 1626	Storing and Handling Ethanol and Gasoline–Ethanol Blends at Distribution Terminals and Filling Stations
Std 1631	Interior Lining and Periodic Inspection of Underground Storage Tanks
RP 1632	Cathodic Protection of Underground Petroleum Storage Tanks and Piping Systems
RP 1637	Cathodic Protection of Underground Petroleum Storage Tanks and Piping Systems
RP 1637	Using the API Color–Symbol System to Mark Equipment and Vehicles for Product Identification at Service Stations and Distribution Terminals
RP 1639	Owner/Operator's Guide to Operation and Maintenance of Vapor Recovery Systems at Gasoline Dispensing Facilities

Marketing 61

Publ 1642	Alcohol, Ethers, and Gasoline–Alcohol and Gasoline–Ether Blends
Publ 1645	Stage II Cost Study
Std 2610	Design, Construction, Operation, Maintenance and Inspection of Terminal and Tank Facilities
RP 2611	Terminal Piping Inspection–Inspection of In–Service Terminal Piping Systems
USED OIL	
Publ 1835	Study of Used Oil Recycling in Eleven Selected Countries
TANK TRUCK OPERATIONS	
RP 1004	Bottom Loading and Vapor Recovery for MC–306 Tank Motor Vehicles
RP 1007	Loading and Unloading of MC 306/DOT 406 Cargo Tank Motor Vehicles
RP 1112	Developing a Highway Emergency Response Plan for Incidents Involving Hazardous Materials
MOTOR OILS AND LUBRICANTS	
Publ 1509	Engine Oil Licensing and Certification System
Publ 1520	Directory of Licensees: API Engine Oil Licensing and Certification System
DIESEL FUEL	
Publ 1571	Diesel Fuel—Questions and Answers for Highway and Off–Highway Use
HEALTH, ENVIRONMENT AND SAFETY: WASTE	
Publ 1638	Waste Management Practices for Petroleum Marketing Facilities
HEALTH, ENVIRONMENT, AND SAFETY: WATER	
Publ 1612	Guidance Document for Discharging of Petroleum Distribution Terminal Effluents to Publicly Owned Treatment Works
Publ 1669	Results of a Retail Gasoline Outlet and Commercial Parking Lot Storm Water Runoff Study
HEALTH, ENVIRONMENT, AND SAFETY: SOIL AND GROUNDWATER	
Publ 1628	A Guide to the Assessment and Remediation of Underground Petroleum Releases
Publ 1628A	Natural Attenuation Processes
Publ 1628B	Risk–Based Decision Making
Publ 1628C	Optimization of Hydrocarbon Recovery
Publ 1628D	In–Situ Air Sparging
Publ 1628E	Operation and Maintenance Considerations for Hydrocarbon Remediation Systems
Publ 1629	Guide for Assessing and Remediating Petroleum Hydrocarbons in Soils

Marketing 61

Publ 4655	Field Evaluation of Biological and Non-Biological Treatment Technologies to Remove MTBE/Oxygenates From Petroleum Product Terminal Wastewaters
Publ 4741	Collecting and Interpreting Soil Gas Samples from Vadose Zone – A Practical Strategy for Assessing the Subsurface Vapor-to-Indoor Air Migration Pathway at Petroleum Hydrocarbon Sites
Publ 4760	LNAPL Distribution and Recovery Model (LDRM)
Publ 4699	Strategies for Characterizing Subsurface Releases of Gasoline Containing MTBE
SECURITY	
Std 1164	Pipeline SCADA Security

Refining 75(continue)

PIPING COMPONENT AND VALVE STANDARDS	
API 570	Piping Inspection Code: In-Service Inspection, Rating, Repair, and Alteration of Piping Systems
RP 574 u	Inspection Practices for Piping System Components
RP 578 u	Material Verification Program for New and Existing Alloy Piping Systems
RP 591	Process Valve Qualification Procedure
Std 594 u	Check Valves: Flanged, Lug, Wafer and Butt-Welding
Std 598	Valve Inspection and Testing
Std 599 u	Metal Plug Valves—Flanged, Threaded and Welding Ends
Std 600 u	Steel Gate Valves—Flanged and Butt-Welding Ends, Bolted Bonnets
Std 602	Steel Gate, Globe, and Check Valves for Sizes DN 100 and Smaller for the Petroleum and Natural Gas Industries
Std 603	Corrosion-Resistant, Bolted Bonnet Gate Valves—Flanged and Butt-Welding Ends
Std 607	Fire Test for Quarter-Turn Valves and Valves Equipped With Non-Metallic Seats
Std 608 u	Metal Ball Valves—Flanged, Threaded and Butt-Welding Ends
Std 609	Butterfly Valves: Double-Flanged, Lug- and Wafer-Type
API 615	Valve Selection Guide
RP 621	Reconditioning of Metallic Gate, Globe, and Check Valves
Std 622	Type Testing of Process Valve Packing for Fugitive Emissions

Refining 75

INSPECTION OF REFINERY EQUIPMENT	
API 510 u	Pressure Vessel Inspection Code: Maintenance Inspection, Rating, Repair, and Alteration
API 570	Piping Inspection Code: In-Service Inspection, Rating, Repair, and Alteration of Piping Systems
RP 571	Damage Mechanisms Affecting Fixed Equipment in the Refining Industry
RP 572	Inspection of Pressure Vessels
RP 573	Inspection of Fired Boilers and Heaters
RP 574	Inspection Practices for Piping System Components
RP 575	Inspection of Atmospheric and Low Pressure Storage Tanks
RP 576	Inspection of Pressure-Relieving Devices
RP 577	Welding Inspection and Metallurgy
RP 578	Material Verification Program for New and Existing Alloy Piping Systems
Std 579-1 /ASME FFS-1	Fitness-For-Service
API 579-2 /ASME FFS-2	Example Problem Manual
RP 580	Risk-Based Inspection
RP 581	Risk-Based Inspection Technology
RP 582	Recommended Practice Welding Guidelines for the Chemical, Oil, and Gas Industries
Std 653	Tank Inspection, Repair, Alteration, and Reconstruction
MECHANICAL EQUIPMENT STANDARDS FOR REFINERY SERVICE	
Std 610	Centrifugal Pumps for Petroleum, Petrochemical and Natural Gas Industries
Std 611	General Purpose Steam Turbines for Petroleum, Chemical, and Gas Industry Services
Std 612	Petroleum Petrochemical and Natural Gas Industries—Steam Turbines—Special-Purpose Applications
Std 613	Special Purpose Gear Units for Petroleum, Chemical and Gas Industry Services
Std 614	Lubrication, Shaft-Sealing, and Control-Oil Systems and Auxiliaries for Petroleum, Chemical and Gas Industry Services
Std 616	Gas Turbines for the Petroleum, Chemical and Gas Industry Services
Std 617	Axial and Centrifugal Compressors and Expander-Compressors for Petroleum, Chemical and Gas Industry Services
Std 618	Reciprocating Compressors for Petroleum, Chemical and Gas Industry Services

Std 619	Rotary-Type Positive Displacement Compressors for Petroleum, Petrochemical and Natural Gas Industries
Std 670	Machinery Protection Systems
Std 671	Special Purpose Couplings for Petroleum, Chemical and Gas Industry Services
Std 672	Packaged, Integrally Geared Centrifugal Air Compressors for Petroleum, Chemical, and Gas Industry Services
Std 673	Centrifugal Fans for Petroleum, Chemical and Gas Industry Services
Std 674	Positive Displacement Pumps—Reciprocating
Std 675	Positive Displacement Pumps—Controlled Volume
Std 676	Positive Displacement Pumps—Rotary
Std 677	General-Purpose Gear Units for Petroleum, Chemical and Gas Industry Services
Std 681	Liquid Ring Vacuum Pumps and Compressors
Std 682	Pumps—Shaft Sealing Systems for Centrifugal and Rotary Pumps
RP 684	API Standard Paragraphs Rotordynamic Tutorial: Lateral Critical Speeds, Unbalance Response, Stability, Train Torsionals, and Rotor Balancing
Std 685	Sealless Centrifugal Pumps for Petroleum, Petrochemical, and Gas Industry Process Service
RP 686	Machinery Installation and Installation Design
RP 687	Rotor Repair
Std 689	Collection and Exchange of Reliability and Maintenance Data for Equipment
STORAGE TANKS	
Std 620	Design and Construction of Large, Welded, Low-Pressure Storage Tanks
Std 625	Tank Systems for Refrigerated Liquefied Gas Storage
Std 650	Welded Tanks for Oil Storage
RP 651	Cathodic Protection of Aboveground Storage Tanks
RP 652	Lining of Aboveground Petroleum Storage Tank Bottoms
Std 653	Tank Inspection, Repair, Alteration, and Reconstruction
Publ 937	Evaluation of Design Criteria for Storage Tanks With Frangible Roof Joints
TR 939-D	Stress Corrosion Cracking of Carbon Steel in Fuel Grade Ethanol-Review, Experience Survey, Field Monitoring, and Laboratory Testin
Std 2510	Design and Construction of LPG Installations

Refining 75

PRESSURE-RELIEVING SYSTEMS FOR REFINERY SERVICE	
Std 520, Part1	Sizing, Selection, and Installation of Pressure-Relieving Devices in Refineries —Part 2, Sizing and Selection
RP 520, Part 2	Sizing, Selection, and Installation of Pressure-Relieving Devices in Refineries —Part 2, Installation
Std 521	Guide for Pressure-Relieving and Depressuring Systems
Std 526	Flanged Steel Pressure-Relief Valves
Std 527	Seat Tightness of Pressure Relief Valves
RP 576	Inspection of Pressure-Relieving Devices
Std 2000	Venting Atmospheric and Low-Pressure Storage Tanks
ELECTRICAL INSTALLATIONS AND EQUIPMENT	
RP 500	Recommended Practice for Classification of Locations for Electrical Installations at Petroleum Facilities Classified as Class I, Division 1 and Division 2
RP 505	Recommended Practice for Classification of Locations for Electrical Installations at Petroleum Facilities Classified as Class I, Zone 0, Zone 1 and Zone 2
RP 540	Electrical Installations in Petroleum Processing Plants
Std 541	Form-Wound Squirrel-Cage Induction Motors 500 Horsepower and Larger
RP 545	Lightning Protection for Aboveground Storage Tanks
TR 545-A	Verification of Lightning Protection Requirements for Above Ground Hydrocarbon Storage Tanks
Std 546	Brushless Synchronous Machines 500 kVA and Larger
Std 547	General-Purpose Form-Wound Squirrel Cage Induction Motors-250 Horsepower and Larger
HEAT TRANSFER EQUIPMENT STANDARDS FOR REFINERY SERVICE	
Std 530	Calculation of Heater-Tube Thickness in Petroleum Refineries
RP 534	Heat Recovery Steam Generators
RP 535	Burners for Fired Heaters in General Refinery Services
RP 536	Post Combustion NOx Control for Equipment in General Refinery Services
Std 537	Flare Details for General Refinery and Petrochemical Service
Std 560	Fired Heaters for General Refinery Services
RP 573	Inspection of Fired Boilers and Heaters
Std 660	Shell-and-Tube Heat Exchangers
Std 661	Air-Cooled Heat Exchangers for General Refinery Service
Std 662	Plate Heat Exchangers for General Refinery Services, Part 1—Plate-and-Frame Heat Exchangers

Refining 75

INSTRUMENTATION AND CONTROL SYSTEMS	
RP 551	Process Measurement Instrumentation
RP 551	Process Measurement Instrumentation
RP 552	Transmission Systems
RP 553	Refinery Control Valves
RP 554, Part 1	Process Control Systems, Part 1–Process Control Systems Functions and Functional Specification Development
RP 554, Part 2	Process Control Systems, Part 2–Control System Design
RP 554, Part 3	Process Control Systems, Part 3–Project Execution and Process Control System Ownership
API 555	Process Analyzers
RP 557	Guide to Advanced Control Systems
TECHNICAL DATA BOOK PETROLEUM REFINING RELATED ITEMS	
TR 997	Comprehensive Report of API Crude Oil Characterization Measurements
CHARACTERIZATION AND THERMODYNAMICS	
MATERIALS ENGINEERING PUBLICATIONS	
RP 571	Damage Mechanisms Affecting Fixed Equipment in the Refining Industry
RP 582	Recommended Practice Welding Guidelines for the Chemical, Oil, and Gas Industries
TR 932–A	The Study of Corrosion in Hydroprocess Reactor Effluent Air Cooler Systems
Publ 932–B	Design, Materials, Fabrication, Operation, and Inspection Guidelines for Corrosion Control in Hydroprocessing Reactor Effluent Air Cooler (REAC) Systems
RP 934–A	Materials and Fabrication Requirements for 2–1/4/3Cr Alloy Steel Heavy Wall Pressure Vessels for High Temperature, High Pressure Hydrogen Service
RP 934–B	Fabrication Considerations for Vanadium–Modified Cr–Mo Steel Heavy Wall Pressure Vessels
RP 934–C	Materials and Fabrication of 1–1/4CR– 1/2Mo Steel Heavy Wall Pressure Vessels for High Pressure Hydrogen Service Operating at or Below 825 °F (441 ℃)
RP 934–D	Technical Report on the Materials and Fabrication Issues of 11/4Cr–1/2Mo and 1Cr–1/2Mo Steel Pressure Vessels
RP 934–E	Materials and Fabrication of 11/4Cr–1/2Mo Steel Pressure Vessels for Service Above 825 °F
Publ 935	Thermal Conductivity Measurement Study of Refractory Castables
Std 936	Refractory Installation Quality Control Specification—Inspection and Testing Monolithic Refractory Linings and Materials

Publ 937-A	Study to Establish Relations for the Relative Strength of API 650 Cone Roof, Roof-to-Shell and Shell-to-Bottom Joints
Publ 938-A	An Experimental Study of Causes and Repair of Cracking of 11/4Cr- 1/2Mo Steel Equipment
Publ 938-B	Use of 9Cr-1Mo-V (Grade 91) Steel in the Oil Refining Industry
TR 938-C	Use of Duplex Stainless Steels in the Oil Refining Industry
TR 939-A	Research Report on Characterization and Monitoring of Cracking in Wet H_2S Service
Publ 939-B	Repair and Remediation Strategies for Equipment Operating in Wet H_2S Service
RP 939-C	Guidelines for Avoiding Sulfidation (Sulfidic) Corrosion Failures in Oil Refineries
TR 939-D	Stress Corrosion Cracking of Carbon Steel in Fuel Grade Ethanol - Review, Experience Survey, Field Monitoring, and Laboratory Testing
Bull 939-E	Idontification, Repair, and Mitigation of Cracking of Steel Equipment in Fuel Ethanol Service
RP 941	Steels for Hydrogen Service at Elevated Temperatures and Pressures in Petroleum Refineries and Petrochemical Plants
TR 941	The Technical Basis Document for API RP 941
RP 945	Avoiding Environmental Cracking in Amine Units
Publ 946	The Effect of Outgassing Cycles on the Hydrogen Content in Petrochemical Reactor-Vessel Steels
TR 950	Survey of Construction Materials and Corrosion in Sour Water Strippers—1978
Publ 959	Characterization Study of Temper Embrittlement of Chromium-Molybdenum Steels
PETROLEUM PRODUCTS AND PETROLEUM PRODUCT SURVEYS	
Publ 4261	Alcohols and Ethers: A Technical Assessment of Their Application as Fuels and Fuel Components
Publ 4262	Methanol Vehicle Emissions
PROCESS SAFETY STANDARDS	
RP 752	Management of Hazards Associated With Location of Process Plant Buildings
RP 753	Management of Hazards Associated With Location of Process Plant Portable Buildings
RP 754	Process Safety Performance Indicators for the Refining and Petrochemical Industries
RP 755	Fatigue Prevention Guidelines for the Refining and Petrochemical Industries

Refining 75

RP 755-1	Technical Support Document for ANSI/API RP 755, Fatigue Risk Management Systems for Personnel in the Refining and Petrochemical Industries
HEALTH, ENVIRONMENT, AND SAFETY	
RP 751	Safe Operation of Hydrofluoric Acid Alkylation Units
AIR	
Publ 337	Development of Emission Factors for Leaks in Refinery Components in Heavy Liquid Service
WATER	
Publ 958	Pilot Studies on the Toxicity of Effluents From Conventional and Carbon Enhanced Treatment of Refinery Wastewater-Phase III
SOIL AND GROUNDWATER	
Publ 422	Groundwater Protection Programs for Petroleum Refining and Storage Facilities: A Guidance Document
Publ 4760	LNAPL Distribution and Recovery Model (LDRM)
Publ 800	Literature Survey: Subsurface and Groundwater Protection Related to Petroleum Refinery Operations

2. DNV(노르웨이 선급협회)

2.1 DNV Offshore Standards(OS)(continue) (2013년 6월 기준)

DNV-OS-A101	Safety Principles and Arrangements
DNV-OS-B101	Metallic Materials
DNV-OS-C101	Design of Offshore Steel Structures, General (LRFD Method)
DNV-OS-C102	Structural Design of Offshore Ships
DNV-OS-C103	Structural Design of Column Stabilised Units (LRFD Method)
DNV-OS-C104	Structural Design of Self-Elevating Units (LRFD Method)
DNV-OS-C105	Structural Design of TLPs (LRFD Method)
DNV-OS-C106	Structural Design of Deep Draught Floating Units (LRFD Method)
DNV-OS-C201	Structural Design of Offshore Units (WSD Method)
DNV-OS-C301	Stability and Watertight Integrity
DNV-OS-C401	Fabrication and Testing of Offshore Structures
DNV-OS-C501	Composite Components
DNV-OS-C502	Offshore Concrete Structures
DNV-OS-C503	Concrete LNG Terminal Structures and Containment Systems
DNV-OS-D101	Marine and Machinery Systems and Equipment
DNV-OS-D201	Electrical Installations
DNV-OS-D202	Automation, Safety, and Telecommunication Systems
DNV-OS-D203	Integrated Software Dependent System (ISDS)
DNV-OS-D301	Fire Protection
DNV-OS-E101	Drilling Plant
DNV-OS-E201	Oil and Gas Processing Systems
DNV-OS-E301	Position Mooring
DNV-OS-E302	Offshore Mooring Chain
DNV-OS-E303	Offshore Fibre Ropes
DNV-OS-E304	Offshore Mooring Steel Wire Ropes
DNV-OS-E401	Helicopter Decks
DNV-OS-E402	Offshore Standard for Diving Systems
DNV-OS-E403	Offshore Loading Buoys
DNV-OS-E406	Design of Free Fall Lifeboats

2.1 DNV Offshore Standards(OS) (2013년 6월 기준)

DNV-OS-E407	Underwater Deployment and Recovery Systems
DNV-OS-F101	Submarine Pipeline Systems
DNV-OS-F201	Dynamic Risers
DNV-OS-H101	Marine Operations, General
DNV-OS-H102	Marine Operations, Design and Fabrication
DNV-OS-H201	Load Transfer Operations
DNV-OS-H203	Transit and Positioning of Offshore Units
DNV-OS-J101	Design of Offshore Wind Turbine Structures
DNV-OS-J201	Offshore Substations for Wind Farms
DNV-OS-J301	Rules for Classification of Wind Turbine Installation Units
DNV-RP-A201	Plan Approval Documentation Types - Definitions
DNV-RP-A203	Qualification of New Technology
DNV-RP-A204	Quality Survey Plan (QSP) for Offshore Class New-building Surveys
DNV-RP-A205	Offshore Classification Projects - Testing and Commissioning
DNV-RP-B101	Corrosion Protection of Floating Production and Storage Units
DNV-RP-B401	Cathodic Protection Design
DNV-RP-C101	Allowable Thickness Diminution for Hull Structure of Offshore Ships
DNV-RP-C102	Structural Design of Offshore Ships
DNV-RP-C103	Column-Stabilised Units
DNV-RP-C104	Self-elevating Units
DNV-RP-C201	Buckling Strength of Plated Structures
DNV-RP-C202	Buckling Strength of Shells
DNV-RP-C203	Fatigue Design of Offshore Steel Structures
DNV-RP-C204	Design against Accidental Loads
DNV-RP-C205	Environmental Conditions and Environmental Loads
DNV-RP-C206	Fatigue Methodology of Offshore Ships
DNV-RP-C207	Statistical Representation of Soil Data
DNV-RP-C301	Design, Fabrication, Operation and Qualification of Bonded Repair of Steel Structures
DNV-RP-C302	Risk Based Corrosion Management
DNV-RP-D101	Structural Analysis of Piping Systems

2.2 DNV Recommended Practices(RP)(continue)

DNV-RP-D102	Failure Mode and Effect Analysis (FMEA) of Redundant Systems
DNV-RP-D201	Integrated Software Dependent Systems
DNV-RP-E101	Recertification of Well Control Equipment for the Norwegian Continental Shelf
DNV-RP-E102	Recertification of Blowout Preventers and Well Control Equipment for the US Outer Continental Shelf
DNV-RP-E301	Design and Installation of Fluke Anchors in Clay
DNV-RP-E302	Design And Installation of Plate Anchors in Clay
DNV-RP-E303	Geotechnical Design and Installation of Suction Anchors in Clay
DNV-RP-E304	Damage Assessment of Fibre Ropes for Offshore Mooring
DNV-RP-E306	Dynamic Positioning Vessel Design Philosophy Guidelines
DNV-RP-E307	Dynamic Positioning Systems-Operation Guidance
DNV-RP-E401	Survey of Diving Systems
DNV-RP-E402	Naval Rescue Submersibles
DNV-RP-E403	Hyperbaric Evacuation Systems
DNV-RP-F101	Corroded Pipelines
DNV-RP-F102	Pipeline Field Joint Coating and Field Repair of Linepipe Coating
DNV-RP-F103	Cathodic Protection of Submarine Pipelines by Galvanic Anodes
DNV-RP-F105	Free Spanning Pipelines
DNV-RP-F106	Factory Applied External Pipeline Coatings for Corrosion Control
DNV-RP-F107	Risk Assessment of Pipeline Protection
DNV-RP-F108	Fracture Control for Pipeline Installation Methods Introducing Cyclic Plastic Strain
DNV-RP-F109	On-Bottom Stability Design of Submarine Pipelines
DNV-RP-F110	Global Buckling of Submarine Pipelines Structural Design due to High Temperature/High Pressure
DNV-RP-F111	Interference Between Trawl Gear and Pipelines
DNV-RP-F112	Design of Duplex Stainless Steel Subsea Equipment Exposed to Cathodic Protection
DNV-RP-F113	Pipeline Subsea Repair
DNV-RP-F116	Integrity Management of Submarine Pipeline Systems
DNV-RP-F118	Pipe Girth Weld AUT System Qualification and Project Specific Procedure Validation
DNV-RP-F201	Design of Titanium Risers
DNV-RP-F202	Composite Risers

2.2 DNV Recommended Practices(RP)

DNV-RP-F203	Riser Interference
DNV-RP-F204	Riser Fatigue
DNV-RP-F205	Global Performance Analysis of Deepwater Floating Structures
DNV-RP-F206	Riser Integrity Management
DNV-RP-F301	Subsea Separator Structural Design
DNV-RP-F302	Selection and use of Subsea Leak Detection Systems
DNV-RP-F401	Electrical Power Cables in Subsea Applications
DNV-RP-G101	Risk Based Inspection of Offshore Topsides Static Mechanical Equipment
DNV-RP-G103	Non-Intrusive Inspection
DNV-RP-H101	Risk Management in Marine and Subsea Operations
DNV-RP-H102	Marine Operations during Removal of Offshore Installations
DNV-RP-H103	Modelling and Analysis of Marine Operations
DNV-RP-H104	Ballast, Stability, and Watertight Integrity-Planning and Operating Guidance
DNV-RP-J101	Use of Remote Sensing for Wind Energy Assessments
DNV-RP-J201	Qualification Procedures for CO_2 Capture Technology
DNV-RP-J202	Design and Operation of CO_2 Pipelines
DNV-RP-J203	Geological Storage of Carbon Dioxide
DNV-RP-O401	Safety and Reliability of Subsea Systems
DNV-RP-O501	Erosive Wear in Piping Systems
DNV-RP-U301	Risk Management of Shale Gas Developments and Operations

2.3 Offshore Service Specifications(OSS)(continue)

DNV-OSS-101	Rules for Classification of Offshore Drilling and Support Units
DNV-OSS-102	Rules for Classification of Floating Production, Storage and Loading Units
DNV-OSS-103	Rules for Classification of LNG/LPG Floating Production and Storage Units or Installations
DNV-OSS-104	Rules for Classification of Self-Elevating Units
DNV-OSS-121	Classification Based on Performance Criteria Determined from Risk Assessment Methodology
DNV-OSS-201	Verification for Compliance with Norwegian Shelf Regulations

2.3 Offshore Service Specifications(OSS)

DNV-OSS-202	Verification for Compliance with UK Shelf Regulations
DNV-OSS-300	Risk Based Verification
DNV-OSS-301	Certification and Verification of Pipelines
DNV-OSS-302	Offshore Riser Systems
DNV-OSS-304	Risk Based Verification of Offshore Structures
DNV-OSS-306	Verification of Subsea Facilities
DNV-OSS-307	Verification of Process Facilities
DNV-OSS-308	Verification of Lifting Appliances for the Oil and Gas Industry
DNV-OSS-312	Certification of Tidal and Wave Energy Converters
DNV-OSS-313	Pipe Mill and Coating Yard - Qualification
DNV-OSS-901	Project Certification of Offshore Wind Farms

3. 노르웨이 해양산업표준(NORSOK)

국제표준화 조직 중 ISO/TC 67은 '석유, 석유화학, 천연가스 관련 산업에 대한 재료, 장비와 해양구조물'에 대한 활동으로, 총 60개국이 참여하고 있으며, ISO/TC 67의 6분과에서 노르웨이가 활동을 하며 노르웨이 해양산업표준 (NORSOK)을 ISO에 등재 노력을 하고 있다. 상세한 내용은 PDF 파일로 입수 가능하다(2013년 6월 기준).

C	Architect	M	Material	Y	Pipelines
D	Drilling	N	Structural	Z	E&I Installation
E	Electrical	P	Process	Z	MC and Preservation
G	Geotechnology	R	Lifting Equipment	Z	Reliability engineering
H	HVAC	R	Mechanical	Z	Risk analyses
I	Instrumentation	S	Safety(SHE)	Z	Stand. Cost coding
I	Metering	T	Telecommunication	Z	Technical Info.
I	Sys. Control Diagram	U	Subsea	Z	Temporary Equipment
J	Marine Operation	U	Underwater Operation	**NORSOK 그룹명**	
L	Piping/Layout	WF	Well fluids		

코드 No.	제목	발행/개정일
C-001	Living quarters area (Ed 3)	05-2006
C-002	Architectual components and equipment (Ed 3)	06-2006
C-004	Helicopter deck on offshore installations (R1)	09-2004
D-001	Drilling facilities (R3)	12-2012
D-002	System requirements well intervention equipment (R1)	10-2012
D-SR-007	Well testing system (R1)	01-1996
D-010	Well integrity in drilling and well operations (R3)	08-2004
E-001	Electrical systems (Ed 5)	07-2007
G-001	Marine soil investigations (R2)	10-2004
H-003	(HVAC) and sanitary systems (R1)	05-2010
I-001	Field instrumentation (R4)	01-2010
I-002	Safety and automation systems (SAS) (R2)	05-2001
I-105	Fiscal measurement systems for hydrocarbon liquid (Ed 3)	08-2007

코드 No.	제목	발행/개정일
I-104	Fiscal measurement system for hydroccarbon gas (R3)	11-2005
I-005	System control diagram (R3)	03-2013
L-001	Piping and Valves (R3)	09-1999
L-002	Piping system layout, design and structural analysis (Ed 3)	07-2009
L-004	Piping fabrication, installation, flushing and testing (R2)	09-2010
L-005	Compact flanged connections (Ed 2)	09-2010
L-CR-003	Piping details (R1)	01-1996
M-001	Materials selection (R4)	08-2004
M-101	Structural steel fabrication (R5)	10-2011
M-120	Material data sheets for structural steel (Ed 5)	11-2008
M-121	Aluminium structural material (R1)	09-1997
M-122	Cast structural steel (R2)	10-2012
M-123	Forged structural steel (R2)	10-2012
M-501	Surface preparation and protective coating (Ed 6)	02-2012
M-503	Cathodic protection (Ed 3)	05-2007
M-506	CO_2 corrosion rate calculation model (R2)	06-2005
M-601	Welding and inspection of piping (Ed 5)	04-2008
M-622	Fabrication and installation of GRP piping systems (Rev 1)	04-2005
M-630	Material data sheets and element data sheets for piping (R5)	09-2010
M-650	Qualification of manufacturers of special materials (R4)	09-2011
M-710	Qualification of non-metallic sealing materials and manufactures (R2)	10-2001
M-001	Materials selection (R4)	08-2004
M-101	Structural steel fabrication (R5)	10-2011
M-120	Material data sheets for structural steel (Ed 5)	11-2008
M-121	Aluminium structural material (R1)	09-1997
M-122	Cast structural steel (R2)	10-2012
M-123	Forged structural steel (R2)	10-2012
M-501	Surface preparation and protective coating (Ed 6)	02-2012
M-503	Cathodic protection (Ed 3)	05-2007
M-506	CO_2 corrosion rate calculation model (R2)	06-2005

코드 No.	제목	발행/개정일
M-601	Welding and inspection of piping (Ed 5)	04-2008
M-622	Fabrication and installation of GRP piping systems (Rev 1)	04-2005
M-630	Material data sheets and element data sheets for piping (R5)	09-2010
M-650	Qualification of manufacturers of special materials (R4)	09-2011
M-710	Qualification of non-metallic sealing materials and manufactures (R2)	10-2001
N-001	Integrity of offshore structures (R8)	09-2012
N-002	Collection of metocean data (R2)	10-2010
N-003	Actions and action effects (Ed 2)	09-2007
N-004	Design of steel structures (R3)	02-2013
N-005	Condition monitoring of loadbearing structures (R1)	12-1997
N-006	Assessment of structural integrity for existing offshore load-bearing structures (Ed 1)	03-2009
P-001	Process design (Ed 5)	09-2006
P-100	Process systems (R3)	02-2010
R-002	Lifting equipment (Ed 2)	09-2012
R-005	Safe use of lifting and transport equipment in onshore petroleum plants (Ed 1)	11-2008
R-003	Safe use of lifting equipment (R2)	07-2004
R-001	Mechanical equipment (R3)	11-1997
R-004	Piping and equipment insulation (Ed 3)	08-2006
S-001	Technical safety (Ed 4)	02-2008
S-002	Working environment (R4)	08-2004
S-003	Environmental care (R3)	12-2005
S-005	Machinery-working enviroment analyses and documentation (R1)	03-1999
S-006	HSE evaluation of contractors (R2)	12-2003
S-011	Safety Equiptment Data Sheets (R2)	08-1999
S-012	Health, Safety and Environment in construction-related activities (R2)	08-2002
T-001	Telecom systems (R4)	02-2010
T-003	Telecommunication and IT systems for drilling units (R3)	02-2010
T-100	Telecom subsystems (R4)	02-2010

코드 No.	제목	발행/개정일
U-009	Life extension for subsea systems (R1)	03-2011
U-001	Subsea Production Systems (R3)	10-2002
U-103	Petroleum related manned underwater operations inshore (Ed 2)	02-2013
U-101	Diving respiratory equipment (Ed 2)	01-2013
U-102	Remotely operated vehicle (ROV) services (Ed 2)	09-2012
U-100	Manned underwater operation (Ed 3)	03-2009
Y-002	Life extension for transportation systems (R1)	12-2010
Z-006	Preservation (R2)	11-2001
Z-007	Mechanical Completion and Commissioning (R2)	12-1999
Z-008	Risk based maintenance and consequence classificatiion (R3)	06-2011
Z-013	Risk and emergency preparedness assessment (R3)	10-2010
Z-014	Standard cost coding system (SCCS) (R2)	04-2012
Z-CR-002	Component identification system (R1)	05-1996
Z-003	Technical Information Flow Requirements (R2)	05-1998
Z-001	Documentation for operation (DFO) (R4)	03-1998
Z-DP-002	Coding system (R3)	10-1996
Z-004	CAD symbol libraries (R1)	07-1996
Z-005	2D-CAD drawing standard (R1)	10-1997
Z-015	Temporary equipment-forms (R4)	09-2012
Z-015	Temporary equipment (R4)	09-2012

찾아보기

O

P

R

S

T

U

V

W

X

편저자 소개

손승현

- (현) 한국원자력기자재협회 전문위원
- (현) 코맥스 기술이사
- (주) 대우 국민차사업본부
- 대우조선해양주식회사
- 인하대학교 공대 조선공학과

김강수

- (현) 경남대 초빙교수
- (현) 충남대 겸임교수
- (현) 기업체 고문
  - 미래산업기계(주) / 선보공업(주)
- (현) KAIST 겸임교수
- STX 중공업(주) / 조선해양(주) 대표이사
- STX Corporation 사업부문 사장
- 대우조선해양(주) 생산총괄 부사장
- 서울대학교 공대 조선공학과

전언찬

- (현) 동아대학교 기계공학과 교수
- (현) 동아대학교 창업지원단 단장
- (현) 전국창업선도대학협의회 회장
- 한국기계가공학회 회장
- 부산울산창업보육센터협의회 회장

해양플랜트(오일 & 가스)

초판인쇄 2014년 01월 03일
초판발행 2014년 01월 10일
2 판 1 쇄 2016년 03월 21일

저　　자 손승현, 김강수, 전언찬
펴 낸 이 김성배
펴 낸 곳 도서출판 씨아이알

책임편집 박영지, 이정윤
디 자 인 송성용, 이영미
제작책임 이헌상

등록번호 제2-3285호
등 록 일 2001년 3월 19일
주　　소 (04626) 서울특별시 중구 필동로8길 43(예장동 1-151)
전화번호 02-2275-8603(대표)
팩스번호 02-2275-8604
홈페이지 www.circom.co.kr

I S B N 979-11-5610-207-6 93530
정　　가 28,000원